Innovatives Markenmanagement
Band 50

LEIPZIG
GRADUATE SCHOOL
OF MANAGEMENT

Herausgegeben von
C. Burmann, Bremen, Deutschland
M. Kirchgeorg, Leipzig, Deutschland

Marken sind in vielen Unternehmen mittlerweile zu wichtigen Vermögenswerten geworden, die zukünftig immer häufiger auch in der Bilanz erfasst werden können. Insbesondere in reiferen Märkten ist die Marke heute oft das einzig nachhaltige Differenzierungsmerkmal im Wettbewerb. Vor diesem Hintergrund kommt der professionellen Führung von Marken eine sehr hohe Bedeutung für den Unternehmenserfolg zu. Dabei müssen zukünftig innovative Wege beschritten werden. Die Schriftenreihe will durch die Veröffentlichung neuester Forschungserkenntnisse Anstöße für eine solche Neuausrichtung der Markenführung liefern.

Herausgegeben von

Christoph Burmann
Universität Bremen,
Lehrstuhl für innovatives
Markenmanagement (LiM®)

Manfred Kirchgeorg
HHL Leipzig Graduate School
of Management,
Lehrstuhl für Marketingmanagement

Daniela Eilers

Wirkung von Social Media auf Marken

Eine ganzheitliche Abbildung der Markenführung in Social Media

Mit einem Geleitwort von
Prof. Dr. Christoph Burmann

 Springer Gabler

Daniela Eilers
Bremen, Deutschland

Dissertation Universität Bremen, 2013

ISBN 978-3-658-05826-5 ISBN 978-3-658-05827-2 (eBook)
DOI 10.1007/978-3-658-05827-2

Die Deutsche Nationalbibliothek verzeichnet diese Publikation in der Deutschen Nationalbibliografie; detaillierte bibliografische Daten sind im Internet über http://dnb.d-nb.de abrufbar.

Springer Gabler
© Springer Fachmedien Wiesbaden 2014

Gedruckt auf säurefreiem und chlorfrei gebleichtem Papier

Springer Gabler ist eine Marke von Springer DE. Springer DE ist Teil der Fachverlagsgruppe Springer Science+Business Media.
www.springer-gabler.de

Geleitwort

Soziale Medien sind in aller Munde. Insbesondere ihre Bedeutung für das Marketing und die Markenführung werden seit Jahren in Wissenschaft und Praxis ausgiebig diskutiert. Die meisten Publikationen präsentieren eher schlichte Handlungsempfehlungen, nach denen soziale Medien „so umfangreich wie möglich" für die Markenführung zu nutzen seien. Oft wird dies mit dem ebenso oberflächlichen wie irreführenden Argument „deutlich geringerer Kosten" begründet.

Bei dieser überall zu beobachtenden Begeisterung verwundert es, dass sich die Marktorientierung und der Erfolg vieler Unternehmen, die der obigen Empfehlung gefolgt sind, nicht verbessert haben. Hier zeigt eine aktuelle, repräsentative Untersuchung meines Lehrstuhls an der Universität Bremen, dass sich die Marktorientierung deutscher Unternehmen in den letzten 5 Jahren durch den Einsatz sozialer Medien (und anderer neuer internetbasierter Technologien) aus Konsumentensicht nicht verbessert hat. Woran liegt das?

Offenkundig hat manch ein Verantwortlicher allzu leichtgläubig den „Heilsversprechungen" der neuen Technologien geglaubt. Dabei ist die Frage des richtigen Technologiekontextes verloren gegangen. Das erinnert mich fatal an ähnlich oberflächliche Erfolgsprognosen bei der Einführung der elektronischen Datenverarbeitung oder neuer (Software-) Tools zum „Customer Relationship Management". In allen diesen Fällen konnte das Erfolgspotenzial neuer Technologien erst durch die richtige, unternehmensspezifische Nutzung gehoben werden. Hier muss sich dann jedes Unternehmen beispielsweise fragen, wie es mit der Interaktionskompetenz und der Attraktivität der eigenen Marken bestellt ist und ob diese für ein erfolgreiches Engagement in den sozialen Medien ausreichen?

Mit diesen Fragen der konkreten Ausgestaltung erfolgreicher Markenführungsaktivitäten in sozialen Medien beschäftigt sich Frau Dr. Eilers in ihrer hier vorliegenden Dissertation. Sie konzentriert sich in ihren Analysen dabei vor allem auf den fundierten Nachweis empirisch validierter Wirkungen von „Social Media" und weniger auf die Diskussion theoretisch vorstellbarer Wirkungen. Dabei stellt sie sehr geschickt die Wirkungen und den Kontext der Social Media Nutzung bei Marken aus der Automobilindustrie demjenigen bei Dauerkonserven („Gewürzgurken") gegenüber. Allein schon dieser Vergleich klassischer Low- versus High-Involvement Marken macht die Arbeit von Daniela Eilers in besonderer Weise lesenswert.

Die vorliegende Dissertation ist der **fünfzigste Band der Buchreihe zum „innovativen Markenmanagement"** bei Springer Gabler. Diese Reihe dokumentiert die Forschungsarbeiten am deutschlandweit ersten und einzigen Lehrstuhl für innovatives Markenmanagement (LiM®) der Universität Bremen und des Lehrstuhls für Marketingmanagement an der privaten Handelshochschule Leipzig (HHL). Gleichzeitig sollen weitere Forschungsbemühungen zum innovativen Markenmanagement motiviert und ein reger Erfahrungsaustausch angestoßen werden. Als Herausgeber der Buchreihe freuen Manfred Kirchgeorg und ich uns über jede Art von Feedback (burmann@uni-bremen.de oder mkirchgeorg@t-online.de). Es ist geplant, zukünftig – wie auch bisher – **mindestens fünf neue Dissertationen pro Jahr in dieser Reihe** zu veröffentlichen, um in kurzen Abständen immer wieder mit neuen Ideen das sehr große Interesse am innovativen Markenmanagement zu beleben. Diese große Nachfrage wird nicht zuletzt durch die Übersetzung des Grundlagenwerkes „Identitätsbasierte Markenführung" in die chinesische Sprache eindrucksvoll unterstrichen.

Abschließend wünsche ich der Dissertation von Frau Dr. Eilers aufgrund ihrer hohen konzeptionellen und empirischen Qualität eine sehr weite Verbreitung in Wissenschaft und Praxis.

Bremen, im September 2013   Univ.-Prof. Dr. Christoph Burmann

Vorwort

Als Instrument der Markenführung nimmt Social Media eine stetig wachsende Relevanz ein. Unternehmen stellt dies vor eine große Herausforderung, da noch oft das Wissen und die Kompetenzen für einen zielgerichteten Einsatz von Social Media fehlen. Trotz der Anerkennung einer hohen Relevanz von Social Media für die Markenführung hat die Wissenschaft dieses Thema bisher nicht ausreichend in der Tiefe und Breite behandelt. So wurden in der wissenschaftlichen Literatur bisher eher Einzelaspekte betrachtet, wobei eine ganzheitliche Betrachtungsweise der Marke in Social Media noch unzureichend in der Forschung stattgefunden hat. Dies hat zur Folge, dass zwar die Funktionsweise von z.B. nutzergenerierten Inhalten in Social Media auf Marken bisher gut erforscht sind, jedoch die fehlende Vergleichbarkeit der verschiedenen Markenführungsinstrumente im Bereich von Social Media zu kritisieren bleibt. Welche Social Media Instrumente hinsichtlich spezifischer Markenziele die stärkste Wirkung zeigen, kann durch die oft fehlende Vergleichbarkeit der empirischen Basis einzelner Forschungsarbeiten nicht beantwortet werden. Eben diese Vergleichbarkeit der Wirkung verschiedener Social Media Instrumente auf die Marke war das Ziel dieser Dissertation. Hierzu wurde ein Forschungsmodell entwickelt, welches die der Markenführung zur Verfügung stehenden Instrumente in Social Media umfasst sowie die Zielgrößen der Markenführung als Dreigestirn aus Markenimage, Kaufintention und tatsächliches Kaufverhalten abbildet. Um in den empirischen Ergebnissen auch branchenspezifische Besonderheiten zu berücksichtigen, wurde das Modell anhand von zwei gänzlich unterschiedlichen Marken analysiert: eine komplexe und hochpreisige Automobilmarke und eine einfache und niedrigpreisige Lebensmittelmarke.

Die vorliegende Arbeit wurde im Jahre 2013 vom Fachbereich Wirtschaftswissenschaften der Universität Bremen als Dissertationsschrift angenommen. Sie ist während meiner Tätigkeit als wissenschaftliche Mitarbeiterin am Lehrstuhl für innovatives Markenmanagement entstanden. Ein erfolgreicher Abschluss meiner Dissertation wäre ohne die Unterstützung zahlreicher Personen nicht möglich gewesen. Mein besonderer Dank gilt meinem Doktorvater Herrn Professor Dr. Christoph Burmann für das Vertrauen in meine Fähigkeiten und die hiermit verbundenen Freiheiten in der Umsetzung meiner Dissertation. Darüber hinaus danke ich Herrn Professor Dr. Martin Missong für die Übernahme des Zweitgutachtens und die Unterstützung in der Endphase dieser Dissertation. Zudem möchte ich den weiteren Mitgliedern der Prüfungskommission Herrn Professor Dr. André Heinemann und Herrn Professor Dr. Herbert Kotzab meinen Dank aussprechen.

Für die großzügige finanzielle Unterstützung bei der Drucklegung dieser Arbeit möchte ich des Weiteren dem Wiwib e.V. – Wirtschaft-Wissenschaft-Bremen, dem Förderverein des Fachbereichs Wirtschaftswissenschaft der Universität Bremen, herzlich danken.

Ebenfalls ein besonderer Dank gilt meinen Kooperationspartnern aus der Praxis. Über die Bereitschaft zur Unterstützung und der überaus freundlichen Zusammenarbeit habe ich mich sehr gefreut. Mir persönlich hat der enge Kontakt zu der Praxis während des Verfassens meiner wissenschaftlichen Arbeit sehr viel Freude gemacht und mir eine zusätzliche spannende Herausforderung geboten. Dieser Dank gilt auch den Teilnehmern an meinen Experteninterviews und Gruppendiskussionen.

Ohne die großartigen Kollegen am Lehrstuhl wäre das Verfassen dieser Dissertation nicht möglich gewesen. Dies gilt zum einen für die fachliche Unterstützung. Hierbei bedanke ich mich vor allem bei Herrn Dr. Tilo Halaszovich, Herrn Dr. Michael Schade und Herrn Dr. Rico Piehler. Insbesondere Letzterer war in der Endphase stets zur Beantwortung jeglicher Fragen bereit – was wohl nicht zuletzt an seinem Pech gelegen haben mag, sein Büro direkt neben meinem zu haben. Danke euch!

Eine mindestens ebenso wichtige Unterstützung lag in den zahlreichen Gelegenheiten zur Erholung vom wissenschaftlichen Arbeiten. Insbesondere in der Endphase meiner Dissertation wurde ich tatkräftig von Fabian durch Weinabende unterstützt. Danke dafür! Im Jahr 201X werde ich mich revanchieren, versprochen! Du wirst wahrscheinlich der einzige sein, der mich auf unserem 50sten Revivaltreffen am LiM noch immer mit „Deilers" ansprechen wird! Danke auch dir, Tilo, dem besten Chauffeur der Welt, für die unzähligen Male, in denen du mich vor einer Fahrradfahrt durch Regen und Schnee bewahrt hast! Natürlich gilt dies auch für deine Bereitschaft, mich stets mit einem Laib Brot zu unterstützen. Lieber Frank, zeitweise als „Arbeitsehemann" bezeichnet, danke für die Zeit als Büronachbarn. Christopher, als Dream Team haben wir das LiM Kicker-Turnier gewonnen und du warst stets ein treuer Begleiter beim frühmorgendlichen Pizza-Essen. Dir habe ich zahlreiche spaßige Ablenkungen von der Diss zu verdanken!

Wer auch immer auf die Idee kam, Sing Star am LiM zu etablieren, auch dir danke! Barbara, unsere Roxette-Duetts waren großartig und unsere Tournee ist in Planung. Florian, alias Horst von Anstetten, von deinen Versionen von „Santa Maria" werde ich auf ewig einen Ohrwurm haben, aber das war es wert! Liebe Corinna, danke für die tollen Erinnerungsfotos, die zahlreichen Dart-Einsätze, das leckere Grillen im Garten und natürlich auch für die gemeinsame Sharknado-Erfahrung! Michi, dank dir assoziiere ich mit dem Thema Finanzamt eher Parkplätze, deine Art von Humor und die Art und Weise, wie du von Parties verschwindest, sind großartig!

Der Rubbeldiekatz, Krabbeldiewandrauf, Krabbeldiewandhoch – egal - danke, dass du ihn mir gezeigt hast, Lexi! Uwe, danke für unzählige Wort-Witze, die Tänze und deine gute Laune! Deine Verwandlung vor Vorlesungen, deine unbeschreibliche Euphorie beim Kickern und Darten, deine Stammplätze an jeglichen Orten, deine Treue gegenüber erlernten Verhaltensweisen, lieber Rico, das bleibt für immer unerreicht! Maleen, Christopher, Michi, Behzad, euch danke für die unvergessliche Konferenz in Berlin. Die Location war ein Highlight! Liebe Heidi, danke dir für alles. Du hattest immer ein offenes Ohr und ein Kaffee-Klatsch mit dir war immer herrlich! Der LiM vermisst dich! Euch allen und der gesamten restlichen LiM-Crew, Ines, Stephan, Tanja, Andi, Carina, Antje, Patrick und allen anderen danke ich für eine großartige Zeit am LiM.

Ein ganz besonderer Dank gilt meiner Familie! Liebe Sabrina, lieber Niels, euch danke ich nicht nur für mein holländisches „Turmzimmer" und die Abende mit leckerem Essen und Wein, sondern ganz besonders für die Ablenkung, die zwischenzeitlich mal ganz besonders notwendig war! Es ist herrlich, wie sehr ihr euch mit mir freuen könnt und wie kleine Rückschläge mit viel Humor wettgemacht werden! Lieber Kalle, du hast meinen Weg ganz besonders bereichert! Ich bin stolz, deine Tante Ela sein zu dürfen und ich freue mich auf alle deine Wege und Herausforderungen, auf denen ich dich begleiten darf! Liebe Mama, den Dank, den ich dir gegenüber empfinde, kann ich kaum beschreiben! Für die unglaubliche Unterstützung, die ich nicht nur in der Zeit meiner Promotion, sondern schon mein ganzes Leben von Dir bekomme, danke ich dir sehr! Es ist ein unbeschreiblich schönes Gefühl, dass du immer für mich da warst und sein wirst! Ich bin sehr stolz darauf, eine so großartige Familie zu haben! Deswegen möchte ich euch diese Arbeit widmen!

I like!

Daniela Eilers

Inhaltsverzeichnis

Abbildungsverzeichnis

Tabellenverzeichnis

Abkürzungsverzeichnis

A	Automobilmarke
Aufl.	Auflage
AUT	Authentizität
Bd.	Band
BGC	brand-generated Content
bspw.	beispielsweise
bzw.	beziehungsweise
d. h.	das heißt
Diss.	Dissertation
EFA	explorative Faktoranalyse
et al.	et alii, et alia, et alteri
etc.	et cetera
EW	Eigenwert
f., ff.	folgende, fortfolgende
ggf.	gegebenenfalls
GI	Globalimage
GL	Glaubwürdigkeit
H	Hypothese
Hrsg.	Herausgeber
i.d.R.	in der Regel
i. S.	im Sinne
Jg.	Jahrgang
Kap.	Kapitel
KI	Kaufintention
KMO-Kriterium	Kaiser-Meyer-Olkin-Kriterium

KV	Kaufverhalten
L	Lebensmittelmarke
MN	Markennutzen
PLS-Verfahren	Partial-Least-Squares-Verfahren
S.	Seite
sog.	So genannte(r)
u.a.	unter anderem
UGC	user-generated content
Vgl.	vergleiche
WG	Werbegefallen
z.B.	zum Beispiel

A Die Wirkung von Social Media auf Marken als Untersuchungsgegenstand

1 Aktuelle Herausforderungen in der Markenführung

Angesichts weitreichender Veränderungen in den **Markt- und Umweltbedingungen** steht die Markenführung derzeit zahlreichen Herausforderungen gegenüber. In den letzten Jahren mussten Unternehmen feststellen, dass sich nicht nur ihre Produkte in den funktionalen Leistungen immer mehr angleichen, sondern auch die Marken immer ähnlicher werden.[1] Unter Berücksichtigung der zeitgleich stetig ansteigenden Anzahl von Marken[2] ist es kaum verwunderlich, dass Nachfrager diese als immer ähnlicher empfinden.[3] Nach einer Studie der Unternehmensberatung Batten & Company empfinden durchschnittlich 64 Prozent der Befragten Marken als austauschbar.[4] Angesichts dieser Entwicklungen sehen sich die markenführenden Unternehmen der stetig wachsenden Herausforderung der **Markendifferenzierung** gegenüber.

Um sich aus dieser Vielzahl an homogenen Produktangeboten hervorzuheben, haben zahlreiche Unternehmen mit einer Steigerung ihrer Kommunikationsmaßnahmen reagiert. Die Anzahl der in Deutschland ausgestrahlten TV-Spots stieg beispielsweise vom Jahr 2002 bis 2011 um knapp eine Million.[5] Entgegen der eigentlichen Intention hat diese Steigerung der Kommunikationsmaßnahmen jedoch zu einer wachsenden Informationsüberlastung bei den Nachfragern geführt. Bereits Ende der 80er Jahre konnte eine Informationsüberlastung von 98 Prozent festgestellt werden.[6] Jüngere Studien konnten nachweisen, dass die wachsende Informationsflut bei den Nachfragern zunehmend zu einer Ablehnung von werblichen Kommunikationsbotschaften geführt hat.[7] Folglich ist ein immer selektiver werdendes Mediennutzungsverhalten entstanden, wodurch das **Erreichen der Nachfrager durch Kommunikation** für die markenführenden Unternehmen eine wachsende Herausforderung darstellt.[8]

---

[1] Vgl. BOHMANN (2010), S. 2 f.

[2] In Deutschland wurden allein im Jahr 2009 knapp 70.000 neue Markenanmeldungen registriert. Vgl. BATTEN & COMPANY (2009), S. 2.

[3] Vgl. EISEND (2003), S. 13.

[4] Vgl. BATTEN & COMPANY (2009), S. 4.

[5] Vgl. STATISTIKA (2012).

[6] Vgl. KROEBER-RIEL (1987), S. 257 ff.

[7] Vgl. LOTTER (2005), S. 50.

[8] Vgl. EISEND/KÜSTER-ROHDE (2008), S. 13.

Neben diesen Herausforderungen aufgrund veränderter Markt- und Umweltbedingungen hat auch die **veränderte Stellung des Nachfragers** Auswirkungen auf die Markenführung. Der Nachfrager gewinnt wachsenden Einfluss auf die Markenkommunikation, denn er entscheidet mit welchen Marken er sich beschäftigt und welche Markenbotschaften er aufnimmt.[9] Bereits im Jahr 2008 konstatiert VON MATT (2008) hierzu passend: „Der Konsument informiert sich heute nicht, wenn die Morgenzeitung kommt oder die Abendnachrichten gesendet werden, sondern wenn er Lust dazu hat."[10]. In diesem Zusammenhang wird oft von einem **Paradigmenwechsel** in der Markenführung gesprochen, welcher den Wandel vom Push-Prinzip zum Pull-Prinzip[11] ausdrückt.[12] HARTMANN (2011) sieht sogar das Ablösen der klassischen Werbung durch Werbung im Internet als Resultat dieses Paradigmenwechsels.[13]

Insbesondere durch die Entwicklungen des Internets verändert sich das **Verhalten der Nachfrager** und die Art, wie Nachfrager Markenwissen erlangen.[14] So können sich Nachfrager im Internet über Unternehmen, deren Produkte, Leistungen sowie Preise informieren und diese direkt mit den Angaben der Wettbewerber vergleichen. Hinzu kommen die im Internet frei verfügbaren Produktbewertungen anderer Produktverwender.[15] Folglich steigt die Markttransparenz, was zu einer **Senkung der Wechselbarrieren** führt.[16]

Die zunehmende Digitalisierung hat nicht nur das Verhalten der Nachfrager verändert, sondern auch deren **Selbstverständnis**. So begreifen sich diese vermehrt als aktive Teilhaber an der Kommunikation, was sie auch selbst zum Sender von Markenbotschaften werden lässt. Entwicklungen wie die des Web 2.0[17] haben dieses Selbstverständnis noch verstärkt.[18] POWELL/GROVES/DIMOS (2011) konstatieren „[…] everyone can play a role in what is said about a brand […]"[19]. Diese Unterhaltungen über Marken

---

[9] Vgl. BURGOLD/SONNENBURG/VOß (2009), S. 14.

[10] VON MATT (2008), S. 8.

[11] Unter dem Begriff „Push-Kommunikation" wird das klassische Kommunikationsmodell verstanden. Hier initiiert der Anbieter die Kommunikation. Die sog. „Pull-Kommunikation" wird von dem Nachfrager initiiert, indem er selbst entscheidet, ob er die von dem Anbieter zur Verfügung gestellten Kommunikationsinhalte konsumieren möchte. Vgl. BRUHN (2010), S. 32 f.

[12] Vgl. BURGOLD/SONNENBURG/VOß (2009), S. 14.

[13] Vgl. HARTMANN (2011), S. 34.

[14] Vgl. PROX (2011), S. 24.

[15] Vgl. GOUTHIER (2004), S. 229.

[16] Vgl. WIRTZ/VOGT (2001), S. 117.

[17] Unter Web 2.0 wird hier das veränderte Verhalten der Internetnutzer verstanden. Vgl. Kapitel B.2.1.

[18] Vgl. LANGER/FISCHER (2008), S. 16.

[19] POWELL/GROVES/DIMOS (2011), S. 1.

sind in ihren Grundzügen nicht neu, doch können die markenbezogenen Inhalte heute durch das Web 2.0 schneller und mit höherer Reichweite ausgetauscht werden. Zudem zeigen diese Unterhaltungen eine steigende Kreativität sowie eine höhere Nützlichkeit, was mit den Eigenschaften des neuen Mediums begründet wird.[20] Das Nicht-Einhalten des Markenversprechens und unethisches Verhalten der Marke werden demzufolge schneller und weitreichender geahndet.[21] Hervorzuheben ist, dass Konsumenten heute ebenso viel oder gar mehr Markeninformationen produzieren, als die markenführenden Unternehmen selbst.[22]

Aufgrund der gestiegenen Aktivität der Nutzer von Social Media müssen markenführende Unternehmen einsehen, dass das gefühlte **Kommunikationsmonopol** aus den vergangenen Jahren nicht mehr existiert.[23] All diese von der Marke scheinbar nicht zu beeinflussenden Entwicklungen haben dazu geführt, dass im Rahmen von Social Media immer wieder von einem **Kontrollverlust** in der Markenführung gesprochen wird. MUNIZ/O´GUINN (2010) konstatieren in diesem Zusammenhang, dass der Kontrollverlust eines der Hauptmerkmale der heutigen, internetbeeinflussten Markenführung darstellt.[24] HASS/WALSH/KILIAN (2008) sprechen von einem Kontrollverlust, den Unternehmen wohl oder übel akzeptieren müssen.[25] Der Begriff Kontrollverlust impliziert jedoch, dass das Unternehmen selbst kaum noch an der Markenführung beteiligt ist, was bei Social Media keineswegs zutrifft. Es gibt zahlreiche Beispiele von Marken, wie DELL oder IBM, denen es gelingt, Social Media erfolgreich zu nutzen.[26] Zudem kann eine vollständige Kontrolle von Marken durch die Nachfrager auch definitorisch ausgeschlossen werden, da das Markenimage als verdichtetes und wertendes Vorstellungsbild von einer Marke[27] auch die von der Marke ausgesendeten Signale beinhaltet.[28] BURMANN/ARNHOLD/BECKER (2010) verweisen zudem auf die Zeit vor der Entstehung von Social Media und führen an, dass „Marken per Definition niemals vollständig kontrollierbar sind, da das Markenimage erst in den Köpfen der Nachfrager entsteht."[29].

---

[20] Vgl. MARSDEN (2006), S. xv ff.

[21] Vgl. ARNHOLD (2010), S. 10.

[22] Vgl. OETTING (2006), S. 184.

[23] Vgl. HARTMANN (2011), S. 35.

[24] Vgl. MUNIZ/O´QUINN (2010), S. 268.

[25] Vgl. HASS/WALSH/KILIAN (2008), S. 17.

[26] Vgl. FIRSCHING (2011).

[27] Vgl. BURMANN/MEFFERT (2005a), S. 53.

[28] Vgl. hierzu tiefergehend die Ausführungen in Kapitel B.1.3.

[29] BURMANN/ARNHOLD/BECKER (2010), S. 349.

2 Relevanz von Social Media für die Markenführung

Im Umfeld von Marketing und Markenführung gibt es derzeit kaum ein Thema, das mehr Aufmerksamkeit erfährt als Social Media.[30] OVERHULSE-KING (2010) konstatiert „Perhabs the most dangerous myth swirling around about social media is that it´s just a fad."[31]. Dass Social Media nicht nur einen Hype darstellt, können zahlreiche Studien belegen. In den Jahren 2008 bis 2012 ist in Deutschland der Anteil der 14- bis 64-Jährigen, die in einem sozialen Netzwerk registriert sind, um 31 Prozentpunkte gestiegen.[32] Von den Nutzern sozialer Netzwerke sind mehr als 50 Prozent der Nutzer mit Marken vernetzt.[33] Als **größtes soziales Netzwerk in Deutschland** kann Facebook aktuell mehr als 21 Millionen Nutzer verzeichnen, was einem Anstieg von knapp 15 Prozent in den vergangenen sechs Monaten entspricht.[34] Die Altersstruktur der deutschen Nutzer von Facebook ist entgegen der häufigen Auffassung von Social Media als Phänomen der jüngeren Generation auf alle Altersgruppen verteilt (vgl. Abbildung 1).

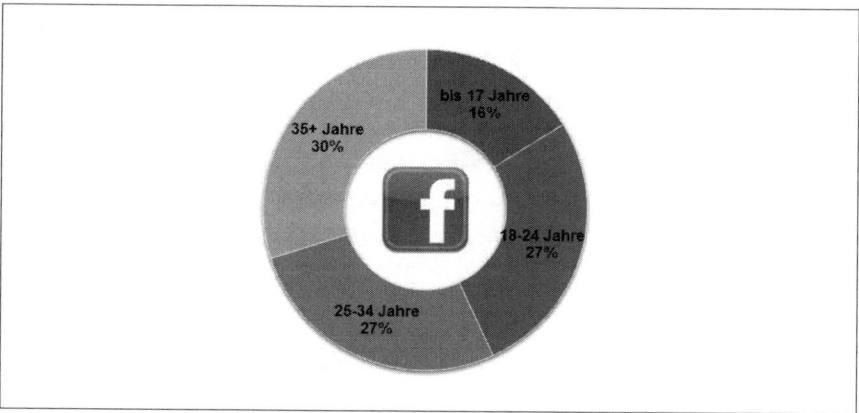

Abbildung 1:   **Altersstruktur deutscher Nutzer von Facebook**
Quelle: Vgl. FACEBOOKMARKETING (2012).

---

[30] Vgl. BURGOLD/SONNENBURG/VOß (2009), S. 9.

[31] OVERHULSE-KING (2010), S. 42.

[32] Vgl. BRUTTEL (2012).

[33] Vgl. VAN BELLEGHEM/EENHUIZEN/VERIS (2011).

[34] Vgl. SOCIALBAKERS (2011).

Neben Facebook zählen in Deutschland vor allem YouTube und Twitter zu den **bekannten Social Media Anwendungen**. Bei Betrachtung der Seitenaufrufe[35] dieser drei Social Media Anwendungen ist Facebook die meistbesuchte Social Media Anwendung, gefolgt von YouTube und Twitter. Dass nur der Internetdienstleister Google in Deutschland mehr Seitenaufrufe verzeichnen kann als Facebook und YouTube verdeutlicht die hohe Relevanz dieser Social Media Anwendungen.[36]

Hinzu kommt, dass klassische Medien von den Nachfragern zunehmend abgelehnt werden.[37] Bei einer Studie von Forrester Research gab bereits jeder dritte Befragte an, dass er zulasten des Fernsehens häufiger online ist.[38] Auch erreichen überregionale Tageszeitungen zum Teil mehr Menschen über ihre Online-Ausgaben, als über die Print-Ausgaben.[39] Klassische Medien werden zudem eher oberflächlich und häufig simultan zu anderen Tätigkeiten wahrgenommen.[40] Demzufolge verlieren klassische Medien an Bedeutung.[41] Es verwundert daher nicht, dass sich das Internet durch das Aufkommen von **Social Media als Leitmedium avanciert**[42] und bei den Nachfragern entscheidend an Bedeutung gewonnen hat. Folglich ist es für Unternehmen von höchster Relevanz die Notwendigkeit der Nutzung von Social Media zu erkennen und diese in die Kommunikation zu integrieren.[43] HANNA/ROHM/CRITTENDEN (2011) konstatieren „[…] social media has fundamentally altered marketing´s ecosystem of influence."[44]. HERMES (2011) geht sogar so weit zusagen, dass wenn sich eine Marke nicht aktiv in Social Media engagiert und so mit ihrer Zielgruppe interagiert, eine andere Marke diese Chance nutzen wird.[45]

Doch ist es nicht nur der Druck durch die unternehmensexterne Umwelt, der Unternehmen die Relevanz von Social Media argumentieren kann. Das eigentliche Erfolgsgeheimnis der Markenführung in Social Media ist nach Meinung zahlreicher wissenschaftlicher und praxisnaher Publikationen die **Interaktion**. Diese grenzt Social Media

---

[35] Die Seitenaufrufe, engl. Page Impressions, geben die Sichtkontakte mit dem Online-Angebot an. Vgl. STALZER (2007), S. 234.

[36] Vgl. ALEXA - THE WEB INFORMATION COMPANY (2011).

[37] Vgl. BURMANN ET AL. (2012), s. 130; VON MATT (2008), S. 6.

[38] Vgl. Forrester Research 2007, gelesen in SCHÖGEL/HERHAUSEN/WALTER (2008), S. 340.

[39] Vgl. iBusiness, gelesen in SCHÖGEL/HERHAUSEN/WALTER (2008), S. 340.

[40] Vgl. VON MATT (2008), S. 6.

[41] Vgl. HERMES (2011), S. 39.

[42] Vgl. BURGOLD/SONNENBURG/VOß (2009), S. 9.

[43] Vgl. SCHÖGEL/WALTER/ARNDT (2008), S. 440.

[44] HANNA/ROHM/CRITTENDEN (2011), S. 265 f.

[45] Vgl. HERMES (2011), S. 39.

von anderen Medien ab und wird immer wieder als zentrale Eigenschaft von Social Media hervorgehoben.[46] „Das Internet bietet Möglichkeiten der Kommunikation mit Konsumenten, die einzigartig sind und in keinem anderen Medium umgesetzt werden können."[47]. KIM/SPIELMANN/MCMILLAN (2011) verstehen die Interaktion als zentralen Erfolgsfaktor für das Marketing im Internet.[48]

Insbesondere durch die Interaktion kann Social Media als geeignetes Instrumentarium zur **Begegnung der aktuellen Herausforderungen der Markenführung** gesehen werden. Durch die Individualität in der Kommunikation, welche durch die Interaktion ermöglicht wird, werden dem Nachfrager einzigartige Markenerlebnisse vermittelt.[49] TOTZ (2007) konstatiert, dass es durch die Interaktion zu einer verstärkten Personalisierung der Beziehung zwischen Marke und Nachfrager kommen kann. Folglich entsteht ein beziehungsorientierter Kundennutzen, welchem das größte Potential zur Markendifferenzierung zugesprochen wird.[50] Zudem wird die Kommunikation zwischen Marke und Nachfrager durch Interaktion erleichtert und um soziale und emotionale Aspekte erweitert[51], was sich wiederum positiv auf den **symbolischen Markennutzen** auswirkt und somit die **Markendifferenzierung** unterstützt.[52] KIM/KO (2011) konstatieren, dass die zweiseitige Kommunikation in Social Media helfen kann, Missverständnisse zwischen Marke und Nachfrager und Vorurteile der Nachfrager gegenüber der Marke abzubauen.[53]

Für die **Marke-Kunde-Beziehung**, als unmittelbare psychographische Zielgröße des identitätsbasierten Markenmanagements[54], stellt WENSKE (2008) heraus, dass „Marke-Kunden-Beziehungen bestehen aus inhaltlich zusammenhängenden, subjektiv bewerteten sozialen Interaktionen im Sinne eines unmittelbaren und/oder reaktionsorientierten Austausches zwischen Marken und ihren bestehenden Käufern. Diesen Beziehungen liegen kognitive und/oder affektive Bindungsmotive auf Seiten der bestehenden

---

[46] Vgl. u.a. HANNA/ROHM/CRITTENDEN (2011), S. 266, KIM/SPIELMANN/MCMILLAN (2011); KLOTH (2010), LIU (2002), S. 60; HA/JAMES (1998), S. 459 f. STANOEVSKA-SLABEVA (2008) stellt vor allem die niedrigen Transaktionskosten als Grund für die hohe Relevanz von Web 2.0 respektive Social Media für die Interaktion heraus. Vgl. STANOEVSKA-SLABEVA (2008), S. 223.

[47] GRETHER/MARKARIAN (2008), S. 286 f.

[48] Vgl. KIM/SPIELMANN/MCMILLAN (2011), S. 1543.

[49] Vgl. BURMANN ET AL. (2012), 130; BURMANN/EILERS/HEMMANN (2010), S. 49.

[50] Vgl. BONGARTZ (2002), S. 316; VRIENS/GRIGSBY (2001), S. 36 f; FOURNIER (1998), S. 345 ff.

[51] HATTENDORF/SCHLECHTRIEM (2007), S. 3 f.

[52] Vgl. BURMANN/MEFFERT (2005a), S. 65.

[53] Vgl. KIM/KO (2011).

[54] Vgl. STICHNOTH (2008), S. 19.

Käufer zugrunde, die durch den funktionalen und symbolischen Nutzen der Marke befriedigt werden."[55]. THIBAUT/KELLY (1959) konstatieren hierzu passed, „The essence of any interpersonal relationship is interaction."[56]. Infolge der Marke-Kunden-Beziehung kann zudem von einer erhöhten Wechselbarriere, gesteigerten Wiederkäufen und positiven Weiterempfehlungen ausgegangen werden.[57] HA/JAMES (1998) sprechen der Interaktion und der daraus entstehenden Beziehung ebenfalls eine Steigerung von Abverkäufen zu.[58]

Auch dem Effektivitätsverlust in der **Markenkommunikation** kann mit Social Media begegnet werden. Insbesondere die Interaktion erhöht die Wirkung der Kommunikation entscheidend.[59] Die durch Interaktion vermittelten Markenerlebnisse sind stark emotional geprägt, weshalb diese im episodischen Gedächtnis gespeichert werden.

Im Gegensatz zum semantischen Gedächtnis werden hier Informationen primär auf Basis der persönlichen Relevanz für den Nachfrager verankert.[60] Nach der Theorie der „kortikalen Entlastung" von DEPPE ET AL. (2005) ziehen Konsumenten aufgrund der hohen Informationsflut bei der Kaufentscheidung vor allem ihnen bekannte und emotionale Aspekte aus dem episodischen Gedächtnis für eine effektive Entscheidungsfindung heran.[61] Folglich kann der Interaktion in Social Media ein positiver Einfluss auf die kortikale Entlastung zugesprochen werden. Im Zusammenspiel mit der kortikalen Entlastung und der persönlichen Relevanz der Informationen für das Individuum führt die Interaktion zu einer Erhöhung von Wechselbarrieren und damit zu einer Erhöhung der Markenloyalität.[62]

Weiterhin kann bei der Internetnutzung grundsätzlich von einem höheren Involvement als bei klassischen Medien ausgegangen werden, da der Nutzer aktiv durch das Internet navigiert.[63] Folglich bedingt die Markenkommunikation im Internet eine intensivere Verarbeitung und Speicherung von markenbezogenen Assoziationen.[64] So führt die

---

[55] WENSKE (2008), S. 97.
[56] THIBAUT/KELLEY (1986), S. 10.
[57] Vgl. STICHNOTH (2008), S. 72; WENSKE (2008), S. 262; HADWICH (2003), S. 3.
[58] Vgl. HA/JAMES (1998), S. 460.
[59] Vgl. BURMANN ET AL. (29012), S. 130.
[60] Vgl. BIELEFELD (2012), S. 192 ff; SCHMITT/MANGOLD (2005), S. 290 f.
[61] Vgl. BIELEFELD (2012), S. 310; DEPPE ET AL. (2005), S. 171 ff.
[62] Vgl. BURMANN/BOCH (2010), S. 55 ff.
[63] Vgl. ESCH/LANGNER/ULLRICH (2009), S. 132.
[64] Vgl. AAKER/JOACHIMSTHALER (2000), S. 234.

Interaktion zu einer höheren Kaufabsicht[65], was sich u.a. mit dem besseren Produkt-verständnis[66] begründen lässt. Auch werden die Werbemaßnahme selbst und das Pro-dukt durch Interaktion positiver wahrgenommen.[67] Zusammenfassend kann festge-stellt werden, dass die Forschungsergebnisse zur Wirkung der Interaktion im Online-Umfeld überwiegend zeigen, dass ein hoher Grad an Interaktion positive Auswirkun-gen auf das Kaufverhalten und die Loyalität der Nachfrager ausübt.[68]

Dass die Markenführung in Social Media nicht nur psychographische, sondern auch ökonomische Ziele erreichen kann, belegen die folgenden Beispiele. Die Marke **Blend-tec**, ein amerikanischer Hersteller von Mixern, veröffentlichte Videos bei YouTube, in denen das Mixen von unterschiedlichsten Gegenständen in einer fiktiven Laborsitua-tion getestet wird – vom iPad bis zum Golfball (vgl. Abbildung 2).

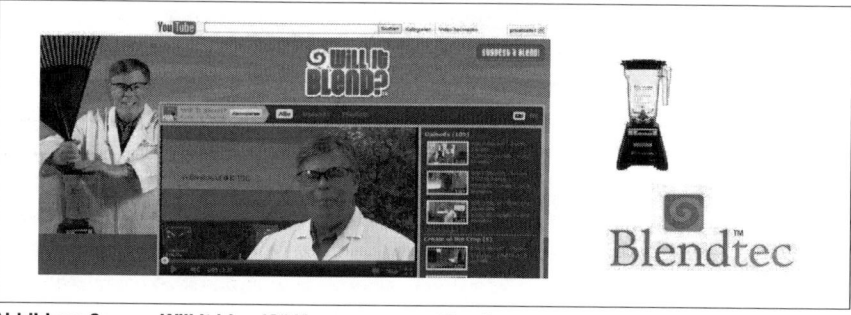

Abbildung 2:   **„Will it blend?" Kampagne von Blendtec**
Quelle: Eigene Darstellung.

Diese Videos haben sich zu einem viralen Phänomen entwickelt. So kann der You-Tube Kanal bis dato über 170 Millionen Aufrufe verzeichnen und der Absatz von Blend-tec bis heute um 700 Prozent gesteigert werden.[69] Ein weiteres positives Beispiel für die Nutzung von Social Media ist **DELL**. Das Unternehmen hat sein Customer Relati-onship Management an die Twitter-Aktivitäten gekoppelt, um den wirtschaftlichen Er-folg zu überprüfen. Für den Zeitraum zwischen dem Jahr 2007 bis zur Jahresmitte

---

[65] CHEN/GRIFFITH/SHEN (2005), S. 39.

[66] Vgl. VLASIC/KESIC (2007), S. 125.

[67] Vgl. SUNDAR/KIM (2005), S. 24.

[68] Vgl. DIEHL (2002).

[69] Vgl. TAY (2010); WEINBERG/HEYMANN-REDER/LANGE (2010), S. 317.

2009 konnte ein Umsatz von ca. 3 Millionen US-Dollar auf Twitter zurückgeführt werden.[70]

3 Ganzheitliche Abbildung der Markenführung in Social Media als Forschungslücke

In Anbetracht der hohen Relevanz von Social Media für die Markenführung in der Praxis ist Social Media auch zu einem aktuellen Thema in der wissenschaftlichen Forschung geworden. Wird bei der Literaturrecherche nach dem Zusammenspiel der Begriffe Social Media und Marketing bzw. Marke gesucht, werden bis zu tausend Artikel gefunden.[71] Auch findet kaum noch eine wissenschaftliche Konferenz im Bereich der Markenführung ohne das Thema Social Media statt. Zudem wurden von renommierten Fachzeitschriften aus dem Bereich der Markenführung bereits Spezialausgaben zum Thema Social Media herausgegeben.[72]

Trotz einer Akzeptanz der hohen Relevanz von Social Media für die Markenführung hat die Wissenschaft dieses Thema bisher nicht ausreichend in der Tiefe und Breite behandelt.[73] Den vorhandenen wissenschaftlichen Arbeiten fehlt es zudem an einer **einheitlichen Definition der zentralen Begriffe**. Dabei wird selbst der zentralste Begriff „Web 2.0" unterschiedlich definiert.[74] Beispielsweise stellen WEINBERG/PEHLIVAN (2011) den technischen Aspekt in ihrer Definition heraus: „...comprised of computer network-based platforms upon which social media applications/tools (referred to as social media, for short) run or function."[75]. BURMANN/ARNHOLD (2008) betonen hingegen die veränderte Verhaltensweise der Nutzer: Web 2.0 „does not refer to a technical update but to a fundamental mind shift in the ways software developers and end-users think and use the Web."[76].[77] Die von Nutzern in Social Media erstellten Inhalte werden in der Literatur als User Created Content, User Generated Content oder

---

[70] Vgl. PAINE (2011), S. 20.

[71] Ergebnis einer Recherche auf www.sciencedirect.com.

[72] Vgl. u.a. Journal of Brand Management, September 2011: "Digital and Virtual World Research on Brands and Marketing Development"; Journal of Marketing Management, Herbst 2012: "Communication: message strategy and digital vs. traditional"; Marketing Review St. Gallen, Aufgabe 4 2012.

[73] Vgl. BRUHN ET AL. (2011), S. 41.

[74] Vgl. JACOBS (2009), S. 10.

[75] WEINBERG/PEHLIVAN (2011), S. 276. Der technische Aspekt von Web 2.0 wird ebenfalls in den Definitionen von BERTHON ET AL. (2012) und ANGRIGNON (2006).

[76] BURMANN/ARNHOLD (2008), S. 68.

[77] Für eine ausführliche Auflistung verschiedener Definitionen des Begriffs „Web 2.0" vergleiche JACOBS (2009), S. 10.

User Generated Media bezeichnet.[78] Gleiches gilt für die Interaktion in Social Media, welche in unterschiedlichen wissenschaftlichen Disziplinen betrachtet wird und somit eine Vielzahl an differenzierten Begriffsdefinitionen existieren.[79]

Zudem werden in der wissenschaftlichen Literatur bisher eher **Einzelaspekte betrachtet**, wobei eine ganzheitliche Betrachtungsweise der Marke in Social Media noch unzureichend in der Forschung stattgefunden hat.[80] Zahlreiche Beiträge konzentrieren sich speziell auf nutzergenerierte Inhalte in Social Media, die Interaktion zwischen Marke und Nachfrager in Social Media oder die sog. community-Forschung, welche sich vor allem mit der Interaktion zwischen Nachfragern beschäftigt.[81] Auch wenn diese Arbeiten zu spezifischen Facetten der Markenführung in Social Media einen wertvollen Beitrag für die Wissenschaft leisten, ist dennoch die fehlende Vergleichbarkeit der verschiedenen Markenführungsinstrumente im Bereich von Social Media zu kritisieren. Die Frage, ob bspw. die von anderen Nutzern verfassten Beiträge zu einer Marke einen stärkeren positiven Einfluss auf das Markenimage oder das Kaufverhalten zeigen, als die Interaktion zwischen Marke und Nachfrager, kann durch die oft fehlende Vergleichbarkeit der empirischen Basis einzelner Forschungsarbeiten nicht beantwortet werden.

Eben diese Vergleichbarkeit der Wirkung verschiedener Social Media Elemente auf die Marke wird als **zentrale Forschungslücke** betrachtet. Erst durch eine empirische Basis, welche die Gesamtheit der für Marken zur Verfügung stehenden Social Media Instrumente beinhaltet, kann eine Aussage bezüglich differenzierter Wirkungsstärken abgeleitet werden. KOZINETS ET AL. (2010) führen an, dass in bisherigen empirischen Forschungen die Differenzierung zwischen marken- und nutzergenerierten Inhalten in Social Media und deren unterschiedliche Wirkung auf Marken sowie das markenbezogene Konsumentenverhalten unberücksichtigt geblieben sind.[82] Entsprechend fordern BRUHN ET AL. (2011) eine Modifikation der bisherigen Forschung, „indem sowohl die Aktivitäten des Unternehmens als auch die der Nutzer mit vorökonomischen und ökonomischen Wirkungen verknüpft werden."[83]. Spezifisch für das soziale Netzwerk

---

[78] Vgl. BURMANN/ARNHOLD (2008), S. 34 ff.

[79] Vgl. MCMILLAN (2006), S. 205, MÖLLER (2004), S. 11.

[80] Vgl. BRUHN ET AL. (2011), S. 40.

[81] Ergebnis einer Recherche auf www.sciencedirect.com.

[82] Vgl. KOZINETS ET AL. (2010).

[83] BRUHN ET AL. (2011), S. 42.

Facebook stellt HEDEMANN (2012) zudem fest, dass „es kaum Informationen und Anhaltspunkte für die Wirkung einer Fanpage auf die Wirkung von Facebook-Fans gibt."[84]. Zur Schließung dieser zentralen Forschungslücke bedarf es folglich einer ganzheitlichen Abbildung der Markenführung in Social Media.

Ein für diese Arbeit relevanter Anknüpfungspunkt an die aktuelle wissenschaftliche Forschung zum Thema der Markenführung in Social Media stellt die Arbeit nach ARNHOLD (2010) dar. Hier wurde auf der Grundlage des identitätsbasierten Markenmanagements die Wirkung des sog. User Generated Branding auf die Marke analysiert. Unter User Generated Branding wird das strategische und operative Management von markenbezogenen nutzergenerierten Inhalten in Social Media verstanden, welches das Ziel verfolgt, die Marke positiv zu beeinflussen.[85] Auf Basis einer ausführlichen Literaturanalyse hat ARNHOLD (2010) zunächst die Vielzahl verschiedener Definitionen relevanter Begriffe aus dem Themenfeld Social Media analysiert und hieraus Definitionen mit Bezug zum Ansatz der identitätsbasierten Markenführung hergeleitet. Anschließend wurde die Wirkung des User Generated Branding auf die Marke empirisch überprüft. Als Zielgrößen dieser Analyse wurden sowohl die Einstellung gegenüber der Marke als auch Verhaltensabsichten herangezogen. Daneben wurden Einflussfaktoren auf die Wirkung des User Generated Branding auf die Marke berücksichtigt.

Die Arbeit von ARNHOLD (2010) kann aufgrund der umfangreichen Aufarbeitung der Literatur zu Social Media und dem breiten Forschungsmodell als Meilenstein in der Forschung zur Wirkung von Social Media auf die Marke angesehen werden. Aufgrund der Weiterentwicklung des Einsatzes von Social Media in der Praxis der Markenführung ist diese Arbeit jedoch aus heutiger Perspektive als unzureichend zu bezeichnen. Die Beschränkung des Forschungsmodells auf die nutzergenerierten Inhalte bildet nur einen Teilbereich der Markenführung in Social Media ab. Im Zeitraum vom Jahr 2009 bis Mitte 2011 ist der Anteil der deutschen Unternehmen, welche eine eigene Seite auf Facebook besitzen, um 60 Prozent gestiegen.[86] Aktuell verfügen 89 Prozent der deutschen Unternehmen über eine eigene Seite bei Facebook.[87] Folglich ist auch der Umfang der markengenerierten Inhalte in Social Media gewachsen. Aktuelle Forschungen zur Markenführung in Social Media sind daher aufgefordert, sich nicht nur auf die nutzergenerierten Inhalte zu beschränken, sondern auch die durch Marken verbreiteten Inhalte einzubeziehen.

---

[84] HEDEMANN (2012).

[85] Vgl. ARNHOLD (2010), S. 50.

[86] TANTAU (2011).

[87] FIRSCHING (2012).

Die gemeinsame Betrachtung von nutzer- und markengenerierten Inhalten in Social Media als Einflussfaktoren auf die Marke wurde erstmals in einer empirischen Forschung von BRUHN ET AL. (2011) vorgenommen. Hier wurde die Wirkung der Zufriedenheit mit nutzer- und markengenerierten Inhalten in Social Media auf die Zielgrößen Markenbekanntheit, Markenimage sowie Kaufabsicht analysiert. Untersuchungsobjekte bildeten insgesamt vier Marken aus der Automobil-, Pharma-, Telekommunikations- und Tourismusbranche.

Zwar ist die gleichzeitige Berücksichtigung von nutzer- und markengenerierten Inhalten in dieser Studie ist als positiv hervorzuheben, dennoch bietet die Studie auch Anlass zur Kritik. Diese bezieht sich vor allem auf die allgemeine Betrachtung von nutzer- und markengenerierten Inhalten in Social Media. Die Probanden wurden lediglich nach der allgemeinen Zufriedenheit mit den marken- bzw. nutzergenerierten Inhalten befragt. Somit wurde die Interaktion, für welche eine hohe Relevanz für die Markenführung in Social Media postuliert wird, nicht explizit berücksichtigt. Folglich kann nicht festgestellt werden, ob bspw. eine geschriebene Kommunikationsbotschaft einer Marke auf Facebook oder die Interaktion zwischen Marke und Nachfrager in Social Media wirkungsvoller hinsichtlich der Markenziele ist. Durch die fehlende Berücksichtigung der Interaktion in Social Media wurde in der Studie nach BRUHN ET AL. (2011) somit ein entscheidendes Instrument der Markenführung ausgeschlossen. Weiterhin ist die allgemeine Betrachtung der markengenerierten Inhalte zu kritisieren. In der Praxis ist vor allem die Differenzierung der markengenerierten Inhalte in Social Media entsprechend des Produktbezugs zu beobachten. Markengenerierter Inhalt in Social Media mit Produktbezug umfasst bspw. technische Produkteigenschaften oder Ankündigungen von Neuprodukten. Zu dem markengenerierten Inhalt in Social Media ohne Produktbezug gehören bspw. Gewinnspiele oder Informationen zu Sponsorings. Um die Aktualität und Relevanz der Forschung zu bewahren, sollten diese grundlegenden Differenzierungen aus der Praxis berücksichtigt werden.

4   Zielsetzung, wissenschaftliche Ausrichtung, Forschungsmethodologie

Vor dem Hintergrund der aufgezeigten Relevanz von Social Media für die Markenführung ist es von entscheidender Bedeutung, Rahmenbedingungen für den zielgerichteten und effektiven Einsatz von Social Media in der Praxis zu erarbeiten. Zentrales Ziel dieser Arbeit besteht somit darin, die Wirkung verschiedener Social Media Instrumente auf die Marke zu analysieren. Auf Grund der zuvor identifizierten Forschungslücke stellt die ganzheitliche Betrachtung der Markenführung in Social Media einen zentralen Aspekt dieser Arbeit dar. Hieraus ergeben sich folgende Forschungsfragen:

1) Welche Instrumente stehen der Markenführung in Social Media zur Verfügung?
2) Welche differenzierten Wirkungsweisen und –stärken zeigen die einzelnen Instrumente auf die Marke?
3) Besitzen die Ergebnisse eine branchenübergreifende Gültigkeit?

Dieser Arbeit liegt primär ein pragmatisches Forschungsziel[88], auch als **Gestaltungsziel** bezeichnet, zugrunde. Damit liegt der Fokus auf dem Ableiten von Handlungsempfehlungen für den Einsatz von Social Media in der Markenführung. Durch die Berücksichtigung sowohl nutzer- als auch markengenerierter Inhalte sowie dem Markenimage, die Kaufintention und das tatsächliche Kaufverhalten als Zielgrößen können Handlungsempfehlungen für den effektiven Einsatz spezifischer Markenführungsinstrumente in Social Media hinsichtlich differenzierter Markenziele gegeben werden.

Neben dem pragmatischen Forschungsziel verfolg diese Arbeit auch ein kognitives Forschungsziel, welches auch Erkenntnisziel genannt wird. Ein Erkenntnisziel bezeichnet die Befriedigung der intellektuellen Neugierde des Forschers.[89] Bezogen auf die vorliegende Arbeit bedeutet dies, dass zunächst die ganzheitliche Abbildung der Markenführung in den Bereich von Social Media herzuleiten ist. Hierbei sollen Instrumente identifiziert werden, welche der Markenführung im Bereich von Social Media zur Verfügung stehen.

Zur Beantwortung der Forschungsfragen wird der Theorierichtung des **wissenschaftlichen Realismus** gefolgt. Dieser wird u.a. von HOMBURG (1995) und HUNT (1990) für theoretisch schwach fundierte Forschungsgebiete empfohlen[90], zu welchen auch die vorliegende Arbeit zählt. Im Rahmen dieser Theorierichtung wird die induktive Vorgehensweise akzeptiert[91], wodurch das **Verifikationsprinzip** Geltung findet. Im Gegensatz zum Falsifikationsprinzip können Hypothesen hier Bestätigung finden. Dabei nimmt der wissenschaftliche Realismus keineswegs an, die absolute Wahrheit zu finden. Vielmehr wird die Kumulation von bestätigten Hypothesen als konkreter Hinweis an die Annäherung der Wahrheit gewertet.[92]

---

[88] Ein pragmatisches Forschungsziel beinhaltet die Bestrebung, Gestaltungsempfehlungen zu geben, die für die Praxis verwertbar sind. Die Nützlichkeit der Ergebnisse wird dabei betont. Vgl. FRANKE (2000), S. 415.

[89] Vgl. SCHANZ (2004), S. 86 ff.

[90] Vgl. HOMBURG (1995), S. 58 ff, HUNT (1990), S. 12 f.

[91] Vgl. BAUMGARTH (2003), S. 8.

[92] Vgl. HOMBURG (1995), S. 59.

Methodologisch folgt diese Arbeit dem **komplementären Theoriepluralismus**, welcher die Kombinationen verschiedener Forschungsrichtungen zur Gewinnung gehaltvoller Forschungsaussagen erlaubt.[93] Dieses methodologische Vorgehen erscheint vor allem deshalb sinnvoll, weil der identitätsbasierte Markenführungsansatz, welcher dieser Arbeit als theoretischer Rahmen dient, auf sozialpsychologischen Theorien aufbaut. Hinzu kommt, dass Erkenntnisse der Konsumentenverhaltensforschung verwendet werden, welche selbst keine geschlossene Theorie darstellt, sondern aus einer Vielzahl von Partialtheorien besteht.

5 Gestaltung der Untersuchung

5.1 Tiefeninterviews und Gruppendiskussionen

Bei der Erstellung der theoretischen Hypothesen wird ein zweistufiges Modell angewendet. Die erste Stufe besteht in der Analyse der bestehenden Literatur. Da die wissenschaftliche Forschung in dem Bereich der Markenführung in Social Media aktuell noch schwach aufgestellt ist, werden in einem zweiten Schritt Tiefeninterviews mit Experten aus dem Bereich der Markenführung in Social Media sowie Gruppendiskussionen mit Social Media Nutzern herangezogen. Diese Vorgehensweise dient der Erweiterung des literaturbasierten Forschungsmodells um erste empirische Erkenntnisse und somit der Überprüfung der Inhaltsvalidität des Forschungsmodells.

Im Rahmen der **Tiefeninterviews** wurden im Januar und Februar 2012 insgesamt sieben semi-strukturierte Tiefeninterviews[94] geführt. Diese fanden sowohl als Telefoninterview als auch als persönliches Gespräch statt. Die Gesamtdauer der Gespräche betrug zwischen 60 und 90 Minuten. Die Befragten wurden aus der Automobil-, Konsumgüterindustrie, Marktforschung und Wissenschaft rekrutiert und beschäftigen sich in ihrer Tätigkeit eingehend mit der Markenführung in Social Media. Ziel dieser Tiefeninterviews war die Ergänzung der Literaturbasis um erste empirische Erkenntnisse, um darauf aufbauend die Markenführung in Social Media abzubilden. Zudem bieten die Tiefeninterviews den Vorteil der Sicherstellung der Relevanz dieser Arbeit für die Praxis.

---

[93] Vgl. HOMBURG (1995), S. 61.

[94] Ein Tiefeninterview stellt ein „langes intensives Gespräch zwischen Interviewer und Befragtem über vorgegebene Themen, das der Interviewer in weitgehend eigener Regie so zu steuern versucht, dass er möglichst alle relevanten Einstellungen und Meinungen der Befragten Person zu diesem Thema erfährt, auch wenn es sich um Aspekte handelt, die der befragten Person zu diesem Zeitpunkt selbst nicht klar bewusst waren." SALCHER (1995), S. 34.

Zusätzlich wurden **Gruppendiskussionen**[95] mit insgesamt 10 Studenten als Vertreter der Social Media Nutzer, geteilt in zwei Gruppen mit jeweils 5 Teilnehmern geführt. Diese Gruppendiskussionen fanden am 7. und 8. Februar 2012 an der Universität Bremen statt. Ziel war es, die in der Literatur bestehenden Konzeptionalisierungen von Markenführungsinstrumenten in Social Media zu überprüfen und zu spezifizieren. Die Erweiterung der literaturbasierten und aus den Tiefeninterviews abgeleiteten Erkenntnisse um die Perspektive der Social Media Nutzer wurde als relevant erachtet, da somit die wahrnehmungsorientierte Sichtweise der Nachfrager auf die Markenführung in Social Media berücksichtigt werden konnte.

5.2 Auswahl der Untersuchungsobjekte

Für die vorliegende Arbeit wurde es als relevant betrachtet, nicht nur eine Marke als Untersuchungsobjekt in die empirische Analyse einzubeziehen. Auf diese Weise soll die branchenübergreifende Übertragbarkeit der Ergebnisse dieser Arbeit überprüft werden.

Zur strukturierten Auswahl geeigneter Marken wurden bestehende Erkenntnisse zur Branchenspezifität von Social Media herangezogen. Zu einer der umfangreichsten Untersuchungen bezüglich der differenzierten **Relevanz von Social Media** für Marken in Abhängigkeit der Markeneigenschaften zählt die nach PROX (2011). PROX (2011) spannt eine Matrix entlang der Dimensionen Involvement und Erklärungsbedürftigkeit auf (vgl. Abbildung 3). Involvement wird dabei als Interesse an dem Produkt verstanden, wobei sich die Erklärungsbedürftigkeit auf die Komplexität des Produkts bezieht.[96]

---

[95] Unter einer Gruppendiskussion wird das gleichzeitige Befragen von mehreren Personen verstanden, bei welcher Interaktionen unter den befragten Personen gestattet sind. Vgl. KEPPER (2008), S. 186 f, SALCHER (1995), S. 44.

[96] Vgl. PROX (2011), S. 26.

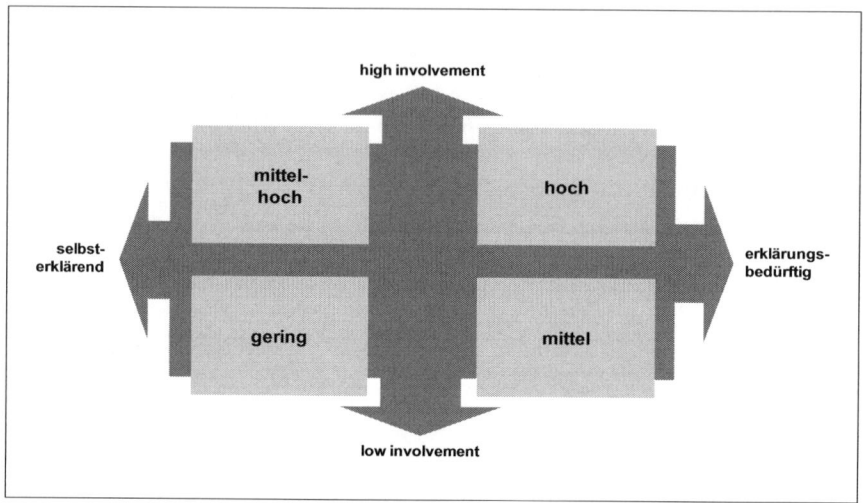

Abbildung 3:   **Bedeutung von Social Media für die Markenführung**
Quelle: Eigene Darstellung in enger Anlehnung an PROX (2011), S. 26.

Besonders hoch ist die Relevanz von Social Media für die Markenführung im Feld „high Involvement / erklärungsbedürftig". Hier ist das Interesse des Nutzers gegeben und er wünscht sich mehr Informationen über das Produkt. Als Beispiele werden u.a. die Automobil-, Computer- und Telekommunikationsbranche genannt. Eher gering ist die Relevanz von Social Media nach PROX (2011) für Marken aus dem Bereich „low Involvement/ selbsterklärend", da weder das Produkt selbst interessant ist, noch weitere Informationen benötigt werden. Hierzu zählen die Food- und Non-Food-Konsumgüter.[97]

Einen weiteren Hinweis auf die Branchenspezifizität liefert eine Studie der Agentur differrent. Hier wurden die differenzierten **Anforderungen der Nutzer** an die Markenauftritte in Social Media in Abhängigkeit der Branche untersucht. Die empirische Studie mit 1.613 Probanden ergab, dass die Nutzer in Bezug auf die Automobil-, Kosmetik- und Modebranche vor allem die Identifikation mit der Marke streben. Dagegen erwarten die Nutzer von der Lebensmittel- und Finanzbranche vor allem Informationen zu den Produkten.

Auf Basis der vorangegangenen Ausführungen wurden die **Automobil- und Lebensmittelbranche** als geeignete Untersuchungsobjekte für diese Arbeit gewählt. Diese

---

[97] Vgl. PROX (2011), S. 26.

Branchen stellen sowohl hinsichtlich der Relevanz von Social Media für die Markenführung als auch hinsichtlich der Erwartungen der Nutzer starke Gegensätze dar.

Daneben bietet auch der differenzierte **Kaufentscheidungsprozess** beider Branchen einen Vorteil für die Analyse in dieser Arbeit. Der Kauf eines Automobils ist häufig durch eine extensive Kaufentscheidung gekennzeichnet, welche ein hohes Involvement und umfangreiche kognitive und emotionale Prozesse beinhaltet.[98] Im Gegensatz dazu ist der Kauf eines Lebensmittelproduktes mit nur sehr geringen finanziellen Aufwänden verbunden, wodurch meist von einer habituellen Kaufentscheidung ausgegangen werden kann.[99] Kennzeichnend für habituelle Kaufentscheidungen ist der gewohnheitsmäßige Kauf, wodurch auf die Bewertung von Alternativen und somit auf die kognitive Steuerung des Kaufs verzichtet wird.[100] Aufgrund dieser differenzierten Kaufentscheidungsprozesse können zusätzlich wertvolle Hinweise für den grundsätzlichen Einsatz von Social Media zur Erhöhung der Abverkäufe gewonnen werden.

Für die empirische Analyse wurden zwei konkrete Marken, jeweils eine aus der Automobil- und Lebensmittelbranche gewählt. Als Auswahlkriterium wurden die markenbezogenen Aktivitäten der Marken in Social Media herangezogen. Wichtig ist dabei eine generelle Vergleichbarkeit der Markenaktivitäten hinsichtlich der Häufigkeit der Veröffentlichungen von markengenerierten Inhalten, um eine ungewollte Beeinflussung der Forschungsergebnisse zu vermeiden.

5.3 Gang der Untersuchung

Aus den oben aufgeführten Forschungsfragen sowie der wissenschaftlichen Einordnung und dem methodologischen Vorgehen ergibt sich der Aufbau dieser Arbeit. Im folgenden **Kapitel B** werden die theoretischen Grundlagen dargestellt und ein Untersuchungsmodell entwickelt. Hierzu wird zunächst der identitätsbasierte Markenmanagementansatz als rahmengebendes Konstrukt dieser Arbeit vorgestellt. Im folgenden Schritt wird Social Media als Untersuchungsobjekt definiert und in den Kontext der identitätsbasierten Markenführung gestellt. Weiterhin werden die Inhalte in Social Media konzeptionalisiert und voneinander abgegrenzt. Als konstitutive Eigenschaft von Social Media wird anschließend die Interaktion betrachtet. Im Rahmen dieser Arbeit

---

[98] Vgl. KROEBER-RIEL/WEINBERG/GRÖPPEL-KLEIN (2009), S. 423 f.

[99] Vgl. MEFFERT/BURMANN/KIRCHGEORG (2012), S. 106.

[100] Vgl. MEFFERT/BURMANN/KIRCHGEORG (2012), S. 106.

wird sowohl die Interaktion zwischen Marke und Nachfrager als auch die Interaktion zwischen den Nachfragern selbst betrachtet.

Aus dem Zusammenspiel von theoretischen Grundlagen sowie den Ergebnissen der Tiefeninterviews und Gruppendiskussionen wird ein Untersuchungsmodell formuliert. Dabei liegt der Fokus auf der Formulierung von Hypothesen, die den Zusammenhang von Social Media und dem psychographischen sowie ökonomischen Markenwert abbilden. Kern dieser Arbeit bildet die empirische Erhebung und statistische Auswertung des Untersuchungsmodells, welcher Bestandteil von **Kapitel C** ist. Hierzu wird zunächst einleitend auf die Zielsetzung und Konzeption sowie auf methodologischen Grundlagen und das Untersuchungsdesign eingegangen. Zentrales Element dieses Kapitels ist jedoch die Operationalisierung und Prüfung der Modellvariablen sowie die Analyse der Wirkungsbeziehungen. Die abschließende Betrachtung der empirischen Ergebnisse, das Ableiten von Handlungsempfehlungen sowie die Darstellung des weiteren Forschungsbedarfs erfolgt in **Kapitel D**. Der Aufbau der Arbeit wird zusammenfassend in Abbildung 4 dargestellt.

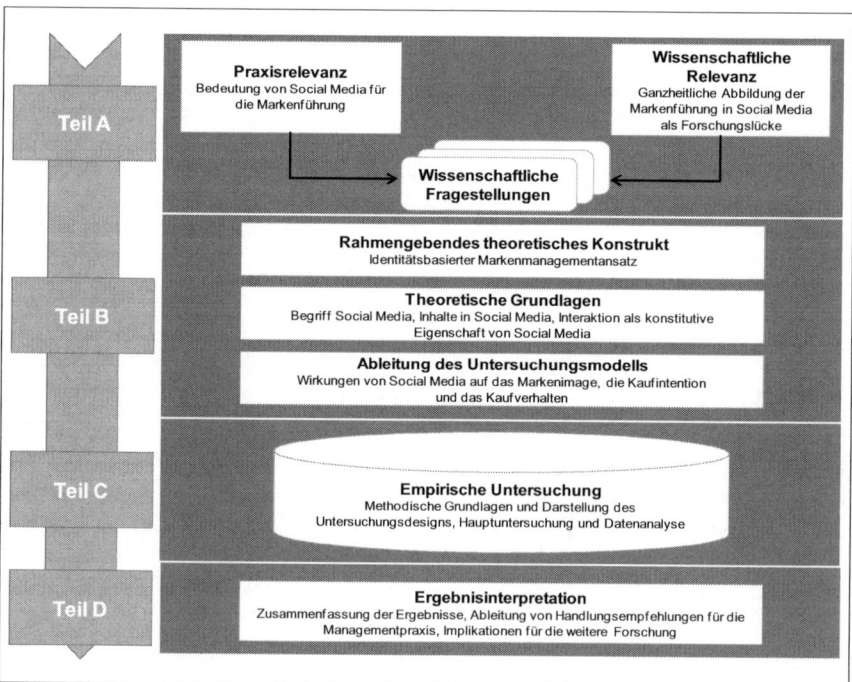

Abbildung 4:   **Aufbau und Ziele der Arbeit**
Quelle: Eigene Darstellung.

B   Theoretischer Bezugsrahmen und Herleitung eines empirischen Untersuchungsmodells

1   Der identitätsbasierte Markenmanagementansatz als rahmengebendes Konstrukt der Untersuchung

1.1   Grundkonzept der identitätsbasierten Markenführung

Im Kontext des identitätsbasierten Markenmanagements wird der Begriff **Marke** als „ein Nutzenbündel mit spezifischen Merkmalen, die dafür sorgen, dass sich dieses Nutzenbündel gegenüber anderen Nutzenbündeln, welche dieselben Basisbedürfnisse erfüllen, aus Sicht relevanter Zielgruppen nachhaltig differenziert"[101] definiert. Der identitätsbasierte Markenmanagementansatz[102] unterscheidet sich damit von anderen Markenführungsansätzen. Zum einen wird die Marke nicht auf ein schutzfähiges Zeichen reduziert und zum anderen wird nicht nur das imageorientierte Vorstellungsbild von einer Marke betrachtet.

Eine wesentliche Charakteristik des identitätsbasierten Markenmanangements ist die Differenzierung von Markenidentität und –image. Die klassische imageorientierte Perspektive wird somit um die Sicht der internen Zielgruppen innerhalb der markenführenden Institution erweitert. In diesem Zusammenhang wird vom Selbstbild der Marke, der Markenidentität, gesprochen.

Die Markenidentität legt die Positionierung der Marke[103] fest[104] und ist als Selbstbild direkt durch die Markenführung steuerbar[105]. Die Positionierung der Marke kann auch als **Markennutzenversprechen** interpretiert werden, welches den idealen Nutzen der

---

[101] BURMANN/BLINDA/NITSCHKE (2003), S. 3, in Anlehnung an KELLER (2003a), S. 3 f.

[102] Der Ansatz der identitäts*basierten* Markenführung ist eine Weiterentwicklung der identitäts*orientierten* Markenführung. Vgl. hierzu ausführlich NITSCHKE (2006), S. 44. Dieser Ansatz wurde in den 1990er Jahren parallel von KAPFERER (1992), AAKER (1996) und im deutschsprachigen Raum von MEFFERT/BURMANN (1996) entwickelt.

[103] Die Positionierung einer Marke wird definiert als „(…) die Planung, Umsetzung, Kontrolle und Weiterentwicklung einer an den Idealvorstellungen der Nachfrager ausgerichteten, vom Wettbewerb differenzierten und von der eigenen Ressourcen- und Kompetenzausstattung darstellbaren, markenidentitätskonformen Position im Wahrnehmungsraum relevanter Zielgruppen". FEDDERSEN (2010), S. 29.

[104] Vgl. BURMANN/MEFFERT (2005a), S. 65.

[105] Vgl. BURMANN/HALASZOVICH/HEMMANN (2012), S. 42 f.

Marke darstellt.[106] Demgegenüber steht das Markenimage, welches als Sicht der externen Zielgruppe von der Marke als Fremdbild der Marke zu verstehen ist.[107] Somit stellt das Markenimage die Grundlage für die **Erwartungen der Nachfrager** gegenüber der Marke dar.[108] Im Gegensatz zu dem Markenversprechen und den Markenerwartungen entstehen das Markenverhalten und das Markenerlebnis erst durch die Interaktion zwischen Marke und Nachfrager. Dabei beinhaltet das **Markenverhalten** sowohl die Markenleistung als auch das Verhalten der Mitarbeiter und die Markenkommunikation (z.B. Werbung). Das **Markenerlebnis** des Nachfragers wird als „Eindrücke bei der Interaktion mit der Marke"[109] definiert. Um die Erwartungen des Nachfragers beim Markenerlebnis zu erfüllen, muss das Verhalten der Marke an allen Brand Touch Points[110] konform zum Markenversprechen sein.[111] Markenidentität und Markenimage stehen folglich in einer kontinuierlichen Austauschbeziehung.[112] Abbildung 5 stellt die beschriebenen Zusammenhänge graphisch dar.

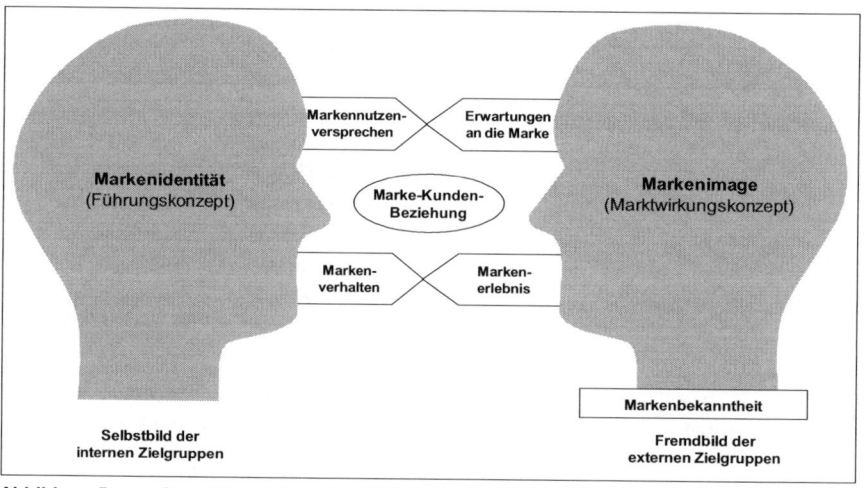

Abbildung 5:   **Grundkonzept der identitätsbasierten Markenführung**
Quelle: In enger Anlehnung an BURMANN/HALASZOVICH/HEMMANN (2012), S. 74.

---

[106] Vgl. Burmann/Halaszovich/Hemmann (2012), S. 73 ff.

[107] Vgl. Burmann/Meffert (2005a), S. 53.

[108] Vgl. Burmann/Halaszovich/Hemmann (2012a), S. 73.

[109] Meffert/Burmann/Kirchgeorg (2012), S. 361.

[110] Brand Touch Points stellen Berührungspunkte zwischen der Marke und den Nachfragern da, die zu einem bestimmten Markenerlebnis führen. Vgl. Burmann/Meffert (2005b), S. 77.

[111] Vgl. Burmann/Halaszovich/Hemmann (2012), S. 73 f; Meffert/Burmann/Kirchgeorg (2008), S. 359 f.

[112] Vgl. Burmann/Blinda/Nitschke (2003), S. 4 f.

Die Differenzierung zwischen Markenidentität und –image berücksichtigend kann die identitätsbasierte Markenführung definiert werden als ein „außen- und innengerichteter Managementprozess mit dem Ziel der funktionsübergreifenden Vernetzung aller mit der Markierung von Leistung zusammenhängenden Entscheidungen und Maßnahmen zum Aufbau einer starken Markenidentität."[113]. Das Ergebnis der identitätsbasierten Markenführung spiegelt sich in der Marke-Kunden-Beziehung bzw. **Marke-Nachfrager-Beziehung** wieder (vgl. Abbildung 5). ZEPLIN (2006), WENSKE (2008) und STICHNOTH (2008) konnten empirisch nachweisen, dass von der Marke-Kunden-Beziehung eine signifikant positive Wirkung auf die Kauf-, Cross-Selling- und Weiterempfehlungsintention sowie die Preisbereitschaft ausgeht.[114] Die Marke-Kunden-Beziehung stellt folglich die Grundlage für den ökonomischen Wert einer Marke und somit eine bedeutende Zielgröße in der identitätsbasierten Markenführung dar.[115]

1.2   Die Markenidentität als Selbstbild der Marke

Die Markenidentität wird nach BURMANN/BLINDA/NITSCHKE (2003) als *„diejenigen raum-zeitlich gleichartigen Merkmale der Marke, die aus Sicht der internen Zielgruppen in nachhaltiger Weise den Charakter der Marke prägen."*[116] definiert. Diese umfasst daher die Merkmale einer Marke, die das Wesen der Marke prägen und für die die Marke zunächst nach innen und später nach außen stehen soll.[117] Nach KAPFERER (1992) ist die Markenidentität als das Aussagenkonzept der Marke zu verstehen.[118] Entscheidend ist hierbei, dass die Markenidentität erst durch Wechselseitigkeit, d.h. Interaktionen innerhalb der internen Zielgruppe oder zwischen Marke und externer Zielgruppe, entsteht.[119]

Für die Markenidentität werden sechs interdependente Komponenten unterschieden (vgl. Abbildung 6). Die **Markenherkunft** bildet die nicht veränderbare Grundlage der Marke und ist geeignet, der Marke im Idealfall ein hohes Maß an Authentizität und Glaubwürdigkeit zu verleihen. Die **Markenkompetenzen** „repräsentieren die spezifi-

---

[113] MEFFERT/BURMANN (1996), S. 15.

[114] Vgl. STICHNOTH (2008), S. 94, WENSKE (2008), S. 208 ff, ZEPLIN (2006), S. 187 f.

[115] Vgl. BURMANN (2005), S. 856.

[116] BURMANN/BLINDA/NITSCHKE (2003), S. 16.

[117] Vgl. BURMANN/MEFFERT (2005a), S. 52.

[118] Vgl. KAPFERER (1992), S. 44 f.

[119] Vgl. BURMANN/BLINDA/NITSCHKE (2003), S. 5. Neben der Wechselseitigkeit werden der Markenidentität auch Individualität, Kontinuität und Konsistenz als konstitutive Merkmale zugesprochen. Nähere Ausführungen hierzu vgl. BURMANN/BLINDA/NITSCHKE (2003), S. 15 f.

schen organisationalen Fähigkeiten des Unternehmens zur marktgerechten Kombination von Ressourcen."[120]. Sie sind langfristig veränderbar, jedoch immer im Kontext der Organisationsstruktur und der Fähigkeiten der Mitarbeiter zu betrachten. Basierend auf der Markenkompetenz beinhaltet die **Art der Markenleistung** den Produktaspekt und determiniert damit den wesentlichen funktionalen Nutzen für den Nachfrager.[121]

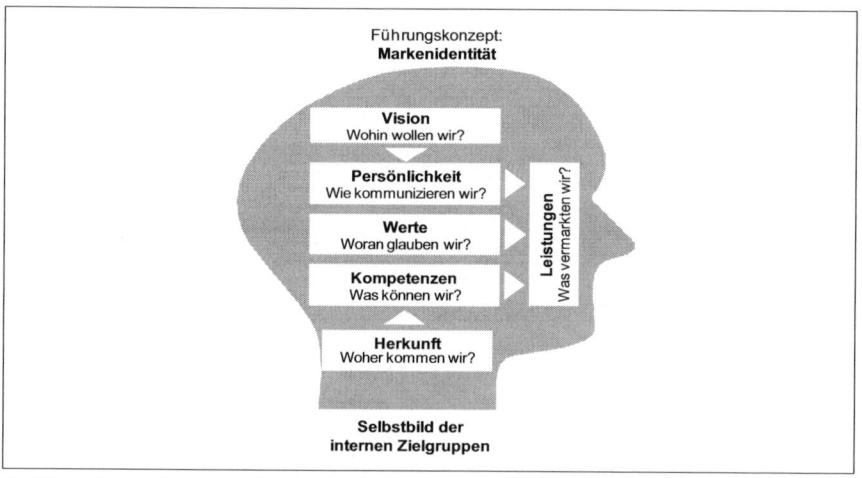

Abbildung 6:   **Komponenten der Markenidentität**
Quelle: Vgl. BURMANN/BLINDA/NITSCHKE (2003), S. 7.

Die **Markenvision** stellt das Zukunftsbild der Marke dar, welches vom markenführenden Unternehmen verfolgt wird und ist somit langfristiger Orientierungsrahmen für das Markenmanagement. Grundüberzeugungen von Marke und Mitarbeitern finden sich in den **Markenwerten** wieder. Als weitere Komponente der Markenidentität definieren AZOULAY/KAPFERER (2003) die **Markenpersönlichkeit** als „the set of human personality traits that are both applicable and relevant for brands."[122]. Folglich beinhaltet die Markenpersönlichkeit die Gesamtheit der menschlichen Eigenschaften, die ein Nachfrager mit der Marke verbindet.[123] Hierzu zählen neben Persönlichkeitsmerkmalen auch demographische Merkmale, wie Geschlecht, Alter oder Zugehörigkeit zu einer

---

[120] BURMANN/MEFFERT (2005a), S. 59.

[121] Vgl. BURMANN/HALASZOVICH/HEMMANN (2012), S. 56 ff.

[122] AZOULAY/KAPFERER (2003), S. 151. In ähnlicher Weise definiert AAKER (1997) die Markenpersönlichkeit als „set of human characteristics associated with a brand" (vgl. AAKER (1997), S. 347).

[123] Vgl. AAKER (2005), S. 168.

sozialen Schicht.[124] Die Markenpersönlichkeit wird durch den verbalen und non-verbalen Kommunikationsstil der Marke beeinflusst.[125] GILMORE (1919) stellte in seiner „Theory of Animism" fest, dass Menschen dazu neigen, nicht lebenden Objekten menschliche Charakterzüge zuzuschreiben.[126] Diese Theorie kann auch auf Marken übertragen werden.[127] Somit spiegelt die Markenpersönlichkeit die von Nachfragern mit der Marke verbundenen Persönlichkeits- bzw. Charaktermerkmale wieder.[128]

Ziel des Markenmanagements muss es sein, diese Identitätskomponenten entsprechend eines für die externe Zielgruppe relevanten Kundennutzens zu formulieren[129], um somit die Wert der Marke zu erhöhen.[130]

1.3   Das Markenimage als Fremdbild der Marke

Das Markenimage wird als Einstellungskonstrukt definiert, welches „das in der Psyche relevanter externer Zielgruppen fest verankerte, verdichtete, wertende Vorstellungsbild von einer Marke wiedergibt."[131]. Folglich stellt das Markenimage ein Marktwirkungskonzept dar. Die Grundvoraussetzung für die Bildung eines Markenimages ist die Markenbekanntheit.[132] Als Grundvoraussetzung kann die Markenbekanntheit daher kein Bestandteil des Markenimages sein, sondern nur dessen Bedingung.[133] Der identitätsbasierte Markenführungsansatz unterteilt das Markenimage in drei Komponenten: subjektives Markenwissen und die sich daraus ergebenen funktionalen und symbolischen Markennutzen.[134]

Das **subjektive Markenwissen** wird nach BURMANN/HALASZOVICH/HEMMANN (2012) als „das tatsächlich wahrgenommene und gespeicherte Wissen der Nachfrager über

---

[124] Vgl. AAKER (2005), S. 169; HIERONIMUS/BURMANN (2005), S. 370; AAKER (1997), S. 348; LEVY (1959), S. 120 ff.

[125] Vgl. BURMANN/MEFFERT (2005b), S. 56 ff.

[126] Vgl. GILMORE (1919).

[127] Vgl. GILMORE (1919), AAKER (1996), S. 142.

[128] Vgl. BURMANN/STOLLE (2007), S. 47; PLUMMER (2000), S. 80.

[129] Vgl. BURMANN/MEFFERT (2005a), S. 52.

[130] Vgl. STOLLE (2013), S. 42 f.

[131] BURMANN/MEFFERT (2005a), S. 53.

[132] Bei der Markenbekanntheit, auch Brand Awareness, wird zwischen ungestützter Erinnerung an eine Marke (Brand Recall) und gestützter Erinnerung (Brand Recognition) unterschieden. Vgl. BURMANN/MEFFERT (2005a), S. 53 f.

[133] Vgl. BURMANN/MEFFERT (2005a), S. 53 f.

[134] Vgl. BURMANN/MEFFERT (2005a), S. 54, in Anlehnung an VERSHOFEN (1940), KELLER (1993), S. 17.

die Elemente der Markenidentität"[135] verstanden. Nach STOLLE (2013) bildet sich das Markenimage „aus den Assoziationen, die der Konsument mit der Marke verbindet."[136]. Dabei ist das subjektive Markenwissen das Ergebnis der individuellen und subjektiven Wahrnehmung der Marke durch den Nachfrager.[137] Als Quellen für das subjektive Markenwissen werden nach BURMANN/HALASZOVICH/HEMMANN (2012) „die tatsächliche Marken- bzw. Produktverwendung, sämtliche Maßnahmen der Markenkommunikation (neben der eigenen Werbung betrifft dieser Kontaktpunkt auch Pressemitteilungen, Berichterstattungen in den Medien und im zunehmendem Maße die Kommunikation über soziale Medien im Web 2.0) sowie den direkten oder indirekten Kontakt zu Vertretern der Marke."[138] gezählt.

Dieses Verständnis von subjektivem Markenwissen ist aus Sicht der Autorin vor dem Hintergrund der steigenden Bedeutung von Social Media für die Markenführung explizit zu erweitern. Insbesondere durch Social Media nimmt der Nachfrager nicht mehr nur die von der Marke ausgesendeten bzw. initiierten Signale wahr, sondern auch von anderen Nachfragern produzierte Inhalte, die die Marke betreffen. Einleitend wurde bereits die hohe Relevanz von Social Media und damit auch der von den Nutzern produzierten Inhalte dargelegt. „Gerade diese Begegnungen und Interaktionen zwischen Konsumenten beeinflussen jedoch deren Wahrnehmung, Beurteilung und Akzeptanz von Produkten und Marken."[139]. Es wird folglich als zwingend angesehen, die von Nachfragern produzierten und die Marke betreffenden Inhalte explizit in das Konzept des Markenimages zu integrieren. Das Verständnis nach BURMANN/HALASZOVICH/HEM-MANN (2012) des Markenimages muss dahingehend verändert werden, dass das Markenimage das Ergebnis der individuellen, subjektiven Wahrnehmung und Dekodierung aller **markenbezogenen** Signale[140] ist. Dieses erweiterte Verständnis umfasst nun sowohl die von der Marke steuerbaren als auch die nicht steuerbaren, aber die Marke betreffenden, Signale.

Die in diesem Verständnis von Markenwissen enthaltenen Markenassoziationen bilden die Grundlage für den **funktionalen und symbolischen Markennutzen**, als weitere Komponenten des Markenimages. Markenassoziationen lassen sich inhaltlich in

---

[135] BURMANN/HALASZOVICH/HEMMANN (2012), S. 60.

[136] STOLLE (2013), S. 68.

[137] Vgl. BURMANN/HALASZOVICH/HEMMANN (2012), S. 60.

[138] BURMANN/HALASZOVICH/HEMMANN (2012), S. 60.

[139] ALGESHEIMER/HERRMANN/DIMPFEL (2004), S. 174.

[140] Auf die markenbezogenen Signale im Kontext von Social Media wird im folgenden Kapitel vertiefend eingegangen.

Markenattribute, Markenpersönlichkeit und Markennutzen differenzieren.[141] *Marken-attribute* beinhalten alle vom Nachfrager wahrgenommenen Eigenschaften einer Marke.[142] Nach Keller (1993) werden Markenattribute definiert als „descriptive features that characterize a product or service"[143]. Diese Markenattribute können in produkt-bezogene und nicht-produktbezogene Attribute differenziert werden.[144] Während die produktbezogenen Attribute die physischen Produktmerkmale umfassen, beinhalten die nicht-produktbezogenen Attribute Assoziationen mit typischen Markenverwendern, Markennutzung, Herkunftsland, Unternehmen, Branche und der Markenhistorie.[145] Die Markenattribute determinieren wiederum die *Markenpersönlichkeit*[146], welche die Ge-samtheit der vom Nachfrager mit der Marke verbundenen menschlichen Eigenschaf-ten enthält[147]. Nach AAKER (1997) wird die Markenpersönlichkeit als „set of human characteristics associated with a brand"[148] definiert. Im Zusammenspiel wirken die Markenattribute und die Markenpersönlichkeit auf den vom Nachfrager wahrgenom-menen *Markennutzen*.[149] Die Means-End-Theorie besagt, dass der Nachfrager die Marke als ein Bündel von Attributen (means) wahrnimmt. Diese bewertet er in wie weit sie ihm helfen, wünschenswerte Zustände (ends) zu erreichen.[150] Somit können Mar-kennutzen definiert werden als „Wahrnehmung von Motivbefriedigung […] durch ein Objekt bzw. ein objektbezogenes Verhalten wie Kauf oder Konsum"[151]. Auf Grund ihrer Nähe zu Motiven[152] und Bedürfnissen[153] weisen die Nutzenassoziationen die höchste Verhaltensrelevanz der drei Imagekomponenten auf.[154]

---

[141] Vgl. STOLLE (2013), S. 109; BURMANN/STOLLE (2007), S. 69.

[142] Vgl. MEFFERT/BURMANN/KIRCHGEORG (2008), S. 365; STOLLE (2013), S. 69, KELLER (1993), S. 4.

[143] KELLER (1993), S. 4.

[144] Vgl. KELLER (1993), S. 4.

[145] Vgl. STOLLE (2013), S. 85 ff.; BURMANN/STOLLE (2007), S. 32 ff.

[146] Vgl. STOLLE (2013), S. 109.

[147] Vgl. Kapitel B 1.2.

[148] AAKER (1997), S. 347.

[149] Vgl. STOLLE (2013), S. 109; BURMANN/MEFFERT/KIRCHGEORG (2008), S. 365; BURMANN/STOLLE (2007), S. 24, KELLER (1993), S. 6.

[150] Vgl. GUTMAN (1981), S. 116 ff.

[151] TROMMSDORFF (2009), S. 108 ff.

[152] Nach TROMMSDORFF (2009) werden Motive definiert als „zielgerichtete, gefühlsmäßige und kognitiv gesteuerte Antriebe des Konsumenten" definiert. TROMMSDORFF (2009), S. 108. Vgl. hierzu ausführ-lich BIELEFELD (2012), S. 250 ff.

[153] Bedürfnisse gelten als Auslöser von Motiven und kennzeichnen den empfundenen Mangelzustand, der nicht auf ein Ziel gerichtet ist. Durch mehr oder weniger gefühlsmäßige und gedankliche Verar-beitung dieses Empfindens wird ein Bedürfnis zu einem Motiv. Vgl. hierzu ausführlich BIELEFELD (2012), S. 253 ff; TROMMSDORFF (2009), S 108 ff.

[154] Vgl. STOLLE (2013), S. 114 ff; BURMANN/STOLLE (2007), S. 24 f.; KELLER (1993), S. 6.

STOLLE (2013) differenziert den **funktionalen Markennutzen** in den utilitaristischen und den ökonomischen Nutzen einer Marke. Der **utilitaristische** Nutzen umfasst vor allem die physisch-funktionalen Produkteigenschaften und stellt nach der Terminologie von VERSHOFEN (1959) den Grundnutzen der Marke dar.[155] Der **ökonomische** Nutzen spiegelt das Preis-Leistungs-Verhältnis und die aus der Nutzung der Marke resultierenden finanziellen und ökonomischen Konsequenzen wieder. Erst bei Erfüllung des utilitaristischen Nutzens kann der ökonomische Nutzen zum kaufentscheidenden Motiv werden.[156]

Der **symbolische Markennutzen** fasst alle über den funktionalen Markennutzen hinausgehenden Nutzen zusammen. Marken werden nicht nur aufgrund ihrer funktionalen Eigenschaften gekauft und konsumiert, sondern oft auch wegen ihren sog. symbolischen Eigenschaften.[157] Diese symbolischen Eigenschaften werden der Marke von einem Individuum oder einer Gruppe zugeschrieben[158] und geben dem Nachfrager die Möglichkeit, seiner eigenen Identität durch das Verwenden der Marke Ausdruck zu verleihen[159].

Einen wichtigen Beitrag zur Erklärung der Wirkung des symbolischen Markennutzens liefert die Selbstkongruenz-Theorie nach SIRGY (1982).[160] Hiernach streben Menschen nach dem idealen Selbstkonzept[161], welches unter anderem durch den symbolischen Markennutzen befriedigt werden kann.[162] Eine größtmögliche Kongruenz zwischen dem Selbstkonzept eines Menschen und der Markenpersönlichkeit erzeugt Präferenzen für die jeweilige Marke.[163] Stimmen zentrale Elemente des Selbstkonzeptes mit der wahrgenommenen Markenpersönlichkeit überein, ermöglicht dies die Bestätigung bzw. Anreicherung des eigenen Selbstkonzeptes (Selbstkongruenzeffekt).[164] Dadurch können zentrale Bedürfnisse, wie die Steigerung des Selbstwertgefühls und soziale

---

[155] Vgl. VERSHOFEN (1959).

[156] Vgl. BURMANN/STOLLE (2007), S. 71 ff.

[157] Vgl. BIELEFELD (2012), S. 13; LEVY (1959), S. 118.

[158] Vgl. ELLIOT (1997), S. 287; CONRADY (1990), S. 175.

[159] Vgl. LUNT/LIVINGSTONE (1992), S. 24.

[160] Vgl. MÜLLER (2012), S. 123; HEGNER (2011), S. 125 ff.

[161] Das Selbstkonzept repräsentiert die Sichtweise des Individuums von der eigenen Persönlichkeit. Vgl. ASENDORPF (2004), S. 252 ff; JAMAL/GOODE (2001), S. 482. Im Gegensatz zum tatsächlichen Selbstkonzept, welches die Wahrnehmung des Ist-Zustandes der eigenen Persönlichkeit beschreibt, stellt das ideale Selbstkonzept das Wunschbild der Person dar. Vgl. BAUER/MÄDER/WAGNER (2006), S. 840; ROSENBERG (1979), S. 9 ff.

[162] Vgl. SIRGY (1986), S. 1 ff; SIRGY (1982), S. 287 ff.

[163] Vgl. SIRGY (1986), S. 31 ff.

[164] Vgl. PUZAKOVA/KWAK/ROCERETO (2009), S. 415.

Anerkennung befriedigt werden.[165] Der Selbstkongruenzeffekt kann zum einen die Ich-Identität[166] bedienen und zum anderen die soziale Identität[167] des Individuums symbolisieren.[168]

Der Erfüllung der Ich-Identität können der **hedonistische** und **ästhetische Markennutzen** zugeordnet werden. Beide sind intrinsisch motiviert und dienen dem Bedürfnis nach Selbstverwirklichung.[169] Der hedonistische Markennutzen umfasst u.a. das Individualitätsstreben des Menschen, den Wunsch nach Abwechslung, kognitiver Stimulation, Vielfalt, Lust und Genuss sowie das Streben nach ethischer und spiritueller Bedürfnisbefriedigung.[170] Der ästhetische Markennutzen resultiert aus den ästhetischen Eigenschaften der Marke und umfasst u.a. Schönheit, Geschmack, Akustik oder Haptik.[171] MÜLLER (2012) hebt hervor, dass diese beiden Markennutzenkategorien unabhängig von der sozialen Umwelt fungieren. Es ist irrelevant, ob andere Nachfrager der Marke ähnliche Eigenschaften beimessen, wie das Individuum selbst. Entscheidend ist nur, dass das Individuum der Marke die Eigenschaften zuspricht.[172]

Im Gegensatz dazu erfordert die Erfüllung der sozialen Identität mittels des symbolischen Markennutzens, dass andere Nachfrager ebenfalls Kenntnis von der symbolischen Bedeutung der Marke besitzen. Denn nur so wird dem Individuum die Möglichkeit gegeben, durch die Verwendung der Marke seine soziale Identität zu bedienen.[173] Durch die Einbeziehung der sozialen Umwelt ist der **soziale Nutzen** folglich extrinsisch motiviert und umfasst die Bedürfnisse nach Gruppenzugehörigkeit, externer Wertschätzung, Differenzierung und Selbstdarstellung im sozialen Kontext. Besondere Relevanz hat der soziale Nutzen bei Gütern, die öffentlich genutzt werden, da hier soziale

---

[165] Vgl. VALTIN (2005), S. 41; JOHAR/SIRGY (1991), S. 24. Vgl. Ausführlich zur Wirkung des Selbstkonzepts auf Marken SCHADE (2012), S. 79 ff.

[166] Die Ich-Identität beinhaltet die Vorstellung des Individuums von sich selbst. Vgl. CONZEN (1990), S. 1098.

[167] Die soziale Identität umfasst die Merkmale, die einem Individuum von außen durch eine Gruppe zugeschrieben werden. Vgl. FREY/HAUßER (1987), S. 17; BURMANN/MEFFERT (2005a), S. 46.

[168] Vgl. MÜLLER (2012), S. 124; WATTANASUWAN/ELLIOT (1999), S. 150 ff; ELLIOT (1997), S. 285 ff.

[169] Vgl. MÜLLER (2012), S. 124 f; STOLLE (2013), S. 118 f; BURMANN/STOLLE (2008), S. 11 ff; WENSKE (2008), S. 84 ff; BURMANN/STOLLE (2007), S. 73 ff; BURMANN/MEFFERT (2005a), S. 55.

[170] Vgl. TROMMSDORFF (2009), S. 118 ff; BURMANN/STOLLE (2007), S. 76 f; BURMANN/MEFFERT (2005a), S. 55; PLUMMER (2000), S. 81; KELLER (1993), S. 4.

[171] Vgl. STOLLE (2013), S. 116 ff; KILIAN (2007), S. 350 ff. MASLOW (1970) weist auf die Sonderstellung der ästhetischen Bedürfnisse hin, erwähnt diese aber nicht explizit in seine Bedürfnispyramide. Vgl. MASLOW (1970), S. 51.

[172] Vgl. MÜLLER (2012), S. 124 f.

[173] Vgl. MÜLLER (2012), S. 125; BURMANN/MEFFERT (2005a), S. 55 f.

Einflüsse an Bedeutung gewinnen.[174] Abbildung 7 stellt die Markennutzenkategorien zusammenfassend dar.

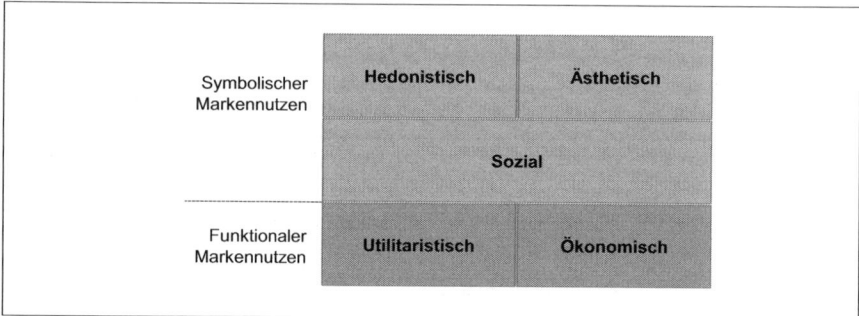

Abbildung 7:   **Nutzendimensionen des Markenimages**
Quelle: Vgl. MEFFERT/BURMANN/KIRCHGEORG (2008), S. 367.

Die einzelnen Markennutzen werden nach BURMANN/STOLLE (2007) vom Nachfrager zu einem kognitiven und affektiven **Globalimage** zusammengefasst.[175] KELLER (1993) bezeichnet das Globalimage als „consumers´ overall evaluations of a brand."[176]. Nach TROMMSDORFF (2011) eignet sich das Globalimage besonders bei Forschungen, die das Verhalten zum Gegenstand haben, wohingegen sich Partialimages zur Erforschung von Marktnischen, inhaltlichen Werbegestaltung oder Marktsegmentierung eignen.[177]

Da es in dieser Arbeit auch um die Beeinflussung von Kaufverhalten durch Social Media Stimuli geht, erscheint die Betrachtung des Globalimages sinnvoll. Neben der reinen Feststellung einer verhaltensbeeinflussenden Wirkung der Social Media Stimuli sollen aber auch Rückschlüsse auf die differenzierende Wirksamkeit der einzelnen Stimuli gezogen werden. Interessensobjekt ist dabei nicht, die Wirksamkeit auf die einzelnen inhaltlichen Facetten des vom Unternehmen angestrebten Markenimages zu erfassen, sondern die Wirksamkeit auf die Zielvariable Kaufverhalten. Wie bereits dargestellt weisen die Nutzenkategorien aufgrund ihrer Nähe zu Motiven die größte Verhaltensrelevanz auf. Dabei werden dem funktionalen und symbolischen Markennutzen

---

[174] Vgl. HEGNER (2011), S. 125; MCENALLY/DE CHERNATONY (1999), S. 10.

[175] Vgl. BURMANN/STOLLE (2007), S. 69 f.

[176] KELLER (1993), S. 4.

[177] Vgl. TROMMSDORFF (2009), S. 128.

unterschiedliche verhaltensbeeinflussende Wirkungen zugesprochen.[178] Folglich sollen der funktionale und symbolische Markennutzen mit den jeweils zugeordneten Nutzenkategorien zusätzlich zu dem Globalimage betrachtet werden.

1.4 Zusammenhang zwischen Markennutzen, Globalimage und Kaufverhalten

In der Konsumentenverhaltensforschung werden nicht nur das Markenimage und das tatsächliche Kaufverhalten betrachtet, sondern auch die **Verhaltensintention**[179], die beiden Konstrukten zwischengeschaltet ist.[180] Nach der „Theory of Reasoned Action" von FISCHBEIN/AJZEN (1975) beeinflusst die Verhaltensintention das tatsächliche Verhalten.[181] Zudem konnten zahlreiche empirische Studien den Zusammengang zwischen Verhaltensintention und tatsächlichem Verhalten feststellen.[182] Trotz dieses belegten Zusammenhangs existieren externe Einflussfaktoren, die den Einfluss der Verhaltensintention auf das tatsächliche Verhalten stören können.[183] Diese externen Störfaktoren können folglich als Moderatoren[184] zwischen Kaufintention und tatsächlichem Kaufverhalten fungieren (vgl. Abbildung 8).[185]

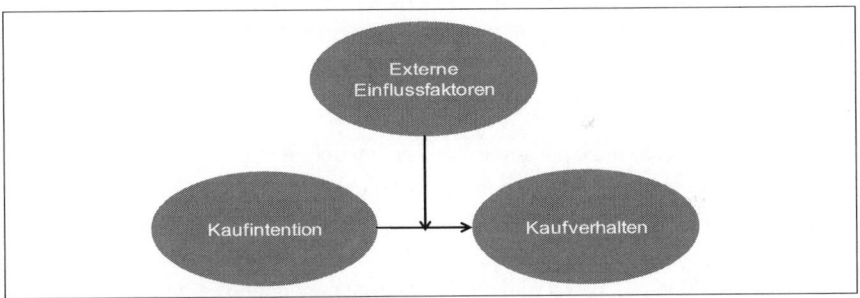

Abbildung 8:   **Einfluss von externen Faktoren auf den Zusammenhang zwischen Kaufintention und tatsächlichem Kaufverhalten**

Quelle: Eigene Darstellung, in enger Anlehnung an SCHADE (2012), S. 32.

---

[178] Vgl. BURMANN/MEFFERT (2005a), S. 54.

[179] Die Sozialpsychologie versteht unter dem Begriff der Verhaltensintention, oder auch Verhaltensabsicht, die bewusste Entscheidung, ein bestimmtes Verhalten auszuführen. Vgl. BOHNER (2003), S. 308.

[180] Vgl. KROEBER-RIEL/WEINBERG/GRÖPPEL-KLEIN (2009), S. 220 f,

[181] Vgl. FISHBEIN/AJZEN (1980), S. 5 ff; FISHBEIN/AJZEN (1975), S. 14 f.

[182] Vgl. Ebenda; KROEBER-RIEL/WEINBERG/GRÖPPEL-KLEIN (2009), S. 217 f.

[183] Vgl. KROEBER-RIEL/WEINBERG/GRÖPPEL-KLEIN (2009), S. 217 ff.

[184] Von einem Moderator wird gesprochen, wenn der Effekt einer unabhängigen Variable auf eine abhängige Variable durch eine zweite unabhängige Variable beeinflusst wird. Vgl. KUß/EISEND (2010), S. 254.

[185] Vgl. SCHADE (2012), S. 32.

Entscheidend für die Kaufintention ist entsprechend des identitätsbasieren Markenmanagementansatzes nicht das Angebotsobjekt selbst, sondern immer die Einstellung, die ein Nachfrager gegenüber diesem Objekt hat.[186] In der Forschung zum Konsumentenverhalten konnte festgestellt werden, dass die Verhaltensintention gegenüber einem Objekt durch die globale Einstellung (**Globalimage**) determiniert wird.[187] TROMMSDORFF (2009) bezeichnet daher das Markenimage als eine „besonders wichtige Zielgröße des Marketing"[188]. STOLLE (2013) definiert das Globalimage entsprechend der **Dreikomponententheorie**, wonach jede Einstellung aus einer affektiven (gefühlsmäßigen), kognitiven (wissensbasierten) und intentionalen − auch konativen − (handlungsbezogenen) Komponente besteht.[189] Diese drei Komponenten bilden nach Auffassung der Dreikomponententheorie ein konsistentes, aufeinander abgestimmtes System, durch welches das tatsächliche Verhalten beeinflusst wird.[190] Zwar ist der Kausalzusammenhang der affektiven, kognitiven und konativen Einstellungskomponenten in der Wissenschaft unbestritten, doch wurde über die Integration der konativen Komponente in das Einstellungskonstrukt stark diskutiert. Daraus ist die **Zweikomponententheorie** der Einstellung entstanden, welche die konative Komponente aus dem Einstellungskonstrukt ausschließt und die Affektion und Kognition die Einstellung bilden, welche wiederum die Verhaltensintention determiniert.[191] Die Drei- und Zweikomponententheorie unterscheiden sind dennoch bezüglich des Kausalzusammenhangs der Komponenten grundsätzlich nicht.[192]

Entsprechend des identitätsbasierten Markenmanagementansatz, welche das Markenimage als verdichtetes, wertendes Vorstellungsbild[193] definiert, ist es sinnvoll, der Zweikomponententheorie zu folgen. Die Verhaltensintention wird demnach nicht als Bestandteil der Markenimages, sondern als Wirkungsgröße des Markenimages angesehen (vgl. Abbildung 9). Somit wird der Kausalzusammenhang der von STOLLE (2013) als Bestandteile des Globalimage definierten Konstrukte Affektion, Kognition und Konation nicht widersprochen, sondern lediglich die Konation von dem Globalimage getrennt und mit gleicher inhaltlichen Bedeutung als Kaufintention postuliert.

---

[186] Vgl. STOLLE (2013), S. 62 f.

[187] Vgl. TROMMSDORFF (2009), S. 147; KROEBER-RIEL/WEINBERG/GRÖPPEL-KLEIN (2009), S. 224 ff.

[188] TROMMSDORFF (2009), S. 65.

[189] Vgl. TROMMSDORFF/TEICHERT (2011), S. 130.

[190] Vgl. GRUNERT (1990), S. 10 ff; TRIANDIS (1975), S. 11.

[191] Vgl. SCHADE (2012), S. 34; TROMMSDORFF (2009), S. 152; NITSCHKE (2006), S. 105.

[192] Vgl. NITSCHKE (2006), S. 105.

[193] Vgl. BURMANN/MEFFERT (2005a), S. 53.

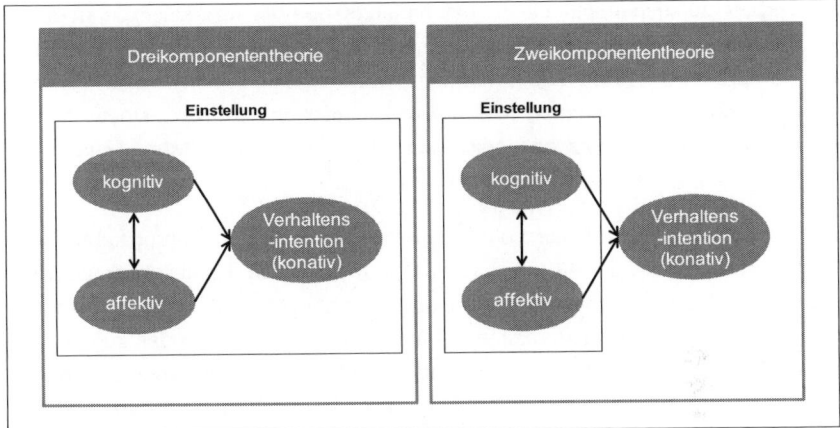

Abbildung 9:   **Drei- bzw. Zweikomponententheorie der Einstellung**
Quelle: Vgl. SCHADE (2012), S. 33.

STOLLE (2013) konnte belegen, dass sowohl die kognitive als auch die affektive Komponente des Globalimages positiv auf die Verhaltensintention wirken.[194] Folglich soll in dieser Arbeit das Globalimage als verhaltensbeeinflussende Variable integriert werden.

Als Einflussfaktoren auf das Globalimage definiert STOLLE (2013) die bereits erwähnten fünf Markennutzenkategorien. Für vier der fünf Nutzenkategorien konnten hinsichtlich der Automobilbranche hohe Wirkbeziehungen auf das Globalimage bestätigt werden. Lediglich der ökonomische Nutzen als Bestandteil des funktionalen Nutzens zeigte einen geringen Erklärungsbeitrag. Während die übrigen vier Markennutzenkategorien signifikant positiv auf sowohl die affektive als auch die kognitive Komponente des Globalimages wirken, kann der ökonomische Nutzen nur signifikante Werte für die kognitive Globalimagekomponente vorweisen.[195] In einer weiterführenden Arbeit konnte BECKER (2012) für den ökonomischen Markennutzen belegen, dass dieser nicht als Determinante auf das Globalimage wirkt, sondern als Mediator[196] zwischen dem Globalimage und der Verhaltensintention fungiert.[197] Der ökonomische Nutzen wird dabei dem Abwägungsprozess zwischen Markennutzen und finanziellem Aufwand zugeordnet. Folglich kann der Nachfrager ein positives Globalimage von einer Marke besitzen,

---

[194] Vgl. STOLLE (2013), S. 277.

[195] Vgl. STOLLE (2013), S. 277 f.

[196] „In general, a given variable may be said to function as a mediator to the extent that it accounts for the relation between the predictor and the criterion." Vgl. BARON/KENNY (1986), S. 1176, vgl. ausführlich zum B 4.1.4.1.

[197] Vgl. BECKER (2012), S. 275 ff.

aufgrund von zu hoch empfundenen Anschaffungs- oder Verwendungskosten (ökonomischer Markennutzen) jedoch keine Kaufintention zeigen.[198] Entgegen der Auffassung von BURMANN/STOLLE (2007) wird das Globalimage in dieser Arbeit in Anlehnung
an BECKER (2012) als Zusammenspiel des utilitaristischen, sozialen, ästhetischen und
hedonistischen Markennutzens verstanden. Der ökonomische Markennutzen wird
dem Globalimage nachgelagert.

Für das Kaufverhalten im Kontext der identitätsbasierten Markenführung kann **zusammenfassend** festgestellt werden, dass eine Betrachtung der Kaufintention als vorgelagerte Stufe des Kaufverhaltens in der modelltheoretischen Untersuchung stattfinden
sollte. Der Einfluss auf die Verhaltensintention wird entsprechend des zugrunde lie-
genden Markenführungsansatzes und der im vorherigen Kapitel angeführten Argumente durch das Globalimage der Marke repräsentiert, welches selbst von dem funktionalen und symbolischen Markennutzen determiniert wird. Die Konstruktion von funktionalem und symbolischem Markennutzen erfolgt wiederum anhand des utilitaristischen, sozialen, ästhetischen und hedonistischen Markennutzens. Der ökonomische
Markennutzen fungiert als Mediator zwischen dem Globalimage und der Kaufverhal-
tensintention. Abbildung 10 stellt den in dieser Arbeit angenommenen Kausalzusammenhang zwischen Markennutzen, Globalimage, Verhaltensintention und tatsächlichem Kaufverhalten dar.

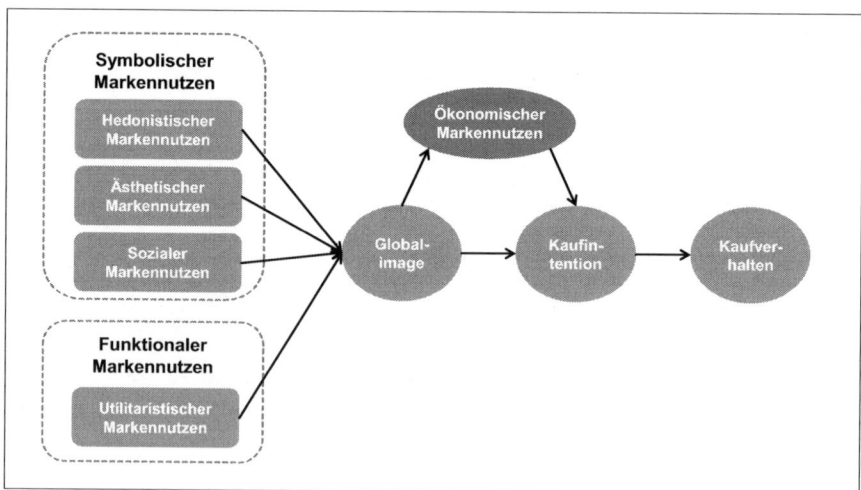

Abbildung 10: **Einflussfaktoren auf das tatsächliche Kaufverhalten**
Quelle: Eigene Darstellung.

---

[198] Vgl. BECKER (2012), S. 72 f.

2   Social Media als Untersuchungsobjekt

2.1   Begriffliche Abgrenzung von Web 2.0 und Social Media

Populär wurde der Begriff **Web 2.0**[199] im Jahr 2004 als der Verleger und Internet-Vordenker Tim O´Reilly diesen auf einer Konferenz nannte, die sich mit den Entwicklungen des Internets beschäftigte. Seit diesem Zeitpunkt wird der Begriff viel diskutiert, was zu zahlreichen differenzierenden Begriffsverständnissen geführt hat. Auch bei der wissenschaftlichen Betrachtung des Begriffs Web 2.0 bleibt eine definitorische Abgrenzung oft aus.[200] Nachdem erste Definitionsansätze nach O´REILLY (2005) eher einer Auflistung von Prinzipien gleichen[201] bringt erst die Definition nach O´REILLY/MUSSER (2006) auf den Punkt, was sie unter dem Begriff Web 2.0 verstehen. Sie definieren Web 2.0 als „a more mature, distinctive medium characterized by user participation, openness, and network effects."[202]. ANGRIGNON (2006) nimmt diese Definition auf, stellt aber auch Web 2.0 als Plattform für Kommunikation, Zusammenarbeit, Gemeinschaft und kollaboratives Wissen heraus.[203]

Zahlreiche Autoren fokussieren in ihren Definitionen von Web 2.0 vor allem auf soziale und verhaltensbezogene Eigenschaften des Web 2.0.[204] Das Verständnis von Web 2.0 als Plattform aufgreifend führen BURMANN/ARNHOLD (2008) an, dass das Web 2.0 „does not refer to a technical update but to a fundamental mind shift in the ways software developers and end-users think and use the Web."[205]. HAAS ET AL. (2007) definieren Web 2.0 als „alle Internetapplikationen, die hohe Gestaltungs- und Kommunikationsmöglichkeiten für den User bereitstellen."[206] und stellen damit die aktive Einbindung des Nutzers in den Mittelpunkt ihrer Definition.

---

[199] Der Begriff *Web 1.0* beschreibt das Internet als Ansammlung von statischen Internetseiten, die vor allem dem passiven Konsum von Texten und Bildern dienten. Vgl. HARTMANN (2011), S. 35.

[200] Vgl. JACOBS (2009), S. 8.

[201] In einer Gegenüberstellung von klassischen Internet-Anwendungen und dem Web 2.0 identifiziert O´REILLY (2005) die sieben Prinzipien „The Web as Platform", „Harnessing Collective Intelligence", „Data is the next Intel Inside", „End of the Software Release Cycle", „Lightweight Programming Models", „Software Above the Level of a Single Device" und „Rich User Experience" als kennzeichnend für das Web 2.0. Vgl. O´REILLY (2005).

[202] MUSSER/O´REILLY (2006), S. 7.

[203] Vgl. ANGRIGNON (2006).

[204] Vgl. JACOBS (2009), S. 9.

[205] BURMANN/ARNHOLD (2008), S. 68.

[206] HAAS ET AL. (2007), S. 215.

Aus Sicht der Markenführung sind die technischen Aspekte des Web 2.0 von untergeordnetem Interesse. Es kommt vielmehr darauf an, wie sich das Nutzerverhalten in Bezug auf Web 2.0 verändert hat.[207] Aus diesem Grund soll in dieser Arbeit der Definition von Web 2.0 nach BENDER (2008) gefolgt werden, da er das oben dargestellte Verständnis von Web 2.0 als veränderte Verhaltensweise vertritt und dieses in den ökonomischen Kontext setzt:

> *„Web 2.0 definiert sich nicht als technologische Innovation, es beschreibt vielmehr eine neue Verhaltensweise der Internetnutzer: Die bisherige eindimensionale Kommunikation im Internet hat sich aufgelöst, Nutzer generieren heute eigenständig Inhalte und treten in direkten Dialog mit ihrer Umwelt und den Unternehmen"[208]*

In engem Zusammenhang hierzu steht der Begriff Social Media. Nach BURMANN/ARNHOLD (2008) umfasst Social Media Ausprägungsformen des Web 2.0, wie bspw. Blogs, soziale Netzwerke oder Foren, welche die Kommunikation, Interaktion sowie Zusammenarbeit der Internetnutzer unterstützen und auf denen nutzergenerierte Inhalte verbreitet werden.[209] Vor diesem Hintergrund kann Social Media wie folgt definiert werden:

> *„Soziale Medien sind eine Gruppe internetbasierter Anwendungen, die auf dem veränderten Nutzerverhalten im Web 2.0 aufbauen und die Veröffentlichung und den Austausch von Brand- und User Generated Content unterstützen."[210]*

2.2 Social Media als Instrument der Markenkommunikation

Grundsätzlich lässt sich Social Media sowohl in die strategischen[211] als auch in die operativen[212] Komponenten des identitätsbasierten Markenmanagements integrieren. Im strategischen Markenmanagement ist es vor allem die **Situationsanalyse**, in wel-

---

[207] Vgl. ILTGEN/KÜNZLER (2008), S. 239.

[208] BENDER (2008), S. 176.

[209] Vgl. BURMANN/ARNHOLD (2008), S. 9.

[210] BURMANN ET AL. (2012), S. 131.

[211] Das strategische Markenmanagement umfasst Grundsatzentscheidungen bezüglich konkreter Zielsetzungen und den inhaltlichen Gegenständen der Marken eines Unternehmens sowie die Festlegung grundsätzlicher Verhaltenspläne zur Erreichung der Ziele. Vgl. BURMANN/MEFFERT (2005b), S. 75.

[212] Im Rahmen des operativen Markenmanagements werden Detailentscheidungen bezüglich der konkreten Ausgestaltung der Markenführungsinstrumente getroffen und deren rechtliche Absicherung durchgeführt. Vgl. BURMANN/MEFFERT (2005b), S. 75.

cher Social Media zum Einsatz kommen kann. Die Situationsanalyse umfasst die Analyse aktueller Trends und Bedürfnisse, der Ist-Positionierung sowie der Brand Touch Points.[213] Aufgrund der hohen Interaktionsintensität zwischen Nutzer und Marke eignet sich Social Media besonders gut als Instrument der Situationsanalyse. Durch den ständigen Austausch können detaillierte Erkenntnisse bezüglich der derzeitigen Wahrnehmung der Marke und der Kundenbedürfnisse erhoben werden.[214] Aber auch die Inhalte in Social Media, in denen die Marke nicht direkt involviert ist, liefern umfassende für die Marke relevante Erkenntnisse. HETTLER (2010) konstatiert, dass „Die Fülle der an die Öffentlichkeit gerichteten nutzergenerierten Inhalte in Weblogs, Kommentaren, auf Produktbewertungsseiten etc. und der beobachtbare Austausch in Sozialen Netzwerken und anderen Social-Media-Anwendungen eröffnen der Marktforschung neue, hervorragende Möglichkeiten der Informationsgewinnung."[215]. Zudem kann Social Media als Instrument der Situationsanalyse aktuelle Trends in Bezug auf Nachfragerbedürfnisse identifizieren.[216]

Das operative Markenmanagement bietet ebenfalls zahlreiche Möglichkeiten für den Einsatz von Social Media. In dem Bereich der **Markenleistungspolitik**[217] können die Nutzer über Social Media beispielsweise in die Produktgestaltung integriert werden. Die Marke Pril hat im Jahr 2010 die Nutzer ausgerufen ein Flaschenetikett zu entwerfen, wobei die Nutzer über den Sieger abstimmen konnten. Die Marken Dell und Starbucks integriert die Nutzer von Social Media auch direkt in die Produktentwicklung. Über markeneigene Blogs werden Ideen der Nachfrager zu Produkt- oder Serviceentwicklungen gesammelt, welche von den Nutzern direkt bewertet werden können. Zudem liefert DELL ein Beispiel für die Nutzung von Social Media im Sinne der **Markendistribution**[218]. Ausgewählte Produktangebote wurden ausschließlich in einem markeneigenen Account bei Twitter veröffentlicht, welche über eine Weiterleitung zum Online-Shop erworben werden konnten.

---

[213] Vgl. BURMANN/MEFFERT/FEDDERSEN (2007), S. 13.

[214] BURMANN//HALASZOVICH/HEMMANN (2012), S. 194.

[215] HETTLER (2010), S. 81.

[216] BURMANN/EILERS/HEMMANN (2010), S. 42.

[217] Die Markenleistungspolitik umfasst die technisch-qualitative Gestaltung der Marke sowie die marktgerechte Gestaltung der Marke im Absatzmarkt. Vgl. BURMANN/MEFFERT (2005b), S. 86.

[218] Die Markendistribution befasst sich mit der Übermittlung von materiellen und immateriellen Leistungen vom Verkäufer zum Käufer. Dies beinhaltet sowohl die Wahl von Absatzkanälen als auch das logistische System. Vgl. BURMANN/MEFFERT (2005b), S. 95.

Die meisten Social Media Anwendungen dienen jedoch der **Markenkommunika-tion**[219] und Interaktion mit den Nachfragern.[220] BRUHN (2010) definiert Social Media Kommunikation wie folgt:

> *„**Social Media-Kommunikation** vollzieht sich auf online-basierten Plattformen und kennzeichnet sowohl die Kommunikation als auch die Zusammenarbeit zwischen Unternehmen und Social Media-Nutzern sowie deren Vernetzung untereinander. Die Social Media-Kommunikation erfolgt sowohl aktiv als auch passiv, mit dem Ziel des gegenseitigen Austausches von Informationen, Meinungen, Eindrücken und Erfahrungen sowie des Mitwirkens an der Erstellung von unternehmensrelevanten Inhalten, Produkten oder Dienstleistungen."*[221]

Die Social Media Kommunikation ist folglich als Teil der Internet-Kommunikation[222] zu verstehen. Diese wird von MEFFERT/BURMANN/KIRCHGEORG (2012) als „alle Kommunikationsaktivitäten zwischen Unternehmen und Nachfrager im Sinne der Marketing- und Unternehmensziele verstanden, die über das Internetprotokoll (IP) abgewickelt werden." definiert.[223]. Somit können der Markenkommunikation in Social Media auch die Besonderheiten der Markenkommunikation im Internet zugeschrieben werden.

MANGOLD/FAULDS (2009) konstatieren, dass „tools and strategies for communicating with customers have changed significantly with the emergence of the phenomenon known as social media, also referred to as consumer-generated media."[224]. Um die Funktionsweisen und Wirkungen von Social Media in der Markenkommunikation zu verstehen wird im Folgenden auf deren Besonderheiten eingegangen.

2.2.1 Besonderheiten der Markenkommunikation in Social Media aus einer technischen Perspektive

Aus zeitlicher Perspektive kann für jede Art der Online-Kommunikation festgehalten werden, dass sie **im höchsten Maße aktuell** sein kann. Nutzer können in Echtzeit von Ereignissen berichten[225], wie es bspw. häufig bei politischen Unruhen geschieht. Hinzu

---

[219] Die Markenkommunikation dient der Ansprache der Nachfrager und greift auf die gängigen Instrumente der Marketingkommunikation zurück. Vgl. BURMANN/MEFFERT (2005b), S. 91.

[220] Vgl. ALBY (2007), S. 87.

[221] BRUHN (2010), S. 473.

[222] Die Begriffe Online- und Internet-Kommunikation werden in dieser Arbeit als Synonyme betrachten und im Folgenden als Online-Kommunikation benannt.

[223] MEFFERT/BURMANN/KIRCHGEORG (2012), S. 653.

[224] MANGOLD (2009), S. 357.

[225] Vgl. MEFFERT/BURMANN/KIRCHGEORG (2008), S. 664; MANGOLD (2009), S. 359.

kommt, dass die Inhalte, die einmal im Internet veröffentlicht und verbreitet wurden, **nicht gänzlich löschbar** sind.[226] POWELL/GROVES/DIMOS (2011) sprechen in diesem Zusammenhang von „long memory".[227]

Aus geographischer Perspektive lässt sich für das Medium Internet feststellen, dass es **global verfügbar** ist. Jeder Internetnutzer kann von jedem Ort der Welt einen Inhalt im Internet abrufen, sobald ihm die technischen Mittel zur Verfügung stehen.[228]

Ein weiteres Kennzeichen der Online-Kommunikation ist die **Hypermedialität**. Diese beinhaltet die modulhafte und nicht-lineare Anordnung von Kommunikationsbotschaften in Form verschiedenster Mediengattungen[229], welche durch Querverweise miteinander vernetzt sind.[230] Ein Beispiel für die Hypermedialität ist die Markenkampagne der amerikanischen Marke Old Spice. In dieser Kampagne wurde die Plattform Twitter als Mediengattung Text mit der Plattform YouTube als Mediengattung Film miteinander vernetzt. Der Nutzer konnte über Twitter Nachrichten an die Marke Old Spice richten, welche in Form von Videos auf YouTube antwortete.

Die Eigenschaft des Internets als empfängergesteuertes Medium bietet der Kommunikation die Möglichkeit, **verhaltensbasiert** zu agieren. So blendet beispielsweise die Internetsuchmaschine Google zu einer Suchanfrage passende Werbeanzeigen ein. Die Effizienz und Effektivität des Mediums Internet wird dabei unter werblichen Gesichtspunkten enorm gesteigert.[231] Die Basierung von eingeblendeten Inhalten auf dem Verhalten der Nachfrager kann die Markenkommunikation aber auch erheblich erschweren. Die Social Media Anwendung Facebook hat beispielsweise einen sog. **Facebook Edge Rank** installiert, welcher über das Erscheinen von Inhalten auf den privaten Seiten der Facebook Nutzer entscheidet. Obwohl der genaue Algorithmus nicht veröffentlicht wurde, konnten bisher drei Determinanten festgestellt werden. Hierzu gehört zum einen die Affinität des Nutzers, welche sich aus dem Zusammenspiel der Interaktion des Nutzers mit der Marke, der Interaktion der Freunde des Nutzers auf Facebook mit der Marke und dem Profil des Nutzers ergibt. Zum anderen werden die Inhalte nach ihrer Art unterschiedlich gewichtet. Videos oder Bilder werden häufiger angezeigt, als geschriebener Text und neue Funktionen von Facebook (z.B. Abstimmungsfunktionen), die von der Marke genutzt werden können, werden temporär

---

[226] Vgl. HEINEMANN (2010), S. 156.

[227] Vgl. POWELL/GROVES/DIMOS (2011), S. 1.

[228] Vgl. MEFFERT/BURMANN/KIRCHGEORG (2008), S. 664; MANGOLD (2009), S. 359.

[229] Z.B. Text, Ton, Film

[230] Vgl. MEFFERT/BURMANN/KIRCHGEORG (2008), S. 664.

[231] Vgl. KILIAN/HASS/WALSH (2008), S. 17.

ebenfalls stärker gewichtet. Die dritte Determinante besteht aus dem Alter des Inhaltes. Je länger die Verbreitung des Inhaltes von dem Zeitpunkt des Einloggens des Nutzers in die Vergangenheit entfernt liegt, desto geringer ist die Wahrscheinlichkeit, dass der Nutzer den Inhalt sieht.[232] Somit muss die Marke zunächst eine technische Hürde nehmen, um überhaupt von dem Nachfrager auf Facebook wahrgenommen zu werden.

2.2.2 Besonderheiten der Markenkommunikation in Social Media aus einer nutzungsorientierten Perspektive

Im Gegensatz zu anderen Medien ist das Internet ein **empfängergesteuertes Medium**. Durch individuelle Selektion wählt der Nutzer selbst, welche Inhalte er im Internet aufruft. Neben dem Inhalt kann der Nutzer auch selbst über die Mediengattung bestimmen. So kann er beispielsweise entscheiden, ob er Produktinformationen über eine Webseite oder in Foren recherchieren möchte.[233] Das bedeutet entsprechend, dass das Internet als Medium geringe Wechselbarrieren aufweist.[234] TUTEN (2008) konstatiert in diesem Zusammenhang, dass das sog. interruption-disruption Modell in der Online-Kommunikation nicht mehr existiert.[235] Das interruption-disruption Modell drückt dabei die Vorgehensweise in der klassischen Kommunikation aus, nach welcher die Rezipienten in ihren eigentlichen Tätigkeiten durch die Kommunikationsbotschaft gestört werden. Hierzu gehört bspw. ein TV Spot, welcher das Ansehen eines Films unterbricht.[236] SCHÖGEL/HERHAUSEN/WALTER (2008) fordern daher, dass sich die Kommunikation im Umfeld von Social Media am **Pull-Prinzip**[237], anstatt am Push-Prinzip[238] orientiert.[239] Diese Auffassung ist aus Sicht der Autorin differenzierter zu betrachten. Zwar gilt das Pull-Prinzip für die meisten Plattformen in Social Media, doch existieren auch Plattformen, auf denen nach einmaliger von dem Nachfrager ausgehender Vernetzung mit bspw. einer Marke (Pull-Prinzip) die Marke Kommunikationsbotschaften

---

[232] Vgl. HUTTER (2012).

[233] Vgl. o.V. (2011).

[234] Vgl. ESCH/LANGNER/ULLRICH (2009), S. 131.

[235] Vgl. TUTEN (2008), S. 3.

[236] Vgl. TUTEN (2008), S. 3 f.

[237] Das Pull-Prinzip bezeichnet eine Form der Kommunikation, bei der die Initiative von dem Nachfrager ausgeht. Vgl. BRUHN (2010), S. 33.

[238] Das Push-Prinzip der Kommunikation entspricht dem klassischen Sender-Empfänger-Modell der Kommunikation. Hierbei initiiert der Anbieter die Kommunikation, welche primär der Information und Beeinflussung der Nachfrager dient. Vgl. BRUHN (2010), S. 33 f.

[239] Vgl. SCHÖGEL/WALTER/ARNDT (2008), S. 445.

an diesen Nutzer versendet (Push-Prinzip). Ein Beispiel hierfür ist das soziale Netzwerk Facebook. Wird ein Nachfrager aus eigenem Antrieb ein sog. Fan einer Marke, können ihn auch Kommunikationsbotschaften dieser Marke erreichen. Gleiches gilt auch für die Plattform Twitter. Folglich besteht zwar für die erste Vernetzung das Pull-Prinzip, hiernach schließt sich jedoch das Push-Prinzip an.

Als zentrale Besonderheit der Social Media Kommunikation gilt die **Möglichkeit der Interaktion**. Der Empfänger einer Kommunikationsbotschaft hat in der Online-Kommunikation die Möglichkeit, ein immanentes und direktes Feedback zu geben. Tendenziell kann der Online-Kommunikation daher eine heterarchische Kommunikationsstruktur zugesprochen werden. Dies bedeutet, dass sowohl Sender und Empfänger der Kommunikation wechseln können, als auch eine Variation der Online-Medien stattfinden kann.[240] Die Interaktion hat die Markenführung verändert und ihr eine neue Dimension gegeben. Waren die Nachfrager früher noch passive Empfänger der Markenkommunikation, sind sie heute aktiv an der Botschaft und dem Prozess der Markenkommunikation beteiligt.[241] Abbildung 11 zeigt die verschiedenen Interaktionsperspektiven in der Markenführung.

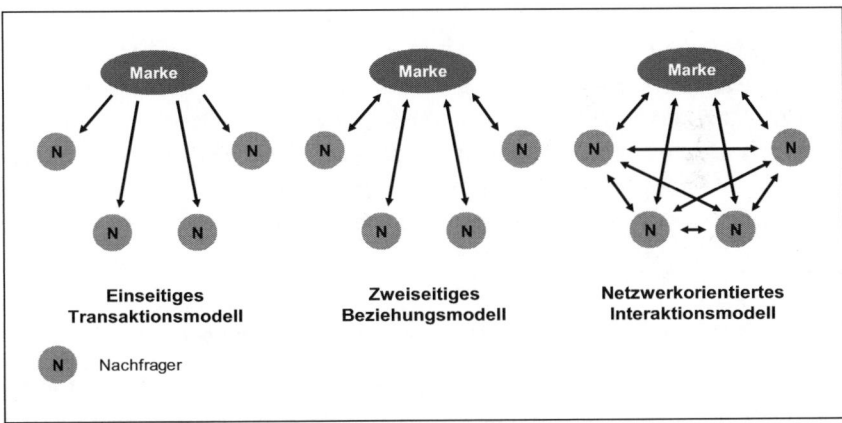

Abbildung 11:   **Interaktionsperspektiven in der Markenführung**
Quelle: In Anlehnung an TOMCZAK/SCHÖGEL/WENTZEL (2006), S. 526.

Das einseitige Transaktionsmodell entspricht den klassischen Medien, wie beispielsweise Print-, Radio- und TV-Medien, bei denen der Empfänger der Kommunikation keine Möglichkeit zu direktem Feedback hat. Das zweiseitige Beziehungsmodell greift

---

[240] Vgl. MEFFERT/BURMANN/KIRCHGEORG (2008), S. 663.
[241] Vgl. BURMANN/EILERS/HEMMANN (2010), S. 48.

diese Feedbackmöglichkeit auf. Heute sind die Marken dem netzwerkorientierten Interaktionsmodell ausgesetzt[242], welches nicht nur die direkte Kommunikation zwischen Nachfrager und Marke berücksichtigt, sondern auch die Kommunikation zwischen den Nachfragern.

Entsprechend des netzwerkorientierten Interaktionsmodells kann Social Media sowohl die **One-to-Many, One-to-Few, als auch die One-to-One-Kommunikation** erfüllen. So kann eine Marke bspw. eine Kommunikationsbotschaft auf ihrer Facebook Fanpage schreiben und damit viele Nutzer gleichzeitig ansprechen (One-to-Many), nur die Mitglieder einer abgeschlossenen Community ansprechen (One-to-Few), oder über Feedbackmöglichkeiten mit nur einem Nutzer in Social Media kommunizieren (Oneto-One). POWELL/GROVES/DIMOS (2011) führen zusätzlich die **Many-to-One**-Kommunikation an[243], welche als Kommentare von mehreren Social Media Nutzern auf eine Kommunikationsbotschaft der Marke denkbar ist. Sie bezeichnen die Kommunikation in Social Media auch als „multi-path dialog"[244].

Die Markenkommunikation in Social Media eignet sich aufgrund der Möglichkeit zur direkten Interaktion für die **Vermittlung von intensiven Markenerlebnissen bei dem Nachfrager**. Wie bereits in Kapitel B 1.1 dargestellt, handelt es sich bei dem Markenerlebnis um die Eindrücke des Nachfragers von dem Verhalten der Marke. Letzteres kann zwar auch in der indirekten Markenkommunikation ausgedrückt werden, z.B. durch Werbung, und so ein Markenerlebnis bei dem Nachfrager auslösen, doch ist das Markenerlebnis durch die Interaktion mit der Marke als intensiver zu bewerten.[245] Die direkte Interaktion zwischen Marke und Nachfrager vermittelt insbesondere soziale Erlebnisse, welche dem Nachfrager einen sozialen Nutzen (z.B. Zugehörigkeitsgefühl, Stärkung der sozialen Identität) bieten.[246]

2.3   Konzeptionalisierung der Kommunikationsinhalte in Social Media

Die Kommunikationsinhalte in Social Media sind Gegenstand zahlreicher Publikationen. Dabei kursiert eine Vielzahl von Begriffen, die zum Teil auf den gleichen Inhalt

---

[242] Vgl. TOMCZAK/SCHÖGEL/WENTZEL (2006), S. 525 f.

[243] Vgl. POWELL/GROVES/DIMOS (2011), S. 27.

[244] Vgl. POWELL/GROVES/DIMOS (2011), S. 27.

[245] Vgl. BURMANN/EILERS/HEMMANN (2010), S. 54.

[246] Vgl. BURMANN/EILERS/HEMMANN (2010), S. 37 ff.

abzielen und wenig trennscharf voneinander verwendet werden. In diesem Kapitel sollen daher die im Kontext der Markenführung relevanten Inhalte, welche in Social Media erstellt werden, begrifflich und inhaltlich abgegrenzt werden.

2.3.1 User generated content

Der Begriff user generated content (UGC) wird in der Wissenschaft bisher nicht einheitlich definiert.[247] Eine viel verwendete Definition ist die der OECD[248], welche sich im Rahmen der Publikationsreihe „Digital Broadband Content" ausführlich mit der Entwicklung des Web 2.0 und seinen nutzergenerierten Inhalten befasst hat. In dieser wird der Begriff UGC definiert als „...i) content made publically available over the Internet, ii) which reflects a certain amount of creative effort, and iii) which is created outside of professional routines and practices."[249].

Zwar bietet diese Definition von UGC eine gut strukturierte Basis, doch ist sie nicht frei von Kritik. ARNHOLD (2010) konstatiert, dass die Einschränkung von UGC auf das **Internet als Medium** zu eng gefasst sei. Sie schlägt daher eine Ausweitung auf die Gesamtheit der Online-Medien vor, zu denen u.a. auch mobile Anwendungen zählen. Zudem sollte die Anforderung, dass UGC **außerhalb von professionellen Rahmenbedingungen** entstehen muss, nach Ansicht von ARNHOLD (2010) angepasst werden. Es wird kritisiert, dass beispielsweise Autoren eines Blogs in ihrem spezifischen Themenbereich als professionell gelten können ohne dabei im Sinne einer speziellen Marke zu handeln.[250] In Anlehnung an ARNHOLD (2010) wird in dieser Arbeit die Auffassung vertreten, dass UGC zwar in professionellen Strukturen, nicht aber aus gewerblichen Zwecken entstehen darf. Folglich werden Inhalte von Marken bzw. Unternehmen vom UGC abgegrenzt.

Von ARNHOLD (2010) wird ferner die Anforderung an die **Kreativität des Autors** kritisiert. Sie konstatiert, dass dieses Kriterium derart beschränkt, dass es nicht alle relevanten Formen von nutzergenerierten Inhalten in Social Media umfasst. Zudem kritisiert ARNHOLD (2010), dass die Anforderung an die Kreativität des Autors in der wissenschaftlichen Forschung bisher nur ungenau und beispielhaft beschrieben wurde. Eine Konkretisierung der Anforderung an die Kreativität des Nutzers liefert ARNHOLD

---

[247] Vgl. WUNSCH-VINCENT/VICKERY (2007), S. 17, BAUER (2011), S. 7.

[248] Die Abkürzung OECD steht für "Organisation for Economic Co-operation and Development".

[249] WUNSCH/VINCENT/VICKERY (2007), 9.

[250] Vgl. ARNHOLD (2010), S. 29 ff.

(2010) jedoch nicht.[251] Auch in der wissenschaftlichen Forschung der vergangenen drei Jahre konnte keine Konkretisierung der Anforderung an die kreative Leistung des Nutzers in Bezug auf UGC gefunden werden. BAUER (2011) greift die Fragestellung in seiner Arbeit zwar erneut auf, liefert jedoch ebenfalls keine konkrete Antwort.[252]

Da die Abgrenzung der Inhalte in Social Media eine zentrale Voraussetzung für die Analyse der Wirkungsweise verschiedener Social Media Aktivitäten auf die Marke in dieser Arbeit darstellt, wurde die oben aufgezeigte Fragestellung mit den Experten und Social Media Nutzern in den Tiefeninterviews bzw. Gruppendiskussionen diskutiert. Einstimmig wurde von allen Teilnehmern ausgesagt, dass eine reine Weiterleitung von professionell erstellten Inhalten nicht als user generated content zu verstehen ist. Konkret bedeutet dies, dass die Verlinkung eines von einer Marke erstellten Videos auf der eigenen Facebook-Seite des Nutzers keinen UGC, sondern eine Multiplikation des markengenerierten Inhalts darstellt. Wird dieses Video hingegen von dem Nutzer bearbeitet, bspw. in Form einer Parodie, wird es als UGC verstanden. Bezogen auf die Abgrenzung von UGC zu professionell erstelltem Inhalt in Social Media mittels des Kriteriums der kreativen Leistung des Nutzers wird festgehalten, dass eine **wahrnehmbare Veränderung des ursprünglichen Inhalts** stattgefunden haben muss.

Weiterhin beinhaltet die Definition der OECD von UGC die Forderung, dass der erstellte Inhalt **öffentlich gemacht** werden muss. Hierbei ist zu beachten, dass nicht alle im Internet von Nutzern generierten Inhalte für die absolute Gesamtheit aller Nutzer zugänglich ist. In dem sozialen Netzwerk Facebook besteht bspw. die Möglichkeit, Kommunikationsbotschaften nur für einen ausgewählten Kreis von Nutzern zugänglich zu machen. Es soll daher darauf hingewiesen werden, dass bei dem Veröffentlichen im Internet nicht zwangsweise eine Zugänglichkeit für alle Nutzer bestehen muss, sondern der UGC auch als öffentlich angesehen wird, wenn er einem ausgewählten Nutzerkreis zur Verfügung steht.

Auf Basis der vorangegangenen Kritik an der Definition von UGC wird für die vorliegende Arbeit folgende Definition verwendet:

> *User generated content bezeichnet die Gesamtheit aller in Online-Medien zugänglichen Inhalte, die von Nutzern ohne kommerzielle Ziele und unter Zutun einer kreativen Leistung erstellt wurden.*

---

[251] Vgl. ARNHOLD (2010), S. 29.

[252] Vgl. BAUER (2011).

2.3.2 Brand-related user generated content

Während sich UGC generell auf jede Art von Themen bezieht, ist der **brand-related UGC** auf markenbezogene Themen beschränkt. Neben dieser thematischen Einschränkung bleiben die definitorischen Grundlagen von UGC jedoch auch bei dem brand-related UGC erhalten. Eine entscheidende Charakteristik des brand-related UGC ist aus Sicht des identitätsbasierten Markenmanagements, dass der Nutzer entsprechend des **Markenimages** handelt.[253] Es wird folglich das individuelle Vorstellungsbild des Nutzers von der Marke zum Ausdruck gebracht, welches auf dem subjektiven Markenwissen basiert. Entsprechend des in dieser Arbeit erweiterten Verständnisses der Quellen des subjektiven Markenwissens wird der brand-related UGC nicht nur durch die Marke selbst beeinflusst, sondern immer auch von den markenbezogenen Signalen anderer Nachfrager.

ARNHOLD (2010) definiert den brand-related UGC als „the representation of the voluntary creation and public distribution of personal brand meaning undertaken by non-marketers outside the branding routines and enabled by multimedia technology."[254]. Damit ist der brand-related UGC nicht direkt von dem markenführenden Unternehmen beeinflussbar. Entsprechend des zuvor hergeleiteten Verständnisses von UGC wird der brand-related UGC wie folgt definiert:

> *Brand-related user generated content bezeichnet die Gesamtheit aller in Online-Medien zugänglichen Inhalte, die markenbezogene Themen beinhalten, von Nutzern ohne kommerzielle Ziele und unter Zutun einer kreativen Leistung erstellt wurden.*

Abbildung 12 verdeutlicht zusammenfassend den Zusammenhang von UGC und brand-related UGC.

---

[253] Vgl. BURMANN/EILERS/HEMMANN (2010), S. 9.

[254] ARNHOLD (2010), S. 331.

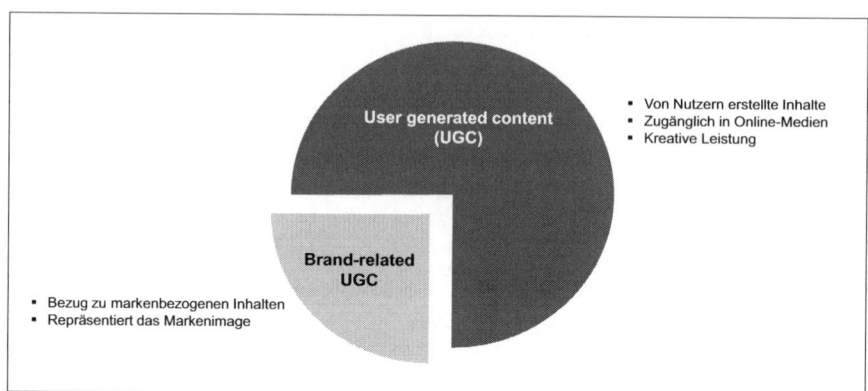

Abbildung 12:   **Differenzierung von user generated content und brand-related user genera-**
ted content

Quelle: Eigene Darstellung in Anlehnung an ARNHOLD (2010), S. 33.

Der brand-related UGC kann generell auf allen Plattformen in Social Media veröffentlicht werden. Denkbar sind bspw. Beiträge in Foren oder Blogs sowie bei Facebook
oder Twitter. Die folgende Abbildung 13 stellt zur Verdeutlichung des Begriffs brand-
related UGC einige Beispiele dar.

Abbildung 13:   **Beispiele für brand-related UGC**
Quelle: Motortalk.de, Facebook-Fanpages der Marken BMW, Porsche und Tassimo.

2.3.3 Electronic Word-of-Mouth

In der Literatur wird electronic Word-of-Mouth (eWOM) vornehmlich als Weiterentwicklung der traditionellen Mund-zu-Mund-Propaganda, oder Word-of-Mouth (WOM), verstanden. Als einer der ersten Forscher beschäftigte sich ARNDT (1967) mit der WOM-Forschung und definiert WOM als „face-to-face communication about a brand, product or service between people who are perceived as not having connections to a commercial entity."[255]. In ähnlicher Weise wird auch heute noch der Begriff WOM abgrenzt. ARNHOLD (2010) definiert WOM als „oral, person-to-person communication concerning a brand, a product or a service whereby the communicator is perceived as non-commercial by the receiver."[256].

MEINERS/SCHWARTING/SEEBERGER (2010) sehen den Unterschied zwischen WOM und eWOM in der Art der Übertragung der persönlichen Meinung über ein Objekt. Sie konstatieren, dass WOM sich auf das gesprochene Wort bezieht, wohingegen eWOM den geschriebenen Text umfasst.[257] Entsprechend verstehen PARK/LEE (2009) den traditionellen WOM als Form der persönlichen Kommunikation, wohingegen eWOM eine Form der unpersönlichen Kommunikation darstellt.[258] LEE/LEE/SHIN (2011) konstatieren, dass „eWOM is the collection of online feedback gathered from various customers on specific product or service."[259]. Zudem wird der produzierte eWOM aufgrund der hohen Reichweite des Internets sehr viel weitreichender verbreitet. Trotz oberflächlicher Unterschiede bescheinigen HENNING-THURAU ET AL. (2004) eine „[..] conceptual closeness of eWOM and traditional WOM communication [..]"[260]. Aus diesem Grund werden in dieser Arbeit die Erkenntnisse der WOM-Forschung im Folgenden auch als für eWOM gültig verstanden.

Eine einheitliche Definition von eWOM wird durch das oft synonyme Verwenden der **Begriffe eWOM und brand-related UGC** erheblich erschwert. Eine allgemeingültige und klare Begriffsabgrenzung ist bis dato nicht zu finden. Nach ARNHOLD (2010) unterscheiden sich die beiden Konzepte „depending on whether the content is generated by users or just conveyed by users."[261]. Wird ein Video zu einer Marke auf der Plattform

---

[255] ARNDT (1967), S. 291.

[256] ARNHOLD (2010), S. 78.

[257] Vgl. MEINERS/SCHWARTING/SEEBERGER (2010), S. 84.

[258] Vgl. PARK/LEE (2007), S. 61.

[259] LEE/LEE/SHIN (2011), S. 467.

[260] HENNING-THURAU ET AL. (2004), S. 40.

[261] ARNHOLD (2010), S. 82.

YouTube hochgeladen gilt es nach ARNHOLD (2010) als brand-related UGC, wohingegen das Weiterleiten eines Links zu diesem Video als eWOM gilt. Als weiteres Beispiel wird eine in einem Blog veröffentlichte Meinung zu einer Marke genannt, welche als brand-related UGC gilt, wohingegen das Weiterleiten eines Links zu diesem Blogeintrag wiederum als eWOM gelten soll.[262]

Dieser Begriffsabgrenzung wird in dieser Arbeit in mehreren Punkten widersprochen. Zum einen widerspricht ARNHOLD (2010) mit dieser Differenzierung der Begriffe ihrer eignen Definition von brand-related UGC, in welcher „voluntary creation and public distribution"[263] enthalten sind. Folglich ist eine Reduktion von brand-related UGC allein auf die Erstellung von Inhalten nicht konform mit dieser Definition. Des Weiteren widerspricht ARNHOLD (2010) mit ihrer Differenzierung dem oben aufgezeigten aktuellen Stand der Forschung, wonach es sich bei eWOM um die Übertragung von WOM in das Internet handelt, die grundsätzlichen Eigenschaften des Konstrukts demnach erhalten bleiben.[264] ARNHOLD (2010) hingegen überträgt die Eigenschaften des WOM eher auf den brand-related UGC, indem sie den eWOM allein auf das Weiterleiten beschränkt.

Es kann festgehalten werden, dass die Begriffe brand-related UGC und eWOM stark miteinander vernetzt sind, da beide Konstrukte auf den gleichen Inhalt, nämlich die Weiterverbreitung von nutzergenerierten Inhalten in Online-Medien, abzielen. Der Unterschied ergibt sich lediglich aus der Perspektive, aus welcher heraus das Konstrukt betrachtet wird. Während sich das Konstrukt brand-related UGC vor allem auf den Inhalt konzentriert, liegt der Schwerpunkt des Konstrukts eWOM auf der Verbreitung des Inhaltes. Da in dieser Arbeit die Wirkung des Inhaltes, den andere Nutzer in Social Media über die Marke veröffentlichen, im Mittelpunkt steht, wird die Einheit von brand-related UGC und eWOM im Folgenden als brand-related UGC bezeichnet.[265]

2.3.4 Brand generated content

Eine weitere relevante Form von Inhalten in Social Media ist der sog. **brand generated content (BGC)**, welcher die von Marken in Social Media erstellten Inhalte umfasst. Im

---

[262] Vgl. ARNHOLD (2010), S. 82 f.

[263] ARNHOLD (2010), S. 33.

[264] Vgl. MEINERS/SCHWARTING/SEEBERGER (2010), S. 84; PARK/LEE (2007), S. 61; HENNING-THURAU ET AL. (2004), S. 40.

[265] Virales Marketing wird ebenfalls oft eng im Zusammenhang mit eWOM genannt. Dabei unterschieden sich beide Begriffe darin, dass Virales Marketing von dem Unternehmen selbst gezielt ausgelöst wird und daher auch als Werbekampagne verstanden werden kann. Vgl. HETTLER (2010), S. 77 f.

Unterschied zum brand-related UGC verfolgt der Ersteller von BGC kommerzielle Ziele, verfügt über Hintergrundwissen zu der Marke und agiert daher entsprechend der Markenidentität.[266] Basierend auf der Definition von Markenidentität werden somit diejenigen Merkmale der Marke kommuniziert, welche das Wesen der Marke prägen und für die die Marke nach außen stehen soll.

Vor dem Hintergrund dieser Ausführungen soll der brand generated content wie folgt definiert werden:

> *Brand generated content bezeichnet die Gesamtheit aller in Online-Medien zugänglichen Inhalte, die von Marken zur Erreichung kommerzieller Ziele erstellt wurden.*

Die in der Praxis von Marken verbreiteten Inhalte in Social Media lassen sich grundsätzlich in zwei Arten differenzieren. Zum einen verbreiten Marken Inhalte, die in direktem Zusammenhang mit ihrem Produkt stehen. Hierzu gehören bspw. technische Informationen zu Automobilen. Zum anderen werden Inhalte verbreitet, die keine Informationen zum Produkt beinhalten, bspw. Informationen zu Sponsoring-Events.[267] Abbildung 14 stellt die Differenzierung in BGC mit leistungsbezogenen Attributen und BGC mit nicht-leistungsbezogenen Attributen anhand der Aktivitäten der Marke Telekom bei Facebook dar.

---

[266] Vgl. BURMANN/EILERS/HEMMANN (2010), S. 10.

[267] Ergebnis einer Analyse von markeneigenen Facebook-Seiten und YouTube-Kanälen.

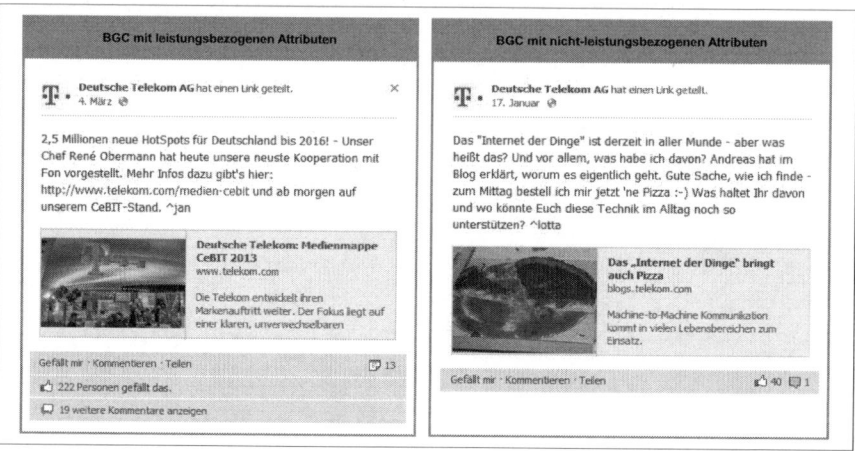

Abbildung 14:   Beispiele für BGC mit leistungsbezogenen und mit nicht-leistungsbezogenen Attributen

Quelle: Facebook-Fanpage der Marke Telekom

3 Interaktion in Social Media

Zwar ist die Interaktion in Social Media Gegenstand unzähliger Publikationen aus Wissenschaft und Praxis, doch wurde der Begriff der Interaktion dabei eher allgemein verwendet und oft nicht auf die Besonderheiten von Social Media bezogen.[268] Zudem wird das Konzept der Interaktion in unterschiedlichen wissenschaftlichen Disziplinen betrachtet, was zu einer Vielzahl an differenzierten Begriffsdefinitionen geführt hat.[269] MCMILLAN (2006) konstatiert „When asked to define the term, many individuals – even scholars of new media – may feel stumped."[270].

Für eine erfolgreiche Integration der markenbezogenen Interaktion in Social Media in die vorliegende Forschung muss das Konzept der Interaktion zunächst inhaltlich hergeleitet werden. Mit Hinblick auf die Ableitung von Social Media Stimuli ist es von besonderem Interesse, wie sich die Interaktion von der rein passiv wahrgenommenen Kommunikation unterscheidet. Da es sich bei der markenbezogenen Interaktion in Social Media um ein relativ **neues Forschungsfeld** handelt, erfolgt die Konzeptionalisierung der Interaktion zunächst ohne Bezug zu Marken. Dabei wird das Konzept der Interaktion in einem ersten Schritt **interdisziplinär** betrachtet, wobei sowohl die differenzierten Begriffsverständnisse als auch verschiedene Bezugsebenen der Interaktion

---

[268] Vgl. KIM/SPIELMANN/MCMILLAN (2011).

[269] Vgl. MCMILLAN (2006), S. 205, MÖLLER (2004), S. 11.

[270] MCMILLAN (2006), S. 205.

einbezogen werden. Anschließend wird die Interaktion auf das spezifische Feld von **Social Media bezogen** und eine Definition sowie verschiedenen Formen der marken-bezogenen Interaktion in Social Media abgeleitet.

3.1 Begriffsverständnis in verschiedenen Wissenschaftsbereichen

Aus **verhaltenswissenschaftlicher** Perspektive findet die Interaktion stets zwischen Personen statt. Den verhaltenswissenschaftlichen Definitionen von Interaktion ist ge-meinsam, dass die Anwesenheit der Kommunikationspartner vorausgesetzt wird.[271] So versteht die Soziologie unter Interaktion „die Beziehung zwischen zwei oder mehr Personen, die sich in ihrem Verhalten aneinander orientieren und sich gegenseitig wahrnehmen können. Die physische Präsenz der Interaktionspartner ist ein wichtiges Definitionselement."[272]. Basierend auf diesem verhaltenswissenschaftlichen Verständ-nis von Interaktion wird diese beispielsweise in der **Pädagogik** als Erziehungsmethode verstanden.[273] Die **Kommunikationswissenschaft** beschäftigt sich vor allem mit der Frage, wo der Unterschied zwischen der Kommunikation und Interaktion liegt.[274] Unter der Kommunikation können demnach eher die Verständigung und inhaltliche Bedeu-tungsprozesse verstanden werden.[275] PÜRER/BILANDZIC (2003) definieren Kommuni-kation als „verbales und/oder nonverbales Miteinander-in-Beziehung-Treten von Men-schen zum Austausch von Informationen."[276]. Interaktion bezeichnet hingegen den Charakter und Handlungsablauf sozialer Beziehungen und wird somit als Synonym für soziales Handeln aufgefasst.[277] Nach JÄCKEL (1995) besteht Interaktion dann, wenn zwei oder mehr Personen sich „in ihrem gegenseitigen Verhalten aneinander orientie-ren und sich auch gegenseitig wahrnehmen können"[278]. Zwar sind die Begriffe Inter-aktion und Kommunikation eng miteinander vernetzt, doch besteht der Unterschied darin, dass bei der Kommunikation die Mitteilung der Information im Fokus steht, wo-hingegen die Interaktion eine Art der Mitteilung von Informationen umfasst.[279] Folglich

---

271 Vgl. JÄCKEL (1995), S. 463.

272 JÄCKEL (1995), S. 463.

273 Vgl. u.a. REISER (2006), S. 123 ff.

274 Vgl. u.a. PÜRER/BILANDZIC (2003), S. 59 ff;

275 Vgl. MALETZKE (1998), S. 43.

276 PÜRER/BILANDZIC (2003), S. 60.

277 Vgl. PÜRER/BILANDZIC (2003), S. 59.

278 JÄCKEL (1995), S. 463.

279 Vgl. VESTER (2009), S. 48 f.

stellt die Interaktion eine Art der Kommunikation dar, weshalb der Begriff Kommunikation als Obergriff zur Interaktion zu verstehen ist.

Aus **ökonomischer Perspektive** werden die wechselseitige Abhängigkeit der Individuen und die gegenseitige Verhaltensbeeinflussung als Elemente der Interaktion betont.[280] Die Interaktion kann hier auch zwischen einer oder mehreren Personen und einer juristischen Person, z.b. einer Marke, stattfinden. Hierzu gehören beispielsweise Ansätze des interaktiven Marketing[281] oder des Dialog- bzw. Direktmarketing. In diesem Kontext steht das Konstrukt Marke-Kunde-Beziehung in enger Beziehung zu der Interaktion. Nach WENSKE (2008) besteht die Marke-Kunde-Beziehung aus „inhaltlich zusammenhängenden, subjektiv bewerteten sozialen Interaktionen im Sinne eines unmittelbaren und/oder reaktionsorientierten Austausches zwischen Marken und ihren bestehenden Käufern. Diesen Beziehungen liegen kognitive und/oder affektive Bindungsmotive auf Seiten der bestehenden Käufer zugrunde, die durch den funktionalen und symbolischen Nutzen der Marke befriedigt werden."[282]. Folglich entsteht die Marke-Kunde-Beziehung erst durch Interaktion. In der **Informatik** bezeichnet die Interaktion wiederum das Wechselspiel zwischen Mensch und Computer[283] und verlässt damit die Ansichten von physischer Anwesenheit und zwischenmenschlicher Verhaltensbeeinflussung.

Allen oben aufgeführten Begriffsverständnissen ist gemeinsam, dass die gegenseitige Beeinflussung der Beteiligten als konstitutives Merkmal der Interaktion herangezogen wird. Diese wird in der Literatur auch als **Reziprozität** bezeichnet.[284] Im allgemeinen Sprachgebrauch wird unter Reziprozität eine Wechselseitigkeit verstanden.[285] Die Reziprozität in der Kommunikation kann nach TROPP (2011) als Wechselseitigkeit von Reiz und Reaktion konzipiert werden.[286] TROPP (2011) zählt hierzu den möglichen Rollenwechsel von Kommunikator und Rezipient.

---

[280] Vgl. MÖLLER (2004), S. 12.

[281] Vgl. hierzu ausführlich ZENTES/SCHRAMM-KLEIN (2008), S. 372 ff.

[282] WENSKE (2008), S. 97.

[283] Vgl. WYSTERSKI (2003), S. 24.

[284] Dies wird zusätzlich durch die Definition von Interaktion nach KERN (1990) bestätigt, welche eine häufig zitierte Definition in wissenschaftlichen Arbeiten zur Interaktion darstellt. So besteht ein Interaktionsprozess nach KERN (1990), wenn mindestens zwei Individuen in Kontakt stehen, sich dabei eine zeitliche Abfolge von Aktion und Reaktion ergibt und sich die Handlungen der Beteiligten aneinander orientieren bzw. interdependent sind. Vgl. KERN (1990), S. 284

[285] Vgl. Duden (2007), S. 1394.

[286] TROPP (2011), S. 47.

3.2   Bezugsebenen der Interaktion in verschiedenen Wissenschaftsbereichen

Die vielschichtigen Begriffsverständnisse von Interaktion in den unterschiedlichen Wissenschaftsdisziplinen haben dazu geführt, dass der Interaktion differenzierende Bezugsebenen zu Grunde gelegt werden. Diese spiegeln sich in einer in der Literatur weit verbreiteten Kategorisierung von Interaktionsansätzen nach personen- oder medienbezogener Interaktion wieder.[287] HOFFMANN/NOVAK (1996) differenzieren entsprechend in „person interactivity" und „machine interactivity".[288] DOWNES/MCMILLAN (2000) führen beispielsweise die Kategorien „interaction in human communication", „interaction of human beings with computers" und „computer-mediated interactivity" an.[289] STROMER-GALLEY (2000) betrachtet die „human-to-human interaction" und die „human-to-media interaction".[290] HAECKEL (1998) und JENSEN (1998) unterscheiden die Interaktion in "user-to-user", "user-to-document" und „user-to-computer".[291] Die Literatur zusammenfassend können der Interaktion folgende Bezugsebenen zugeordnet werden:

- ■ *„human-to-computer"*: Das Bezugsobjekt dieses Interaktionsverständnisses ist ein Computersystem oder eine Internetanwendung, wie z.B. eine Webseite. Um interaktiv zu sein, muss ein Computersystem bzw. eine Webseite in der Lage sein, auf die Aktion des Nutzers zu reagieren.[292] GERPOTT (2004) stellt die Kontrolle der Nutzer über die gezeigten Inhalte, die Verwendung von Nutzerdaten zur Individualisierung der gezeigten Inhalte und die Reziprozität zwischen Nutzer und technischem System als Eigenschaften dieser Interaktionsform heraus.[293] Die Interaktion zwischen Individuen und Computern wird in der Literatur auch als „machine interactivity"[294], „user-to-document interactivity"[295], „user-medium interactivity[296]" oder „human-message interaction"[297] bezeichnet.

---

[287] Diese Kategorien werden auch als „user-centered" und „system-centered" bezeichnet. Vgl. CHEN/GRIFFITH/SHEN (2005), S. 20.

[288] Vgl. HOFFMANN/NOVAK (1996).

[289] Vgl. DOWNES/MCMILLAN (2000), S. 158.

[290] Vgl. STOMER-GALLEY (2000).

[291] Vgl. HAECKEL (1998); JENSEN (1998).

[292] Vgl. LIU (2002), S. 54.

[293] GERPOTT (2004), S. 66.

[294] Vgl. u.a. HOFFMANN/NOVAK (1996), S. 53.

[295] Vgl. JENSEN (1998), S. 195 f.

[296] Vgl. KIOUSIS (2002), S. 358.

[297] Vgl. CHO/LECKENBY (1999), S. 2 f.

- **„human-to-human":** Diese Betrachtungsweise der Interaktion entstammt der soziologischen Forschungsrichtung und beruht auf dem simultanen Transaktionsmodell.[298] Nach JENSEN (1998) ist diese Form der Interaktion als „the relationship between two or more people who, in a given situation, mutually adapt their behavior and actions to each other"[299] zu verstehen. Herauszustellen ist dabei, dass die human-to-human Interaktion die Kommunikationspartner als an einem Ort und zur gleichen Zeit an der Kommunikation beteiligt sieht.[300]

- **„computer-mediated":** Diese Auffassung von Interaktion ist eine besonders in den vergangenen Jahren gewachsene Richtung der Interaktionsforschung. STOMER-GALLEY (2000) sieht eine enge Verbindung zwischen der zwischenmenschlichen und der computer-mediierten Interaktion: „Computer-mediated human interaction is a prolonged interaction between two or more people through the channel of a computer network."[301]. GERPOTT (2004) bezeichnet die computer-mediierte Interaktion als „bidirektionale zwischenmenschliche Kommunikationsbeziehungen zwischen Konsumenten auf der einen Seite und Unternehmensvertretern oder weiteren Konsumenten auf der anderen Seite […], bei denen die Parteien räumlich getrennt sind und über die WS bzw. Internet miteinander in Kontakt treten."[302]. Nach LIU/SHRUM (2002) müssen die Beteiligten an der computer-mediierten Interaktion im Gegensatz zu der klassischen interpersonalen Interaktion weder an dem gleichen Ort noch zur gleichen Zeit präsent sein.[303]

Mit dem Schwerpunkt auf Werbeforschung, Marketing und Kommunikation ordnen MCMILLAN/HWANG (2002) und CHEN/GRIFFITH/SHEN (2005) die Sichtweisen auf die Interaktion in drei Kategorien ein. Interaktion wird entweder als Teil des Kommunikationsprozesses, Eigenschaft eines Mediums oder wahrnehmungsorientiert betrachtet.[304] Wie bereits im Vorangegangenen argumentiert, wird die Interaktion auch in dieser Arbeit als Form der Kommunikation verstanden.

---

[298] Vgl. DOWNES/MCMILLAN (2000), S. 158.

[299] JENSEN (1998), S. 188.

[300] Vgl. LIU (2002), S. 54.

[301] STOMER-GALLEY (2000), S. 117.

[302] GERPOTT (2004), S. 66 f.

[303] LIU (2002), S. 54; HA/JAMES (1998).

[304] Vgl. MCMILLAN/HWANG (2002), S. 29; CHEN/GRIFFITH/SHEN (2005).

Interaktion als **Eigenschaft eines Mediums** wird in der Literatur angebots- bzw. technikorientiert betrachtet. Das bedeutet, dass allein die technische Fähigkeit eines Online-Angebots zur Ermöglichung von Interaktivität betrachtet wird, nicht aber die tatsächliche Nutzung. Gemessen wird die Interaktion hier über die beobachtbaren Angebote, die ein Internetangebot zur Verfügung stellt.[305] Abgeleitet aus dem Stimulus-Organismus-Response Paradigma[306] der Verhaltensforschung ist es notwendig, die vom Nachfrager wahrgenommene Interaktion zu betrachten, da die Interaktion ihre Wirkung erst durch die Wahrnehmung durch den Nutzer entfalten kann.[307] Entsprechend konstatiert RAFAELI (1988): „[...] interactivity is not a medium characteristic. Media and channels may set upper bounds, remove barriers, or provide necessary conditions for interactivity levels. But potential does not campel actuality."[308]. Somit wird das Verständnis von Interaktion als Eigenschaft eines Mediums abgelehnt und der **wahrnehmungsorientierten Sichtweise** gefolgt.

Aus der wahrnehmungsorientierten Sichtweise wird die Interaktion definiert als „the extent to which users perceive their experiences as a simulation of interpersonal interaction and sense they are in the presence of a social other."[309]. Auf Basis einer ausführlichen Literaturrecherche und mit Bezug zu Social Media haben ZHAO/LU (2012) die folgenden drei Dimensionen der wahrgenommenen Interaktion definiert: 1) Reaktionsintensität, welche die Schnelligkeit und die Frequenz der Reaktionen umfasst, 2) Verbundenheit, welche das Gefühl der persönlichen Verbundenheit zu den Teilnehmern der Interaktion beinhaltet und 3) Spaß an der Interaktion.[310]

3.3 Ableitung einer Definition für die markenbezogene Interaktion in Social Media

Wie die vorangegangenen Ausführungen gezeigt haben, ist die Reziprozität das konstitutive Merkmal von Interaktion. Während sich der Begriff der Kommunikation mit der Übertragung von Informationen befasst, macht erst die Reziprozität die Kommunikation zur Interaktion. Diese Reziprozität kann in der direkten zwischenmenschlichen Kommunikation (human-to-human) oder indirekten Kommunikation (medium-mediiert)

---

[305] GERPOTT (2004), S. 69 ff.

[306] Das S-O-R (Stimulus-Organismus-Response)-Paradigma ist dem Neobehaviorismus zuzuordnen und betrachtet im Gegensatz zum S-R (Stimulus-Response)-Paradigma auch nicht-beobachtbare Verhaltensweisen (vgl. BRUHN (2010), S. 48).

[307] Vgl. MEFFERT/BONGARTZ (2002), S. 16.

[308] RAFAELI (1988), S. 119.

[309] ZHAO/LU (2012), S. 826.

[310] Vgl. ZHAO/LU (2012), S. 827.

geschehen. Medien, die eine solche Reziprozität aufgrund ihrer Eigenschaften ausschließen sind u.a. Fernsehen, Radio oder Printmedien.[311] Hierbei soll dem Gedanken von STOMER-GALLEY (2000) gefolgt werden und die Eigenschaften der direkten zwischenmenschliche Interaktion ebenfalls in die Überlegungen einbezogen werden. Zudem bestätigt McMILLAN (2006), dass die computer-mediierte Interaktion Eigenschaften der direkten zwischenmenschlichen übernimmt.[312]

Weiterhin folgt die Interaktion in Social Media dem netzwerkorientierten Interaktionsmodell.[313] Dieses umfasst sowohl die Interaktion zwischen Marke und Nachfrager als auch die markenbezogene Interaktion zwischen Nachfragern. Zusammenfassend ergibt sich folgende Definition für die markenbezogene Interaktion in Social Media:

> *Kommunikation zwischen einer Marke und einem/mehreren Nachfrager/n oder zwischen Nachfragern in Social Media, welche markenbezogene Themen beinhaltet und durch Reziprozität gekennzeichnet ist.*

3.4　Formen der markenbezogenen Interaktion in Social Media

Bisher wurde nicht festgelegt, welche konkreten Aktivitäten in Social Media als Interaktion zu verstehen sind. Hierzu konnten trotz intensiver Recherche weder wissenschaftliche Beiträge noch praxisorientierte Studien gefunden werden. Für die vorliegende Arbeit ist jedoch die Definition von konkreten Aktivitäten in Social Media als Interaktion von entscheidender Relevanz. In der empirischen Forschung soll die Interaktion als spezifische Form der Kommunikation analysiert werden und deren Wirkung einer passiven Wahrnehmung von Kommunikationsbotschaften gegenübergestellt werden.

Diese Fragestellung wurde aufgrund der fehlenden Literaturbasis in die in dieser Arbeit geführten Expertengesprächen und Gruppendiskussionen aufgenommen. Ziel war es hierbei, konkrete Social Media Aktivitäten der Interaktion zuzuordnen, um diese in die folgende empirische Analyse einfließen lassen zu können.

Theoretische Grundlage hierfür stellen die drei Dimensionen von wahrgenommener Interaktion nach ZHAO/LU (2012) dar: 1) Reaktionsintensität, welche die Schnelligkeit und die Frequenz der Reaktionen umfasst, 2) Verbundenheit, welche das Gefühl der

---

[311] Vgl. TROPP (2011), S. 47 f.

[312] Vgl. McMILLAN (2006), S. 205 ff.

[313] Vgl. Kapitel B 2.2.2.

persönlichen Verbundenheit zu den Teilnehmern der Interaktion beinhaltet und 3) Spaß an der Interaktion.[314]

Auf Basis der Feststellung der Reziprozität als konstitutives Merkmal von Interaktion wurde im Vorfeld eine Liste der möglichen Aktivitäten in Social Media erstellt. Hierzu gehören die **persönliche Kommunikation** mit der Marke durch das Schreiben einer Nachricht oder die Kommunikation über Posts, das Nutzen der sog. „Gefällt-mir"-Funktion bei Facebook, „Mag ich"-Funktion bei YouTube oder „Favorit"-Funktion bei Twitter (diese Funktionen werden im Folgenden als **„Gefällt-mir-Funktion"** bezeichnet), das **Kommentieren** von Beiträgen der Marke („kommentieren"-Funktion bei Facebook, „Auf dieses Video antworten"-Funktion bei YouTube) oder das **Weiterverbreiten** von Beiträgen der Marke („Teilen"-Funktion bei Facebook, „Teilen"-Funktion auf YouTube und die „Retweet"-Funktion auf Twitter). Die zuletzt genannten drei Aktivitäten wurden als Interaktion verstanden, da die Reziprozität durch erfüllt ist, dass sie als Reaktion auf einen von der Marke initiierten Stimulus geschehen.

Hervorzuheben ist, dass dem Kommentieren dabei eine Doppelfunktion zugesprochen werden kann. Zum einen werden Kommentare in der Praxis von Nachfragern genutzt, um ihre eigene Meinung zu dem BGC mitzuteilen. Zum anderen kann das Kommentieren als direkte Interaktion zwischen Marke und Nachfrager interpretiert werden. Als Differenzierungskriterium wird die Art der Kommunikation herangezogen. Ist der Kommentar an die Allgemeinheit gerichtet (one-to-many Kommunikation) wird das Kommentieren als reaktive Interaktion verstanden, wohingegen die Ansprache der Marke in dem Kommentar (one-to-one Kommunikation) als direkte Interaktion zwischen Marke und Nachfrager interpretiert wird (vgl. Abbildung 15).

---

[314] Vgl. Kapitel 3.2.

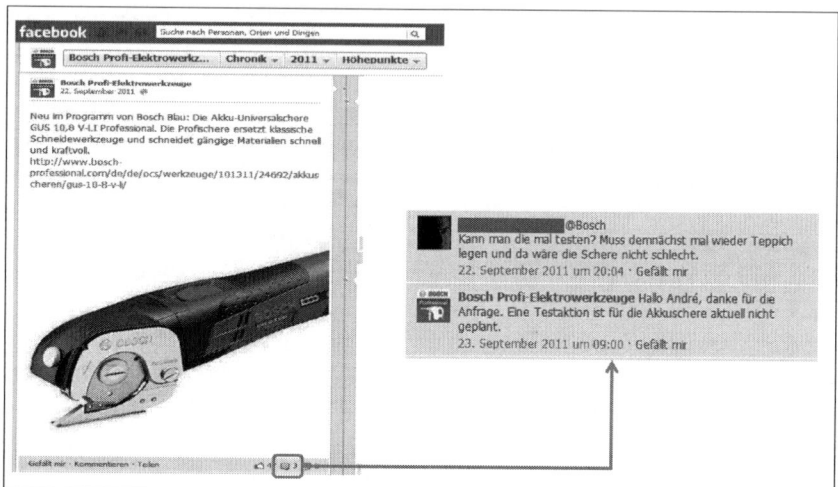

Abbildung 15:   **Facebook-Kommentar als persönliche Marke-Nachfrager-Interaktion**
Quelle: Eigene Darstellung

Der **persönlichen Kommunikation zwischen Marke und Nachfrager** in Social Media wurde von allen Teilnehmern der Tiefeninterviews und Gruppendiskussionen ein hohes Maß an Verbundenheit bestätigt. Durch den direkten Kontakt und vollständigen Bezug der Kommunikationsbotschaften aufeinander wird eine hohe persönliche Verbundenheit hervorgerufen. Die Reaktionsintensität wurde bei der persönlichen Kommunikation differenziert eingeschätzt. Während einige Probanden eine schnelle Reaktion der Marke erwarten, wird diese von anderen Probanden nicht vorausgesetzt und erwartet. Ähnlich wurde die Frequenz in der persönlichen Kommunikation mit der Marke in Social Media bewertet. Werden bspw. Fragen an die Marke gestellt, erfolgt i.d.R. nur eine Antwort der Marke, wonach die Kommunikation beendet ist.

Der „Gefällt-mir"-Funktion, dem Kommentieren und dem Weiterleiten wurde von den Probanden eine sehr viel geringere Verbundenheit zugesprochen. Begründet wurde dies damit, dass die initiale Aktion der Marke i.d.R. an die Allgemeinheit der Nutzer gerichtet ist. Veröffentlicht die Marke bspw. Fotos ihrer Produkte auf Facebook, sind diese an alle Facebook-Fans gerichtet und kein Fan wird damit persönlich adressiert. Auf die Frage nach einer Reihenfolge der drei Aktivitäten entsprechend des Kriteriums der Verbundenheit, wurde dem Kommentar die höchste Verbundenheit zugesprochen, gefolgt von der „Gefällt-mir"-Funktion und dem Weiterleiten. Diese Reihenfolge ergab sich vor allem daraus, dass beim Kommentieren eine selbst verfasste Botschaft an die Marke vermittelt wird, durch die Nutzung der „Gefällt-mir"-Funktion das Gefallen nur noch indirekt an die Marke herangetragen wird und beim Weiterleiten zwar noch eine

Reaktion auf die Aktion der Marke stattfindet, die Reaktion sich jedoch nicht mehr an die Marke, sondern an andere Nutzer richtet.

Allen drei Aktivitäten wurde zudem eine geringe Reaktionsintensität zugesprochen. Von den Social Media Nutzern wurde berichtet, dass sie nach dem Nutzen der „Gefällt-mir"-Funktion, dem Kommentieren oder dem Weiterleiten keine weitere Reaktion der Marke erhalten. Somit ist die Reziprozität der Interaktion in diesen Fällen zweistufig bestehend aus Aktion der Marke und Reaktion des Nutzers.

Der Spaß an der Interaktion als Kriterium nach ZHAO/LU (2012) wurde von den Probanden kritisch beurteilt. Die persönliche Kommunikation mit der Marke in Social Media kann auch eine Beschwerde zum Gegenstand haben und auch ein Kommentar auf eine Kommunikationsbotschaft der Marke kann negativ ausgerichtet sein. In beiden Fällen besteht zwar kein Spaß in der Interaktion, dennoch können die Kriterien der Verbundenheit oder Reaktionsintensität erfüllt sein.

Aus der theoretischen Grundlage und den ersten empirischen Erkenntnissen durch Tiefeninterviews und Gruppendiskussionen lässt sich festhalten, dass vor allem das Kriterium der Verbundenheit über das Empfinden einer Kommunikation als Interaktion entscheidet. Zudem konnte festgestellt werden, dass sowohl der persönliche Austausch zwischen Marke und Nachfrager als auch die „Gefällt-mir"-Funktion, das Kommentieren und das Weiterleiten als Interaktion empfunden wird. In der Bewertung der Dimensionen von Interaktion wurde jedoch deutlich, dass entscheidende Differenzen zwischen der persönlichen Interaktion und den übrigen drei Formen von Reaktion auf die Marke bestehen. Hier wurde eine deutliche Abstufung der Verbundenheit und Reaktionsintensität festgestellt.

Im Folgenden soll entsprechend dieser **Ergebnisse nach persönlicher und unpersönlicher Interaktion** zwischen Marke und Nachfrager in Social Media differenziert werden.

4   Entwicklung eines Untersuchungsmodells zum Einfluss von Social Media Stimuli auf das Markenimage, die Kaufintention und das tatsächliche Kaufverhalten

4.1   Herleitung relevanter Social Media Stimuli

4.1.1   Einflussfaktoren auf das Markenimage

Als maßgeblicher Einflussfaktor auf das Kaufverhalten wurde das Markenimage, bestehend aus fünf Markennutzenkategorien[315], hergeleitet.[316] KELLER (1993) unterteilt die Einflussgrößen auf das Markenimage in produktbezogene und nicht-produktbezogene Attribute. Erstere umfassen die Bestandteile und Merkmale einer Marke, die eine von den Käufern gesuchte Produkt- oder Dienstleistungsfunktion erfüllen. Folglich beeinflussen die produktbezogenen Attribute insbesondere den funktionalen Markennutzen, wobei die nicht-produktbezogenen Attribute vor allem den symbolischen Markennutzen beeinflussen.[317] Aufbauend auf der Arbeit nach KELLER (1993) differenzieren BURMANN/STOLLE (2007) die Einflussgrößen auf das Markenimage in herkunfts-, nutzer- und produktbezogene Attribute.[318]

Die **herkunftsbezogenen** Attribute umfassen die räumliche, institutionelle und zeitliche Herkunft der Marke.[319] Als essentielles Merkmal einer Marke kann die Markenherkunft nur sehr langfristig verändert werden.[320] BECKER (2012) konnte belegen, dass die Markenherkunft insbesondere dann einen entscheidenden Einfluss auf die Kaufentscheidung besitzt, wenn es sich um ausländische Marken handelt. Es wird daher die besondere Relevanz des Markenherkunftskonstrukts für die internationale Markenführung betont.[321]

Die nutzerbezogenen Attribute resultieren nach BURMANN/STOLLE (2007) und KELLER (1993) aus den Erfahrungen des Nachfragers mit Personen, die er mit der Marke in

---

[315] Vgl. Kapitel B 1.3.

[316] Vgl. Kapitel B 1.4.

[317] Vgl. KELLER (1993), S. 4 ff.

[318] Vgl. BURMANN/STOLLE (2007), S. 80 ff.

[319] Vgl. ebenda, S. 81.

[320] Vgl. FEDDERSEN (2010), S. 2 f; MEFFERT/BURMANN/BECKER (2010), S. 143 ff.

[321] Vgl. BECKER (2012), S. 236 ff.

Verbindung bringt.[322] HIERONIMUS (2003) zählt hierzu die Nutzer einer Marke, Mitarbeiter, prominente Testimonials sowie künstlich erschaffene Personen.[323] Insbesondere für den Anwendungsfall Social Media muss diese Aufzählung aus Sicht der Autorin erweitert werden. Neben den tatsächlichen Nutzern einer Marke prägen auch die Nachfrager, die zwar keine Nutzer der Marke sind, sich aber zu der Marke in Social Media äußern (z.B. Community-Mitglieder), das Bild einer Marke. Folglich müssen auch diese berücksichtigt werden. Von dem Nachfrager werden die Attribute dieser Personen auf die Marke übertragen (direkter Persönlichkeitstransfer) und zur Markenpersönlichkeit verdichtet.[324] Daneben existiert der indirekte Persönlichkeitstransfer, wobei Nachfrager z.B. Produkteigenschaften auf die Marke übertragen.[325] Die Markenpersönlichkeit gilt als zentrale Einflussgröße auf sämtliche Markennutzen[326], wobei sie insbesondere auf den symbolischen Markennutzen wirkt.[327] Aufgrund des Bezugs auch zu den Mitarbeitern der Marke, schlägt BECKER (2012) den Begriff der **personenbezogenen** Attribute vor.[328]

Die dritte Einflusskategorie auf das Markenimage nach BURMANN/STOLLE (2007) sind die produktbezogenen Attribute, welche in direktem Zusammenhang mit der angebotenen Leistung der Marke stehen.[329] Da eine angebotene Leistung sowohl aus Produkten als auch aus Dienstleistungen bestehen kann, schlägt BECKER (2012) den Begriff der **leistungsbezogenen** Attribute vor.[330] Diesen leistungsbezogenen Attributen kann eine Wirkung insbesondere auf den utilitaristischen Markennutzen unterstellt werden.[331]

Bei der Konzeptionalisierung des Markenimages wurde bereits explizit darauf hingewiesen, dass das Markenimage nicht nur durch die Marke beeinflussbar ist, sondern auch durch **andere Nachfrager**.[332] Auch BURMANN/STOLLE (2007) und BECKER (2012)

---

[322] Vgl. BURMANN/STOLLE (2007), S. 80 ff; KELLER (1993), S. 4.

[323] Vgl. HIERONIMUS (2003), S. 84 ff.

[324] Vgl. BECKER (2012), S. 98 f; HIERONIMUS (2003), S. 84.

[325] Vgl. BECKER (2012), S. 98 f; BURMANN/STOLLE (2007), S. 48; HIERONIMUS (2003), S. 82 ff.

[326] Vgl. STOLLE (2013), S. 279.

[327] Vgl. SCHADE (2012), S. 60 ff; BURMANN/STOLLE (2007), S. 80 ff; AAKER (1996), S. 196 ff; KELLER (1993), S. 4.

[328] Vgl. BECKER (2012), S. 97.

[329] Vgl. BURMANN/STOLLE (2007), S. 80 ff.

[330] Vgl. BECKER (2012), S. 97. BECKER (2012) betont, dass die leistungsbezogenen Attribute keine Qualitätsbeurteilung des Nachfragers beinhalten, sondern diese dem utilitaristischen Nutzen zugeordnet wird. Vgl. BECKER (2012), S. 97.

[331] Vgl. BECKER (2012), S. 99.

[332] Vgl. Kapitel A 1.3.

weisen auf den hohen Einfluss von anderen Nachfragern bei der Bildung des Markenimages hin. Es wird herausgestellt, dass die Wahrnehmung der Marke durch den Nachfrager nur zum Teil durch die Marke selbst gesteuert werden kann.[333] Andere Nachfrager können dabei sowohl die funktionalen als auch die symbolischen Markennutzenkomponenten beeinflussen.[334] Zahlreiche Autoren verstehen die Word-of-Mouth-Kommunikation zwischen den Nachfragern als eine der wichtigsten Informationsquellen für den Nachfrager.[335] Insbesondere durch die weite Verbreitung von Social Media ist die Relevanz der Meinungen anderer Nachfrager über Produkte und Marken gestiegen.[336] Es bestehen zahlreiche Online-Plattformen, in denen Konsumenten die gekauften Produkte bewerten können. Daneben haben Online-Händler, wie bspw. Amazon.de, die Produktbewertungen direkt in ihre Online-Plattform integriert.

Nach BRUHN ET AL. (2011) ist bei dem Einfluss von nutzergenerierten Inhalten eine Branchenspezifizität zu beachten. Während in der Tourismus- und Telekommunikationsbranche sowohl marken- als auch nutzergenerierte Inhalte einen Einfluss auf die Markenstärke ausüben, wirken in der Pharmabranche lediglich die markengenerierten Inhalte signifikant auf die Markenstärke. In der Automobilbranche haben zwar auch die nutzergenerierten Inhalte einen Einfluss auf die Markenstärke, jedoch überwiegt der Einfluss der markengenerierten Inhalte. Argumentiert wird dies mit der unterschiedlichen Glaubwürdigkeit von marken- und nutzergenerierten Kommunikationsbotschaften in Abhängigkeit von der Komplexität des Produktes.[337] Aus der Arbeit nach BRUHN ET AL. (2011) geht hervor, dass die Relevanz von nutzergenerierten Inhalten mit zunehmender Produktkomplexität abnimmt.

4.1.2 Ableitung markenbezogener Social Media Stimuli

Ziel dieser Arbeit ist die Analyse der Wirkung von Social Media in Bezug auf die Zielgrößen Markenimage, Kaufintention und Kaufverhalten. Dabei wird eine ganzheitliche Abbildung der markenbezogenen Aktivitäten in Social Media angestrebt. Aus diesem Grund werden die im vorangegangenen Kapitel theoretisch hergeleiteten Einflussfak-

---

[333] Vgl. BECKER (2012), S. 100; BURMANN/STOLLE (2007), S. 48.

[334] Vgl. BECKER (2012), S. 99; NYILASY (2006), S. 170.

[335] Vgl. MEINERS/SCHWARTING/SEEBERGER (2010), S. 83; EAST/HAMMOND/LOMAX (2008), S. 215; KELLER (2007), S. 448; NYILASY (2006), S. 170.

[336] Vgl. HENNING-THURAU ET AL. (2004), S. 40; PÜTZ (2009), S. 1; PARK/LEE (2007).

[337] Vgl. BRUHN ET AL. (2011), S. 45.

toren auf das Markenimage im Folgenden auf den Anwendungsfall Social Media übertragen. Basis hierfür bildet die vorangegangene Konzeptionalisierung der Inhalte in Social Media. Somit werden konkrete Social Media Stimuli hergeleitet. Dabei wird unter einem Stimulus ein „Reiz zur Aktivierung des Verhaltens"[338] verstanden. Entsprechend des Stimulus-Organismus-Response (S-O-R)-Paradigmas der Verhaltensforschung handelt es sich damit um auf den Nutzer einwirkende und nicht vom Nutzer selbst gesetzte Reize.

Von der **Marke ausgesendete Signale** in Social Media sind in dem brand generated content (BGC) enthalten. Die in der Praxis oft zu beobachtende Differenzierung in Kommunikationsinhalte, die in direktem Zusammenhang bzw. in keinem Zusammenhang mit der Markenleistung stehen, lassen sich der wissenschaftlichen Differenzierung in leistungs- und nicht-leistungsbezogene Attribute zuordnen. Im Folgenden werden diese daher als BGC mit leistungsbezogenen und BGC mit nicht-leistungsbezogenen Attributen bezeichnet. Die nicht-leistungsbezogenen Attribute stellen dabei eine Zusammenfassung der herkunfts- und personenbezogenen Attribute dar.

Die von **Nutzern ausgesendeten Signale**, welche in Bezug zur Marke stehen, werden als brand-related UGC bezeichnet. Wie auch beim BGC kann dieser sowohl leistungs- als auch nicht-leistungsbezogene Attribute kommunizieren. Allerdings hat die Marke selbst keinen direkten Einfluss auf den Inhalt des brand-related UGC, weshalb im Folgenden der brand-related UGC in seiner Gesamtheit als ein Social Media Stimuli betrachtet wird.

Sowohl der BGC als auch der brand-related UGC kann in Social Media **passiv oder interaktiv** wahrgenommen werden. Die passive Wahrnehmung findet bspw. beim Lesen einer Kommunikationsbotschaft auf Facebook und beim Ansehen eines Videos auf YouTube statt. Somit orientieren sich die passiv wahrgenommenen Social Media Stimuli an der klassischen Kommunikation. Obwohl Social Media oft als interaktives Medium bezeichnet wird, konnte in Studien belegt werden, dass der Großteil der mit Marken vernetzten Social Media Nutzer die Marke passiv wahrnimmt. Das Eherenberg-Bass Institute stellte für den Anwendungsfall Facebook fest, dass durchschnittlich

---

[338] KICHGEORG (2012).

nur 1,3 Prozent der Fans einer Marke auch mit dieser interagieren[339].[340] Eine weitere Studie belegt, dass zwar der größte Anteil der Interaktion mit Marken in sozialen Netzwerken bei Facebook stattfindet, die Gesamtheit der interagierenden Nachfrager jedoch gering ist. Knapp zwei Drittel der Nachfrager beschränken ihren Kontakt mit der Marke auf das Lesen der von der Marke veröffentlichten Beiträge.[341] Auf eine Reaktion auf das Lesen der Beiträge, bspw. in Form der „Gefällt-mir"-Funktion, Kommentieren oder Weiterverbreiten wird von diesen Personen verzichtet. Aus diesen aktuellen Studien lässt sich für die Analyse der Wirkung von Social Media Stimuli festhalten, dass nicht nur die Interaktion mit den Nutzern berücksichtigt werden sollte, sondern auch die Passivität der Nutzer betrachtet werden muss. Das bedeutet, dass auch die rein passive Wahrnehmung von markenbezogenen Kommunikationsbotschaften in Social Media als Stimuli in diese Forschung einfließt.

Als **interaktiv** wird die Kommunikation dann verstanden, wenn die Reziprozität als konstitutives Merkmal von Interaktion erfüllt ist.[342] Da die Reziprozität ein deutliches Differenzierungskriterium zwischen den passiv wahrgenommenen und interaktiven Social Media Stimuli darstellt, erscheint es sinnvoll, beide Arten von Stimuli im Folgenden getrennt voneinander zu betrachten. Aufgrund der aktiven Teilnahme des Nutzers kann bei der Interaktion generell von einer stärkeren kognitiven Auseinandersetzung mit der Kommunikationsbotschaft ausgegangen werden. Nach ESCH/KISS (2006) führt die kognitive Auseinandersetzung mit einem Stimulus zu einer verstärkten Abwägung der bereits beim Individuum vorhandenen Einstellung zu einem Objekt und der neu aufgenommenen Informationen, was folglich zu einer umfangreicheren Einstellungsänderung führen kann.[343]

Entsprechend der zuvor hergeleiteten hohen Relevanz von anderen Nachfragern für das Markenimage, werden auch die interaktiv wahrgenommenen Social Media Stimuli

---

[339] In der Studie wurden 200 Marken-Fanpages auf Facebook über einen Zeitraum von sechs Wochen verglichen. Als Indikator für die Interaktion wurde der „Personen, die darüber sprechen"-Messwert von Facebook verwendet. Dieser umfasst die Anzahl der neuen Fans und Personen, die in den letzten sieben Tagen mindestens eine der folgenden Aktivitäten in Bezug auf die Marke durchgeführt haben: „Gefällt-mir"-Funktion nutzen, einen Beitrag kommentieren, einen Beitrag weiterverbreiten, auf eine Frage antworten, einer Veranstaltung zusagen, die Seite der Marke in einem Beitrag erwähnen, die Marke auf einem Foto markieren oder einen der Marke zugeordneten Ort (z.B. Geschäft) empfehlen.

[340] Vgl. HEDEMANN (2012).

[341] Vgl. CHADWICK MARTIN BAILEY (2011). In dieser Studie wurden 1.491 Personen aus den USA, die 18 Jahre alt oder älter sind befragt. Die Erhebung fand als Online-Erhebung mit einem Zeitraum von 15 Minuten statt.

[342] Vgl. Kapitel B 3.3.

[343] KROEBER-RIEL/WEINBERG/GRÖPPEL-KLEIN (2009), S. 256.

in marken- und nutzergenerierte Stimuli differenziert. Zu den markengenerierten interaktiv wahrgenommenen Social Media Stimuli zählt die persönliche Interaktion. Bei dieser kann insbesondere von einer Vermittlung sozialer Erlebnisse ausgegangen werden.[344] Die nutzergenerierten interaktiv wahrgenommenen Stimuli finden sich in der
markenbezogenen Interaktion zwischen Nachfragern wieder. Dies können bspw. Dis-
kussionen über die Marke in Foren oder der interaktive Austausch über Markenerlebnisse in sozialen Netzwerken sein.

Zusammenfassend können fünf Social Media Stimuli als für diese Arbeit relevant betrachtet werden. Da diese Stimuli eine vollständige auf Social Media übertragene Abbildung der aus den theoretischen Grundlagen der identitätsbasierten Markenführung
abgeleiteten Einflussfaktoren auf das Markenimage darstellen, kann von einer ganzheitlichen Betrachtung der Markenführung in Social Media gesprochen werden. Abbildung 16 stellt die in diese Arbeit einfließenden Social Media Stimuli dar.

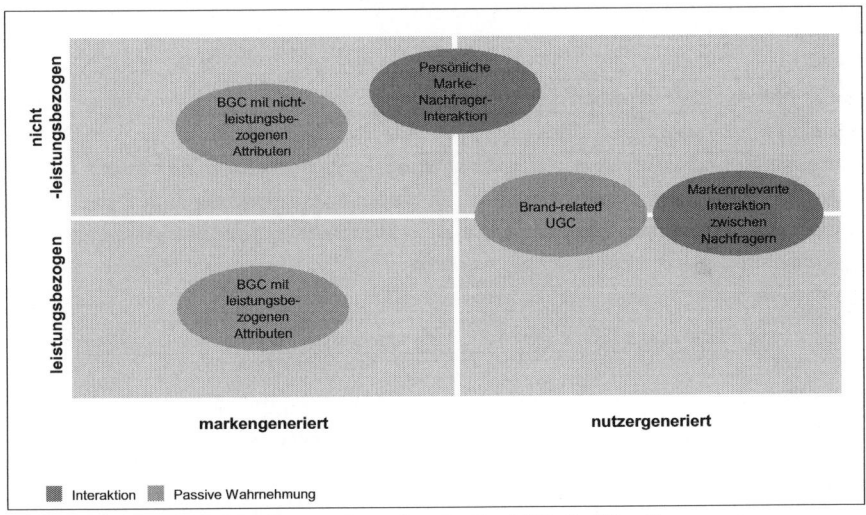

Abbildung 16:   **Übersicht der zu untersuchenden Social Media Stimuli**
Quelle: Eigene Darstellung.

---

[344] Vgl. BURMANN/EILERS/HEMMANN (2010), S. 37 ff, Kapitel B 2.2.2.

4.2 Wirkung der passiv wahrgenommenen Social Media Stimuli

4.2.1 Relevanz der affektiven Beurteilung der passiv wahrgenommenen Social Media Stimuli

Zahlreiche Studien konnten belegen, dass die Wirkung einer passiv wahrgenommenen Kommunikationsbotschaft (z.B. TV Spot) von der affektiven Beurteilung (Werbegefallen) anhängig ist.[345] Die sog. Attitude-toward-the-Ad-Modelle[346] untersuchen die Wirkung der globalen Einstellung (Attitude) gegenüber einer Werbemaßnahme auf die Einstellung gegenüber einer Marke. LUTZ (1985) definiert das Werbegefallen (A_{AD}) als „a predisposition to respond in a favorable or unfavorable manner to a particular advertising stimulus during a particular exposure occasion."[347]. Die Beurteilung der Werbemaßnahme erfolgt dabei i.d.R. affektiv.[348] HOYER/MACINNINS (2008) konstatieren „if we see an advertisement and like it, our liking for the ad may rub off on the brand and thereby make our brand attitude more positive."[349].

Es existieren zahlreiche Modelle des Werbegefallens wobei das **Dual-Mediation-Modell** in mehreren empirischen Studien als das zutreffendste identifiziert wurde.[350] Dieses Modell geht davon aus, dass sowohl direkte als auch indirekte Effekte von Werbemaßnahmen existieren. Direkte Effekte erfolgen von der affektiven Einstellung gegenüber der Werbemaßnahme (ad attitude) zu der affektiven Einstellung gegenüber der beworbenen Marke (brand attitude). Der indirekte Effekt schließt zudem die kognitive Einstellung zu der Marke (brand cognitions) mit ein. Dabei wird die kognitive Einstellung gegenüber der Marke positiv durch die affektive Beurteilung der Werbemaßnahme beeinflusst.[351] Das Dual-Mediation-Modell wird in der folgenden Abbildung dar-

---

[345] Vgl. u.a. NITSCHKE (2006), S. 70; MACKENZIE/LUTZ/BELCH (1986); MITCHELL (1986); PARK/YOUNG (1986); BATRA/RAY (1985); CACIOPPO/PETTY (1985).

[346] Das Attitude-toward-the-Ad-Modell wurde ursprünglich von MACKENZIE/LUTZ/BELCH (1983) vorgestellt. Weiterentwickelt wurde dieser Ansatz im Jahr 1985 von Lutz, der das Modell um die Komponente Einstellung gegenüber der Marke, welche der Einstellung gegenüber der Werbemaßnahme nachgelagert ist, ergänzt. Vgl. MACKENZIE/LUTZ 1989, S. 51.

[347] LUTZ (1985).

[348] Vgl. BAUMGARTH (2003), S. 205. NITSCHKE (2006) betrachtet die affektive Beurteilung von Kommunikationsmaßnahmen unter dem Begriff „Pure-Effekt-Modelle". Er stellt hierzu fest, dass die affektive Beurteilung von Kommunikationsmaßnahmen, von welcher eine Übertragung dieser affektiven Empfindungen auf die Marke ausgeht, eine hohe Relevanz für die Analyse der Werbewirkung besitzt. Vgl. NITSCHKE (2006), S. 70 f.

[349] HOYER/MACINNIS (2008), S. 142.

[350] Vgl. HUANG ET AL. (2012); BAUMGARTH (2003), S. 206; BROWN/STAYMAN (1992), S. 46.

[351] Vgl. BAUER/MÄDER/FISCHER (2004), S. 277 f.

gestellt (vgl. Abbildung 17). Wie den an den Pfeilen notierten Pfadkoeffizienten entnommen werden kann, ist die Wirkung von der affektiven Beurteilung der Werbemaßnahme sowohl auf die kognitive Beurteilung der Marke (β = 0,34) als auch auf die affektive Beurteilung der Marke (β = 0,57) stark. Somit wird die hohe Relevanz der affektiven Beurteilung einer Werbemaßnahme für die Wirkung auf Marken unterstrichen.

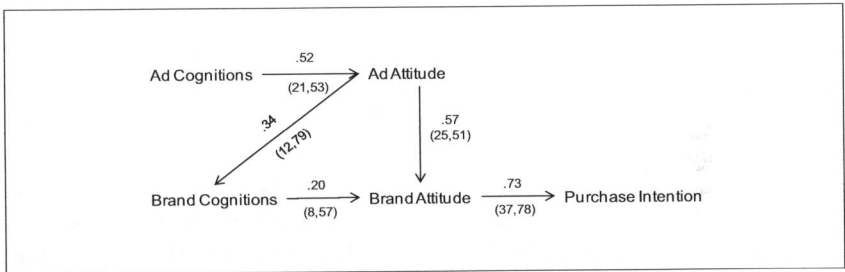

Abbildung 17: **Dual-Mediation-Modell der Attitude-toward-the-Ad Forschung**
Quelle: Vgl. BROWN/STAYMAN (1992), S. 46.

Eine Begründung für diesen Effekt des Werbegefallens ist in der Stimmungs-Kongruenz-Theorie nach BOWER (1983) zu finden. Diese beinhaltet, dass Individuen versuchen, die Urteilsbildung mit der eigenen Stimmung zu vereinen. Da das Werbegefallen eine positive Stimmung auslöst, kann davon ausgegangen werden, dass auch die Einstellung gegenüber der Marke positiv beeinflusst wird.[352]

Bestätigung findet die hohe Relevanz der affektiven Beurteilung einer Werbemaßnahme für die Beurteilung einer Marke auch in den von NITSCHKE (2006) aufgeführten Pure-Effect-Modellen der Werbewirkung. Hiernach sind für die Veränderung eines Markenimages nicht in jedem Fall kognitive Prozesse notwendig. NITSCHKE (2006) schreibt der Betrachtung von affektiver Beurteilung einer Werbemaßnahme, der separaten Betrachtung der Marke und des Werbemittels sowie der Realisierung von Werbewirkung ohne das Zutun von kognitiven Prozessen eine hohe Relevanz zur Erklärung von Wirkungen auf ein Markenimage zu.[353]

Obwohl für die Vernetzung des Nutzers mit Marken in Social Media das Pull-Prinzip gilt[354], ist nicht automatisch von einem hohen Interesse der Nutzer an den Kommunikationsbotschaften auszugehen. Gründe für eine Vernetzung mit Marken (bspw. Fan

---

[352] Vgl. BAUMGARTH (2003), S. 205 f; BOWER (1983).

[353] Vgl. NITSCHKE (2006), S. 70.

[354] Vgl. Kapitel B 2.2.2.

bei Facebook, Follower bei Twitter) können u.a. in der Selbstdarstellung oder in finanziellen Anreizen liegen.[355] Für die Untersuchung in dieser Arbeit erscheint es daher sinnvoll, nicht das hohe Interesse an den Kommunikationsbotschaften vorauszusetzen. Das Image der Marke wird demnach von einer affektiven Beurteilung der Kommunikation bestimmt, was wiederum für die Verwendung des Attitude-toward-the-Ad Gedankens spricht.[356]

Zudem sehen BAUER/MÄDER/FISCHER (2004) den Vorteil der Modelle des Werbegefallens für die Verwendung im Kontext des Internets u.a. darin, dass sich das Modell weniger auf den Prozess der Werbewirkung konzentriert, sondern die prozessrelevanten Zustandskonstrukte abbildet.[357] Der Vorteil gegenüber den anderen Werbewirkungsmodellen besteht darin, dass das Markenimage direkt in dem Modell integriert wird. DUDZIK (2006) bestätigt das Werbegefallen als Determinanten der Werbewirkung.[358] WENSKE (2008) konnte zudem belegen, dass das Werbegefallen auch die Marke-Kunden-Beziehung positiv beeinflusst.[359] Weiterhin stellte ARNHOLD (2010) fest, dass das Gefallen eines UGC Programms eine positive Wirkung auf die Einstellung gegenüber der Marke hat.[360] Somit kann die grundsätzliche Eignung des Konstrukts Werbegefallen auch für den Bereich Social Media angenommen werden. Im Folgenden werden die passiv wahrgenommenen Stimuli daher stets unter Berücksichtigung des Werbegefallens betrachtet.

4.2.2 Wirkung der markengenerierten Inhalte (BGC)

Die Wirkung von Kommunikation kann als „jeder Art von Reaktion, mit der ein Adressat auf einen kommunikativen Stimulus reagiert"[361] definiert werden. Nach STEFFENHAGEN (1984) kann die Wirkung von Kommunikation in drei Stufen unterteilt werden. Entsprechend der zeitlichen Nähe von Stimulus und Reaktion wird die momentane psychographische Wirkung, dauerhafte psychographische Wirkung und finale Verhaltenswirkung unterschieden.[362]

---

[355] Vgl. PUSCHER (2012), S. 20; Gruppendiskussionen.

[356] Vgl. BRUHN (2010), S. 509.

[357] Vgl. BAUER/MÄDER/FISCHER (2004), S. 278.

[358] Vgl. DUDZIK (2006), S. 135.

[359] Vgl. WENSKE (2008), S. 228 ff.

[360] Vgl. ARNHOLD (2010), S. 289.

[361] BEHRENS (1976), S. 6.

[362] Vgl. STEFFENHAGEN (1984), S. 43 ff.

Die momentane psychographische Wirkung besteht aus kognitiven und affektiven Prozessen, welche unmittelbar auf den Stimulus stattfinden. Dies sind z.b. die Wahrnehmung, Verarbeitung und Speicherung der Kommunikationsbotschaft. Dauerhafte psychographische Wirkungen kennzeichnen sich durch einen Zustandscharakter und bestehen noch längere Zeit nach dem Stimulus. Ein Beispiel hierfür ist das Markenimage. Die finale Verhaltenswirkung zeigt sich in direkt beobachtbarem Verhalten, wie bspw. dem Kauf eines Produktes.[363]

Entsprechend der Kategorisierung nach STEFFENHAGEN (1984) und dem Dual Mediation Modell der Werbewirkungsforschung kann folglich davon ausgegangen werden, dass die passiv wahrgenommenen Kommunikationsbotschaften in Social Media zunächst in dem Moment der Wahrnehmung affektiv beurteilt werden, anschließend eine dauerhafte Wirkung auf das Markenimage stattfindet und schlussendlich eine Verhaltenswirkung gezeigt wird. In dieser generischen Wirkungskette bleiben jedoch zwei entscheidende Besonderheiten von Social Media unberücksichtigt. Zum einen werden markenbezogene Inhalte in Social Media sowohl von der Marke selbst als auch von anderen Nutzern kommuniziert. Zum anderen differenzieren sich die von der Marke erstellten Inhalte in Kommunikationsbotschaften (BGC) mit bzw. ohne Leistungsbezug.

Die differenzierte Betrachtung des BGC wurde in der wissenschaftlichen Forschung bisher nicht vorgenommen.[364] Um dem aktuellen Stand zur Nutzung von Social Media durch Marken gerecht zu werden, wird die Berücksichtigung dieser Differenzierung für diese Arbeit als zwingend notwendig angesehen. Entsprechend des identitätsbasierten Markenmanagementansatzes kann bei der Kommunikation von BGC mit bzw. ohne Leistungsbezug von einer Wirkung entweder auf den funktionalen oder symbolischen Markennutzen als Bestandteile des Markenimages ausgegangen werden.[365] Dabei ist jedoch zu beachten, dass leistungsbezogene Attribute auch Bestandteile des symbolischen Markennutzens beeinflussen können. Hierzu zählt bspw. die Selbstdarstellung als sozialer Markennutzen, welcher auch von funktionalen Eigenschaften des Produktes abhängig sein kann.[366] Auch in umgekehrter Reihenfolge ist eine Beeinflussung des funktionalen Markennutzens durch nicht-leistungsbezogene Attribute mög-

---

[363] Vgl. NITSCHKE (2006), 74 ff; BEHRENS (1976), S. 43 ff und 73 ff.

[364] Die aktuellste Forschung zur Wirkung von Social Media auf die Marke nach BRUHN ET AL. (2011) betrachtet den BGC in seiner Gesamtheit ohne dabei in Kategorien zu differenzieren.

[365] Vgl. Kapitel B 1.3.

[366] Denkbar ist, dass eine besonders hohe Motorisierung eines Automobils (funktionale Produkteigenschaft), als Mittel zur Selbstdarstellung (symbolischer Markennutzen) genutzt wird.

lich. Nach AAKER (1996) beeinflusst die Kongruenz des Selbstkonzepts des Nachfragers mit der Markenpersönlichkeit sowohl die Bewertung des funktionalen als auch des symbolischen Markennutzens.[367] BECKER (2012) konnte den Einfluss der Selbstkongruenz zur Markenpersönlichkeit auf den utilitaristischen Markennutzen bereits belegen.[368] BIELEFELD (2012) und KELLER (1993) weist jedoch darauf hin, dass von einer stärkeren Beeinflussung des symbolischen Markennutzens durch die nicht-leistungsbezogenen Attribute ausgegangen werden sollte.[369]

Basierend auf den vorangegangenen Ausführungen wird für den Anwendungsfall Social Media folgendes postuliert:

H 1a: Das Gefallen des wahrgenommenen BGC mit leistungsbezogenen Attributen hat einen stärkeren positiven Einfluss auf den utilitaristischen Markennutzen, als das Gefallen des wahrgenommenen BGC mit nicht-leistungsbezogenen Attributen.

H 1b: Das Gefallen des wahrgenommenen BGC mit nicht-leistungsbezogenen Attributen hat einen stärkeren positiven Einfluss auf a) den hedonistischen, b) den sozialen und c) den ästhetischen Markennutzen, als das Gefallen des wahrgenommenen BGC mit leistungsbezogenen Attributen.

Als finale Verhaltenswirkung des BGC wird in dieser Arbeit das Kaufverhalten analysiert. Zu der Wirkung von funktionalen und symbolischen Markennutzenkomponenten postulieren BURMANN/MEFFERT (2005), dass die Kaufverhaltensrelevanz des symbolischen Markennutzens in der Regel höher ist, als die des funktionalen Markennutzens.[370] Dies ergibt sich vor allem daraus, dass die funktionalen Eigenschaften konkurrierender Produkte oft sehr ähnlich sind.[371] Allerdings konnten BURMANN/STOLLE (2008) feststellen, dass die Branche einen entscheidenden Einfluss auf die Kaufverhaltensrelevanz der Markennutzen ausübt. Für die Automobilbranche konstatieren sie, dass sowohl der utilitaristische als auch der soziale und hedonistische Markennutzen eine kaufverhaltensrelevante Wirkung zeigen.[372] FISCHER/MEFFERT/PERRY (2004),

---

[367] Vgl. Vgl. SCHADE (2012), S. 159; AAKER (1996), S. 153 ff.

[368] Vgl. BECKER (2012), S. 189.

[369] Vgl. BIELEFELD (2012), S. 13; KELLER (1993), S. 4.

[370] Vgl. BURMANN/MEFFERT (2005a), S. 54.

[371] Vgl. BURMANN/MEFFERT/FEDDERSEN (2007), S. 10.

[372] Vgl. BURMANN/STOLLE (2008), S. 59. Unterstützt wird diese Feststellung zusätzlich durch die Forschungsergebnisse von BATRA/AHTOLA(1990) und VOSS/SPANGENBERG/GROHMANN (2003).

VOSS/SPANGENBERG/GROHMANN (2003) und BATRA/AHTOLA (1990) konnten zudem belegen, dass spezifisch für die Automobilindustrie die nicht-utilitaristischen Markennutzen eine relativ größere Bedeutung besitzen.[373] Daher wird für den spezifischen Fall
der in dieser Arbeit analysierten Automobilmarke vermutet:

H 2a: Das Gefallen des BGC mit nicht-leistungsbezogenen Attributen hat bei der Automobilmarke einen stärkeren positiven Einfluss auf die Kaufintention, als das
Gefallen des BGC mit leistungsbezogenen Attributen.

H 2b: Das Gefallen des BGC mit nicht-leistungsbezogenen Attributen hat bei der Automobilmarke einen stärkeren positiven Einfluss auf das tatsächliche Kaufverhalten, als das Gefallen des BGC mit leistungsbezogenen Attributen.

Die empirische Analyse von BATRA/AHTOLA (1990) gibt Hinweise darauf, dass die Relevanz von funktionalem und symbolischen Markennutzen in der Lebensmittelbranche
bezogen auf das Kaufverhalten entgegengesetzt zur Automobilbranche gestaltet ist.
Für das Anwendungsbeispiel Bier konnte festgestellt werden, dass der utilitaristische
Markennutzen eine höhere Relevanz für das Kaufverhalten besitzt, als der hedonistische Markennutzen.[374] Aus diesem Grund wird für die analysierte Lebensmittelmarke
folgende Vermutung aufgestellt:

H 2c: Das Gefallen des BGC mit leistungsbezogenen Attributen hat bei der Lebensmittelmarke einen stärkeren positiven Einfluss auf die Kaufintention, als das Gefallen des BGC mit nicht-leistungsbezogenen Attributen.

H 2d: Das Gefallen des BGC mit leistungsbezogenen Attributen hat bei der Lebensmittelmarke einen stärkeren positiven Einfluss auf das tatsächliche Kaufverhalten, als das Gefallen des BGC mit nicht-leistungsbezogenen Attributen.

Weiterhin wird dem Gefallen des BGC in der Praxis häufig eine Wirkung auf die Anzahl
der „Gefällt-mir"-Angaben, Kommentare und online-Weiterleitungen unterstellt. Es wird
davon ausgegangen, dass die Formen der unpersönlichen Interaktion häufiger stattfinden, wenn der BGC den Nutzern gefällt. Aus diesem Grund werden die Formen der
unpersönlichen Interaktion oft als quantitative Kennzahlen, welche direkt auf den verschiedenen Social Media Plattformen abgelesen werden können, für die Messung der
Social Media Aktivitäten verwendet. Dabei werden einzelne Beiträge der Marke miteinander verglichen und anhand der Anzahl von Kommentaren, „Gefällt-mir"-Klicks oder

---

[373] Vgl. FISCHER/MEFFERT/PERRY (2004); VOSS/SPANGENBERG/GROHMANN (2003); BATRA/AHTOLA
(1990).

[374] Vgl. BATRA/AHTOLA (1990).

Weiterleitungen Rückschlüsse auf das Gefallen des BGC bei dem Nutzer gezogen. Hierauf bauen dann strategische Entscheidungen bezüglich der zu kommunizierenden Inhalte in Social Media auf.[375]

Da die detaillierte Differenzierung der Interaktion in Social Media in die persönliche und unpersönliche Interaktion bisher nicht in der wissenschaftlichen Forschung analysiert wurde, ist auch die oben angesprochene Kausalbeziehung bisher nicht erforscht. Zahlreiche Forschungen beschäftigen sich zwar mit der Identität der Nutzer als Einflussfaktor auf die Art der Nutzung von Social Media[376], doch beziehen sich diese oft nicht auf den Kontext von Marken.

Es gilt daher zunächst Grundlagenarbeit zu leisten und den grundsätzlichen Zusammenhang der Variablen zu überprüfen. Daher wird die folgende zu prüfende Vermutung aufgestellt:

H 3:   Je besser das Gefallen des BGC bewertet wird, desto häufiger findet die unpersönliche Interaktion mit a) „Gefällt mir"-Funktion, b) Kommentieren und c) Weiterverbreitung statt.

4.2.3 Wirkung der nutzergenierten Inhalte (brand-related UGC)

Aus der theoretischen Perspektive kann den nutzergenerierten Inhalten als Quelle des Markenwissens ein Einfluss auf das Markenimage zugesprochen werden. Zahlreiche Studien konnten zudem eine entscheidende Relevanz von markenbezogenen nutzergenerierten Inhalten im Online-Umfeld für die Einstellung zur Marke belegen.[377] In einer Studie der Nielsen Company wurden bspw. die Online-Produktbewertungen von Nachfragern als die vertrauenswürdigste Quelle für Werbung belegt.[378] Als Weiterentwicklung der Forschung zur Wirkung von nutzergenerierten Inhalten auf Marken konnten BRUHN ET AL. (2011) nachweisen, dass eine Branchenspezifität zu beachten ist. Hiernach hat die Komplexität des Produktes einen entscheidenden Einfluss darauf, ob eher die von der Marke selbst oder von anderen Nutzern generierten Inhalte in Social Media auf die Marke wirken. Je geringer die Komplexität eines Produktes ist, desto stärker wirken die nutzergenerierten Inhalte auf die Marke.[379]

---

[375] Ergebnis der Experteninterviews.

[376] Vgl. ROSS ET AL. (2009), S. 578 f; ELLISON/STEINFELD/LAMPE (2007).

[377] Vgl. hierzu u.a. MEINERS/SCHWARTING/SEEBERGER (2010), S. 84; RICHINS/ROOT-SCHAFFER (1998).

[378] Vgl. NIELSEN COMPANY (2011).

[379] Vgl. BRUHN ET AL. (2011), S. 45.

In der Forschung nach BRUHN ET AL. (2011) blieb jedoch die Unterschiedlichkeit der Markennutzen als Bestandteile des Markenimages unberücksichtigt, da lediglich die Markenstärke als Zielgröße in die Forschung einfließt. Für eine umfassende Analyse der Wirkung von Social Media auf eine Marke erscheint es jedoch sinnvoll, das Markenimage differenziert nach dem funktionalen und symbolischen Markennutzen zu betrachten.

Bezüglich der funktionalen Aspekte des Markenimages, welche durch den utilitaristischen Markennutzen repräsentiert werden, kann der Argumentation nach BRUHN ET AL. (2011) gefolgt werden. Hiernach ist die Wirkung der nutzergenerierten Inhalte davon abhängig, ob dem Sender der Kommunikationsbotschaft die notwendige Fachkompetenz zur Beurteilung der Produkteigenschaften beigemessen wird.[380] Es kann vermutet werden, dass die Fachkompetenz der anderen Nutzer in Social Media mit steigender Komplexität des Produktes geringer eingeschätzt wird und folglich das Vertrauen in diese nutzergenerierten Kommunikationsbotschaften abnimmt. In diesem Fall kann davon ausgegangen werden, dass der Marke als Produzent des Produktes eine höhere Vertrauenszuschreibung zukommt und somit die markengenerierten Inhalte eine stärkere Wirkung auf den funktionalen Markennutzen zeigen.

Im Vergleich der zwei in dieser Arbeit analysierten Marken zeichnet sich die Automobilmarke durch eine hohe Produktkomplexität aus, wohingegen der Lebensmittelmarke nur eine geringe Produktkomplexität beizumessen ist. Es wird daher postuliert:

H 4a: Das Gefallen des positiven brand-related UGC hat bei der Lebensmittelmarke eine stärkere positive Wirkung auf den utilitaristischen Markennutzen, als bei der Automobilmarke.

H 4b: Das Gefallen des BGC hat bei der Automobilmarke eine stärkere positive Wirkung auf den utilitaristischen Markennutzen, als das Gefallen des positiven brand-related UGC.

H 4c: Das Gefallen des positiven brand-related UGC hat bei der Lebensmittelmarke eine stärkere positive Wirkung auf den utilitaristischen Markennutzen, als das Gefallen des BGC.

---

[380] Vgl. BRUHN ET AL. (2011), S. 45 f.

Zudem handelt es sich bei einem Automobil im Gegensatz zum Lebensmittelprodukt um ein Produkt, dessen Konsum i.d.R. öffentlich ist. Aus diesem Grund ist die Relevanz des symbolischen Markennutzens für den Nachfrager hoch.[381] Die Erfüllung der sozialen Identität des Nachfragers kann mit den symbolischen Nutzenkomponenten erfüllt werden. Dabei ist es von entscheidender Relevanz, dass auch andere Nachfrager Kenntnis über die symbolischen Eigenschaften der Marke besitzen.[382] Den Meinungen anderer Nachfrager über das Automobil kann folglich eine entscheidende Relevanz vor allem für den symbolischen Markennutzen beigemessen werden. Aufgrund des i.d.R. nicht öffentlichen Konsums der Lebensmittelmarke kann dem symbolischen Nutzen eine geringe Relevanz zugesprochen werden. Es wird davon ausgegangen, dass die Meinungen anderer Nutzer bezüglich des Lebensmittelproduktes insbesondere hinsichtlich der funktionalen Produkteigenschaften interessieren.

Die Ausführungen zusammenfassend, wird für die Wirkbeziehungen des brand-related UGC auf die symbolischen Nutzenkomponenten im Vergleich der Marken zusätzlich folgendes vermutet:

H 5a: Das Gefallen des positiven brand-related UGC hat bei der Automobilmarke eine stärkere positive Wirkung auf a) den hedonistischen, b) den sozialen und c) den ästhetischen Markennutzen, als auf den utilitaristischen Markennutzen.

H 5b: Das Gefallen des positiven brand-related UGC hat bei der Lebensmittelmarke eine stärkere positive Wirkung auf den utilitaristischen Markennutzen, als auf a) den hedonistischen, b) den sozialen und c) den ästhetischen Markennutzen.

4.3   Wirkung der markenbezogenen Interaktion in Social Media

4.3.1   Häufigkeit als Einflussfaktor auf die Wirkung der interaktiven Social Media Stimuli

In der Literatur wird im Zusammenhang mit der Wirkung von Interaktion immer wieder auf das Kriterium der Häufigkeit verwiesen. So führt die Soziologie, welche sich vor allem mit der Interaktion als Kriterium der Gruppenzugehörigkeit beschäftigt, die **Häufigkeit der Interaktion** als Einflussgröße auf die Wirkung der Interaktion an.[383] BAUM-

---

[381] Vgl. McEnally/de Chernatony (1999), S. 9 f; Richins (1994), S: 504 ff.

[382] Vgl. Müller (2012), S. 125; Burmann/Meffert (2005a), S. 55 f; Kapitel B 1.3.

[383] Vgl. Merton et al. (1995), S. 273.

GART/SCHMIDT (2008) bestätigen die Relevanz der Häufigkeit der persönlichen Interaktion auch für den Einfluss dieser Interaktion auf die Marke.[384] Weiterhin ordnet JOST-BENZ (2009) das Kriterium der Häufigkeit der Interaktionsintensität zu. Eine hohe Interaktionsintensität zwischen der internen und externen Zielgruppe der Marke wirkt dabei positiv auf das Vertrauen gegenüber der Marke.[385] Für die Interaktionshäufigkeit konnten OKLESHEN/GROSSBART (1998) zudem belegen, dass diese einen positiven Einfluss auf das Zugehörigkeitsempfinden in der Gemeinschaft hat.[386]

Aufgrund der belegten hohen Relevanz der Häufigkeit für die Wirkung der Interaktion in Social Media wird diese im Folgenden direkt an die Social Media Stimuli gekoppelt. Es werden daher die Häufigkeit der persönlichen Interaktion zwischen Marke und Nachfrager und die Häufigkeit der Interaktion zwischen Nachfragern als Stimuli in das Untersuchungsmodell integriert.

4.3.2 Wirkung der persönlichen Interaktion zwischen Marke und Nachfrager

Aus Perspektive der identitätsbasierten Markenführung werden durch die persönliche Interaktion mit der Marke beim Nachfrager intensive Markenerlebnisse geschaffen, welche die Eindrücke des Nachfragers von dem Verhalten der Marke umfassen. Durch das direkte und persönliche Erleben des Verhaltens der Marke in der Interaktion, sind die Markenerlebnisse als intensiver zu bezeichnen, als bspw. bei der Wahrnehmung der Marke in klassischen Medien.[387] Dabei führt die Interaktion zwischen Marke und Nachfragern durch den ständigen Abgleich zwischen Markenidentität und -image zu einem höheren Fit dieser beiden Konstrukte.[388] TOTZ (2007) konstatiert ebenfalls, dass Markenimages im Rahmen von Interaktionen „nachfragerseitig reproduziert, (je nach Situation) neu interpretiert und unter Umständen modifiziert."[389] werden. Folglich kann grundsätzlich von einer Wirkung der persönlichen Interaktion zwischen Marke und Nachfrager auf alle Markennutzen ausgegangen werden.[390]

Neben dem Abgleich von Markenidentität und –image wird das Markenimage durch die persönliche Interaktion zusätzlich um soziale und emotionale Aspekte erweitert.[391]

---

[384] Vgl. BAUMGARTH/SCHMIDT (2008), S. 253.

[385] Vgl. JOST-BENZ (2009), S. 113.

[386] OKLESHEN/GROSSBART (1998), S. 276 ff.

[387] Vgl. BURMANN/EILERS/HEMMANN (2010), S. 54.

[388] Vgl. Kapitel B 2.2.2.

[389] TOTZ (2007), S. 280.

[390] Vgl. hierzu weiterführend KERNSTOCK (2012), S. 19; JOST-BENZ (2009), S. 115.

[391] HATTENDORF/SCHLECHTRIEM (2007), S. 3 f.

Ferner kommt vor allem die **Markenpersönlichkeit** zum Ausdruck, da der Kommunikationsstil der Marke im direkten Kontakt mit der Marke erlebt wird.[392] Somit vermittelt die persönliche Interaktion soziale Erlebnisse, welche dem Nachfrager einen sozialen Nutzen (z.B. Zugehörigkeitsgefühl, Stärkung der sozialen Identität) bieten.[393] Aus diesem Grund ist die Wirkung der persönlichen Interaktion vor allem auf die symbolischen Nutzenkomponenten der Marke als hoch zu vermuten. KIM/KO (2011) bestätigen die emotionale Komponente der persönlichen Interaktion zwischen Marke und Nachfrager. Sie konstatieren, dass „Interactions with customers via social media sites such as Facebook and Twitter actually builds up friendly attention, even affection, toward brands [...]"[394].

Da es sich hierbei um eine generelle Wirkung in der Markenführung handelt, wird diese sowohl für die analysierte Automobil- als auch die Lebensmittelmarke als gültig verstanden. Zur generellen Wirkung der persönlichen Interaktion wird daher im Zusammenspiel mit der Häufigkeit als Einflussfaktor auf die Wirkung der Interaktion postuliert:

H 6a: Je häufiger die persönliche Interaktion zwischen Marke und Nachfrager in Social Media stattfindet, desto stärker ist der positive Einfluss auf a) den utilitaristischen, b) den hedonistischen, c) den sozialen und d) den ästhetischen Markennutzen.

H 6b: Der positive Einfluss der persönlichen Interaktion zwischen Marke und Nachfrager in Social Media ist bei dem a) hedonistischen, b) sozialen und c) ästhetischen Markennutzen stärker, als bei dem utilitaristischen Markennutzen.

Eine weitere Hypothese wird aus den Gruppendiskussionen mit Social Media Nutzern abgeleitet. Hier wurde festgestellt, dass die Wahrnehmung einer direkten Interaktion zwischen der Marke und anderen Social Media Nutzern eine positive Wirkung auf den symbolischen Markennutzen hat. Als Beispiel wurde von den Diskussionsteilnehmern die Antwort der Marke auf eine öffentlich gestellte Frage eines Nutzers genannt. Hat die Marke auf eine solche Frage geantwortet, wurde diese als „freundlicher" und „sympathischer" empfunden. SCHINDLER/LILLER (2011) konstatiert hierzu passend: „Menschen bilden sich Meinungen aus Gesprächen, aus solchen, die sie selbst geführt haben, und aus solchen, die sie »mitgehört« haben."[395]. Die passive Wahrnehmung von

---

[392] Vgl. BURMANN/MEFFERT (2005a), S. 57, 63; HIERONIMUS/BURMANN (2005), S. 376 ff.

[393] Vgl. BURMANN/EILERS/HEMMANN (2010), S. 37 ff.

[394] KIM/KO (2011).

[395] SCHINDLER/LILLER (2011), S. 9.

Interaktion in Social Media war bisher nicht Gegenstand der wissenschaftlichen For-schung, weshalb an dieser Stelle zunächst Grundlagenforschung geleistet wird. Es wird postuliert:

H 7:   Je häufiger die persönliche Marke-Nachfrager-Interaktion mit anderen Nachfra-gern passiv wahrgenommen wird, desto stärker ist der positive Einfluss auf den a) den hedonistischen Markennutzen, b) den sozialen Markennutzen und c) den ästhetischen Markennutzen.

4.3.3 Wirkung der markenbezogenen Interaktion zwischen Nachfragern

Für die Herleitung der Wirkung von markenbezogener Interaktion zwischen Nachfra-gern können die Forschungen zu sog. Brand Communities herangezogen werden. Eine Brand Community wird definiert als „interessenbasierte Gemeinschaft von Kon-sumenten, deren Interaktion überwiegend online stattfindet und auf eine bestimmte Marke ausgerichtet ist."[396]. Die Forschungsströme zu Brand Communities befassen sich vor allem mit den Charakteristika von Brand Communities, Interaktion in Brand Communities und deren Wirkung auf die Marke sowie der Produktivität von Brand Communities.[397] Für die vorliegende Arbeit ist die zweite Forschungsrichtung von be-sonderem Interesse, da hierbei die markenbezogene Interaktion zwischen Nachfra-gern betrachtet wird.

Die Dissertation von VON LOEWENFELD (2006) kann als eine der umfangreichsten Ar-beiten zu Analyse der Wirkung von markenbezogenen Interaktionen zwischen Nach-fragern auf die Marke angesehen werden. Dieser zieht für seine Argumentation u.a. die **Soziale Identitäts-Theorie** heran. Hiernach streben Individuen danach, Selbst-wertschätzung zu erlangen bzw. zu erhöhen, indem sie Mitglied in sozialen Gruppen werden, welche eine positive Identifikation ermöglichen.[398] Hinzu kommt, dass Indivi-duen ihre eigene soziale Identität dadurch auszudrücken versuchen, dass sie ihre Gruppe von anderen Gruppen abgrenzen.[399] Übertragen auf den Markenkontext be-deutet dies, dass Individuen die Produkte bevorzugen, die in ihrer sozialen Gruppe als positiv empfunden werden.[400] Weiterhin werden durch die Interaktion von Nachfragern,

---

[396] POPP (2011), S. 12

[397] Vgl. HARTLEB (2009), S. 36 f.

[398] Vgl. BANAJI/PRENTICE (1994), S. 310.

[399] Vgl. TURNER ET AL. (1987), S. 42.

[400] Vgl. VON LOEWENFELD (2006), S. 59.

die die Marke in ähnlicher Weise wahrnehmen, die vorhandenen Markenassoziationen des Einzelnen verstärkt.[401]

Die Beeinflussung der Produktwahl bzw. Markenassoziationen durch die Zugehörigkeit zu einer sozialen Gruppe werden von KELLER (2003)[402], ALGESHEIMER/HERRMANN (2005) und EICKER (2008) bestätigt. ALGESHEIMER/HERRMANN (2005) betonen das geteilte Bewusstsein gegenüber der Marke innerhalb von Brand Communities, welche sich durch die Interaktion zwischen den Nachfrager ergibt.[403] In ähnlicher Weise führt EICKER (2008) die Beeinflussung der Produktwahl bzw. Markenassoziationen vor allem darauf zurück, dass die sozialen Beziehungen zwischen den interagierenden Nachfragern **Lernprozesse** hervorrufen, welche die Einstellungen gegenüber der Marke verstärken bzw. verändern können. In diesem Zusammenhang wird die Relevanz von Meinungsführern betont.[404]

Neben der Beeinflussung der Produktwahl bzw. Markenassoziationen durch die Nachfrager untereinander kann eine Marke durch die Förderung der Interaktion zwischen den Nachfragern einen sozialen Nutzen aufbauen, welcher von den Nachfragern als über den funktionalen Nutzen hinausgehender Zusatznutzen empfunden wird. Dieser Zusatznutzen fördert eine starke Bindung an die Marke.[405] BAUER/GROßE-LEEGE/BRYANT (2008) konstatieren, dass sich durch die Identifikation eines Nachfragers mit einer Brand Community dessen emotionale Bindung an die Marke verstärkt.[406]

Wie bereits bei den passiv wahrgenommenen nutzergenerierten Inhalten in Social Media muss auch bei der markenbezogenen Interaktion zwischen Nachfragern eine Branchenspezifizität berücksichtigt werden. Nach BRUHN ET AL. (2011) gilt, dass je geringer die Komplexität eines Produktes ist, desto stärker wirken die nutzergenerierten Inhalte auf die Marke.[407] Diese Aussage bezieht sich spezifisch auf die funktionalen Eigenschaften einer Marke. Aufgrund der hohen Komplexität des Automobils und der geringen Komplexität des Lebensmittelproduktes wird bezogen auf den funktionalen Aspekt der Marke folgendes postuliert:

---

[401] Vgl. VON LOEWENFELD (2006), S. 54.

[402] Vgl. KELLER (2003b), S. 595 ff.

[403] Vgl. ALGESHEIMER/HERRMANN (2005), S. 756.

[404] Vgl. EICKER (2008), S. 16.

[405] Vgl. ALGESHEIMER/HERRMANN (2005), S. 756; SCHMITT/MANGOLD (2005), S. 298.

[406] Vgl. BAUER/GROßE-LEEGE/BRYANT (2008), S. 117.

[407] Vgl. BRUHN ET AL. (2011), S. 45.

H 8a: Die Häufigkeit der markenbezogenen Interaktion zwischen Nachfragern in Social Media hat in Bezug auf die Lebensmittelmarke eine stärkere Wirkung auf den utilitaristischen Markennutzen, als bei der Automobilmarke.

Hinzu kommt, dass von einer stärkeren Bedeutung der Meinungen anderer Nachfrager über die Marke ausgegangen werden kann, wenn der symbolische Nutzen einer Marke eine hohe Relevanz in der Kaufentscheidung besitzt. Dies ist vor allem bei solchen Produkten der Fall, die öffentlich genutzt werden.[408] Folglich wird für die symbolischen Nutzenkomponenten im Vergleich beider Marken Folgendes vermutet:

H 8b: Die Häufigkeit der markenbezogenen Interaktion zwischen Nachfragern in Social Media hat in Bezug auf die Automobilmarke eine stärkere Wirkung auf a) den hedonistischen, b) den sozialen und c) den ästhetischen Markennutzen, als bei der Lebensmittelmarke.

Aufgrund des zusätzlichen Nutzens, welcher durch die markenbezogene Interaktion zwischen Nachfragern entsteht, wird weiterhin für beide Marken gleichermaßen postuliert:

H 8c: Die Häufigkeit der markenbezogenen Interaktion zwischen Nachfragern in Social Media hat sowohl bei der Automobilmarke als auch bei der Lebensmittelmarke eine stärkere Wirkung auf a) den hedonistischen, b) den sozialen und c) den ästhetischen Markennutzen, als auf den utilitaristischen Markennutzen.

4.4 Moderatoren auf die Wirkbeziehungen zwischen Social Media Stimuli und endogenen Modellkonstrukten

Sowohl für die positive Wirkung der passiv wahrgenommenen Stimuli als auch der Interaktion auf die Markennutzen werden Einflussfaktoren auf die Wirkbeziehungen vermutet. Ziel der Analyse dieser Einflussfaktoren ist das Ziehen von Rückschlüssen auf die Stellhebel einer erfolgreichen Markenführung in Social Media. Im Folgenden werden diese Einflussgrößen als Moderatoren und Mediatoren hergeleitet, weshalb zunächst auf die zugehörigen theoretischen Grundlagen eingegangen wird.

4.4.1 Theoretische Grundlagen zu Mediator- und Moderatoreffekten

Ein Moderator ist eine Variable, die den Effekt einer Variable A auf eine andere Variable B beeinflusst. BARON/KENNY (1986) definieren einen Moderator als „a qualitative

---

[408] Vgl. MCENALLY/ DE CHERNATONY (1999), S. 9 f.; RICHINS (1994), S. 504 ff.

(e.g., sex, race, class) or quantitative (e.g., level of reward) variable that effects the direction and/or strength of the relation between an independent or predictor variable and a dependent or criterion variable [...]"[409]. Ein moderierender Effekt liegt demnach dann vor, wenn die Beziehung zwischen der unabhängigen und der abhängigen Variable vom Wert der Moderatorvariable beeinflusst wird. Diese Moderatorvariable sollte keine Korrelation zu den anderen Variablen aufweisen und ist deshalb stets eine unabhängige Variable.[410]

„In general, a given variable may be said to function as a mediator to the extent that it accounts for the relation between the predictor and the criterion."[411]. Ein Beispiel für einen solchen Mediatoreffekt ist das neobehavioristische S-O-R Modell, welches den menschlichen Organismus als intervenierende Variable zwischen Stimulus und Reaktion sieht.[412] Statistisch gesehen kann dann von einem Mediatoreffekt gesprochen werden, wenn der Pfad zwischen der unabhängigen und der abhängigen Variable durch Einführen der Mediatorvariable deutlich reduziert wird. Zudem sollte der Einfluss der unabhängigen Variable auf den Mediator und des Mediators auf die abhängige Variable signifikant sein.[413] Abbildung 18 stellt den Moderator- und Mediatoreffekt graphisch dar.

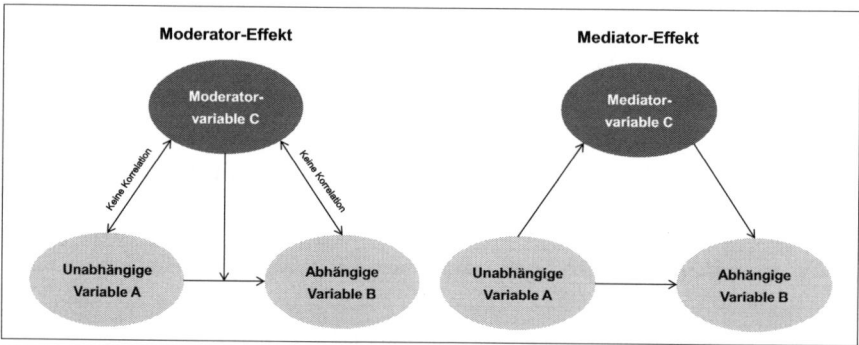

Abbildung 18:   **Moderator- und Mediatoreffekt auf die Beziehung zwischen zwei Variablen**
Quelle: In Anlehnung an BARON/KENNY (1986), S. 1174.

---

[409] BARON/KENNY (1986), S. 1174.

[410] Vgl. BARON/KENNY (1986), S. 1173 f.

[411] BARON/KENNY (1986), S. 1176.

[412] Vgl. SAUER (2003), S. 203 f.

[413] BARON/KENNY (1986), S. 1176.

4.4.2 Unpersönliche Marke-Nachfrager-Interaktion als Moderator auf die Wirkbeziehung zwischen BGC und den Markennutzen

Als Formen der unpersönlichen Interaktion zwischen Marke und Nachfrager in Social Media wurden die „Gefällt-mir"-Funktion, das Kommentieren und das Weiterverbreiten hergeleitet. Da diese drei Formen der unpersönlichen Interaktion stets als Reaktion auf den BGC stattfinden, können diese zwar in dem vorliegenden Untersuchungsmodell nicht als Stimulus integriert werden, jedoch ist von einem Einfluss auf die Wirkung zwischen BGC und Markennutzen auszugehen. Aufgrund der aktiven Reaktion des Nutzers auf den BGC kann bei der unpersönlichen Interaktion von einer verstärkten kognitiven Auseinandersetzung mit der Kommunikationsbotschaft ausgegangen werden. ESCH/KISS (2006) konstatieren, dass die kognitive Auseinandersetzung mit einem Stimulus zu einer verstärkten Abwägung der bereits beim Individuum vorhandenen Einstellung zu einem Objekt und der neu aufgenommenen Informationen führt. Somit kann eine umfangreichere Einstellungsänderung entstehen.[414]

Da die Formen der unpersönlichen Interaktion in der aktuellen wissenschaftlichen Forschung bisher nicht als Einflussfaktor auf die Wirkung des BGC betrachtet wurden, werden im Folgenden vor allem die im Rahmen dieser Arbeit geführten Expertengespräche und Gruppendiskussionen herangezogen. In den Expertengesprächen wurden die drei Formen der Interaktion anhand der **kognitiven Auseinandersetzung** in eine Rangfolge gebracht. Dem Kommentieren wurde die höchste kognitive Auseinandersetzung zugesprochen, da der Nachfrager hierbei selbst Inhalt als Antwort auf den BGC produziert. An zweiter Stelle folgte das Weiterverbreiten des BGC, da der Nachfrager hier zunächst überlegt, ob der BGC für dessen Netzwerk in Social Media von Relevanz ist. Es wurde argumentiert, dass der Nachfrager beim Weiterleiten von BGC für diesen Inhalt einsteht. Von den Teilnehmern der Gruppendiskussionen wurde diese Ansicht bestätigt. Als Gründe für das Weiterleiten wurden Humor und inhaltliche Relevanz genannt. Für die „Gefällt-mir"-Funktion wurde eine Art Automatismus vermutet. Damit ist gemeint, dass die Schwelle der Nutzer von Social Media für das Benutzen der „Gefällt-mir"-Funktion sehr gering ist, da es eine gelernte Handlungsweise darstellt und einen geringen Aufwand erfordert. Dennoch ist bei der Nutzung der „Gefällt-mir"-Funktion durch den Nutzer die aktive Wahrnehmung des BGC als Voraussetzung zu verstehen.

---

[414] KROEBER-RIEL/WEINBERG/GRÖPPEL-KLEIN (2009), S. 256.

Aufgrund der kognitiven Auseinandersetzung mit dem BGC in der unpersönlichen Interaktion kann diese als Verstärkung der Wirkung des BGC vermutet werden. Es wird
daher postuliert:

H 9:   Je häufiger die unpersönliche Interaktion mit a) „Gefällt-mir"-Funktion, b) Kom-
        mentieren und c) Weiterverbreitung stattfindet, desto stärker ist der positive Ein-
        fluss des Gefallens des BGC auf a) den utilitaristischen, b) den hedonistischen,
        c) den sozialen und d) den ästhetischen Markennutzen.

4.4.3 Geschwindigkeit in der Interaktion als Moderator auf die Wirkbeziehung zwi-
schen persönlicher Marke-Nachfrager-Interaktion und den Markennutzen

Die **Geschwindigkeit der Interaktion** wird von zahlreichen Autoren als Kriterium der
Interaktion genannt. ESCH/KISS (2006) konstatieren, dass eine Interaktion umso interaktiver ist, desto schneller eine Kommunikationsbotschaft auf eine andere folgt.[415] Abgeleitet aus dem Bezugsobjekt eCommerce wird die Geschwindigkeit der Interaktion
auch von ALBA ET AL. (1997) als Kriterium der Interaktion genannt.[416] Zudem bestätigt
HAECKEL (1998) die Bedeutung der Geschwindigkeit in der Interaktion im Kontext des
interaktiven Marketings.[417]

Die Gewährleistung einer hohen Geschwindigkeit in der persönlichen Interaktion mit
Nachfragern in Social Media erfordert von der Marke einen zusätzlichen Einsatz von
personellen und damit finanziellen Ressourcen. Die Relevanz der Geschwindigkeit in
der Interaktion zwischen Marke und Nachfrager in Social Media hat somit eine direkte
Auswirkung auf die Budgetierung der Social Media Aktivitäten einer Marke. Die Auswirkung der Geschwindigkeit auf die Wirkung der Interaktion zwischen Marke und
Nachfrager auf die Markennutzen wurde in der Literatur bisher nicht analysiert. Aus
diesem Grund wird in diese Arbeit folgende Hypothese aufgenommen:

H 10:   Je höher die Geschwindigkeit in der Interaktion ist, desto stärker ist der positive
        Einfluss auf die Wirkung der persönlichen Interaktion zwischen Marke und
        Nachfrager auf a) den utilitaristischen, b) den hedonistischen, c) den sozialen
        und d) den ästhetischen Markennutzen.

---

[415] Vgl. ESCH (2006), S. 100.

[416] Vgl. ALBA ET AL. (1997).

[417] Vgl. HAECKEL (1998), S. 64 f.

4.4.4 Markenauthentizität als Moderator auf die Wirkbeziehungen zwischen marken-generierten Social Media Stimuli und den Markennutzen

Der Begriff Markenauthentizität wird im Zusammenhang mit Social Media sowohl in der Wissenschaft als auch in der Praxis viel diskutiert.[418] Trotz des hohen Interesses an diesem Thema wurde das Konstrukt der Markenauthentizität bislang nur wenig erforscht. Dies gilt vor allem für die Markenauthentizität im Zusammenhang mit Social Media.[419]

Als bislang ausführlichste Forschung zum Thema Markenauthentizität kann die Arbeit von SCHALLEHN (2012) herangezogen werden. Basierend auf dem Begriffsverständnis aus der Soziologie[420] definiert SCHALLEHN (2012) die Markenauthentizität als „Ausmaß identitätsbezogener Handlungsverursachung"[421]. Der Nachfrager beurteilt, ob „die Marke sich also nach außen nicht anders dazustellen versucht, als sie von ihrer Identität her ist."[422]. Somit ist die Markenauthentizität keine ursprüngliche Eigenschaft, sondern basiert auf der individuellen Wahrnehmung der externen Zielgruppe der Marke.[423]

In einer empirischen Analyse konnte SCHALLEHN (2012) drei Determinanten der Markenauthentizität belegen. Die Konsistenz bezieht sich als gegenwartsbezogene Determinante auf die Widerspruchsfreiheit des Markennutzenversprechens in jedem Kundenkontaktpunkt. Die Kontinuität ist eine vergangenheitsbezogene Determinante, welche das Einhalten des Markennutzenversprechens im Zeitablauf beinhaltet. Als dritte Determinante wird die Individualität genannt. Diese umfasst die Einzigartigkeit und Differenzierung der Marke vom Wettbewerb.[424] Branchenübergreifend nahm die Individualität in der empirischen Analyse von SCHALLEHN (2012) eine untergeordnete Rolle ein. SCHALLEHN (2012) schlussfolgert daher, „dass insbesondere die Gewährleistung von Kontinuität und Konsistenz im Fokus eines Markenauthentizitätsmanagements stehen sollte."[425]. Aus diesem Grund wird sich im Folgenden auf diese zwei Determinanten der Markenauthentizität konzentriert.

---

[418] Vgl. KIELHOLZ (2008), S. 222.

[419] Vgl. KRÜGER/REGIER (2012), S. 2.

[420] Aus Perspektive der Soziologie kann „authentisches Verhalten als wahrheitsgetreue Darstellung des eigenen Selbstbildes nach außen" (BURMANN/SCHALLEHN (2010), S. 22) beschrieben werden.

[421] SCHALLEHN (2012), S. 38.

[422] SCHALLEHN (2012), S. 69.

[423] Vgl. BURMANN ET AL. (2012), S. 136.

[424] Vgl. SCHALLEHN (2012), S. 74 f.

[425] SCHALLEHN (2012), S. 170.

Während SCHALLEHN (2012) die Markenauthentizität im Allgemeinen analysiert und auf das Markenversprechen bezogen hat, soll in dieser Arbeit die Authentizität des Auftritts der Marke in Social Media analysiert werden. Damit wird der Auftritt der Marke in Social Media über die Determinanten Konsistenz und Kontinuität in Beziehung zu den bisherigen Kenntnissen des Individuums über die Marke gesetzt. Die Konsistenz eines Markenauftrittes in Social Media ist dann gegeben, wenn dieser das Bild des Nutzers von der Marke widerspiegelt. Somit muss ein Fit zwischen dem Auftritt in Social Media und anderen Aktivitäten der Marke gegeben sein. Zur Erfüllung der Kontinuität sollte der Auftritt der Marke in Social Media zum bisherigen Auftritt der Marke in anderen Kundenkontaktpunkten passen und weder in dem Niveau noch in der Qualität Schwankungen aufweisen.[426]

Auf Grundlage dieser theoretischen Grundlagen zur Markenauthentizität kann für die Authentizität der markeninitiierten Aktivitäten in Social Media ein moderierender Effekt vermutet werden. Eine Begründung hierfür ist in der Konsistenztheorie zu finden. Hiernach streben Individuen nach kognitiver Konsistenz, welche die widerspruchsfreie Verknüpfung von inneren Erfahrungen, Kognitionen und Einstellungen umfasst. Somit neigen Individuen dazu, auftretende Widersprüche (Dissonanzen) in ihren Einstellungssystemen zu beseitigen oder von Beginn an zu vermeiden. Kommen zwei sich widersprechende Einstellungen zusammen, wird das Individuum eine dieser Einstellungen verdrängen oder verändern, um somit wieder den Zustand des psychischen Gleichgewichtes zu erlangen.[427] Verhält sich also eine Marke in ihren Social Media Aktivitäten authentisch, treten bei dem Individuum keine widersprüchlichen Einstellungen auf, weshalb auch keine Einstellung verdrängt oder verändert werden muss. Somit wird eine positive Wirkung auf die Marke wahrscheinlicher, wenn der Stimulus zu den bereits bekannten Markenassoziationen passt. Abbildung 19 stellt die Zusammenhänge graphisch dar.

---

[426] Vgl. HEYMANN-REDER (2011), S. 17.

[427] Vgl. KROEBER-RIEL/WEINBERG/GRÖPPEL-KLEIN (2009), S. 227.

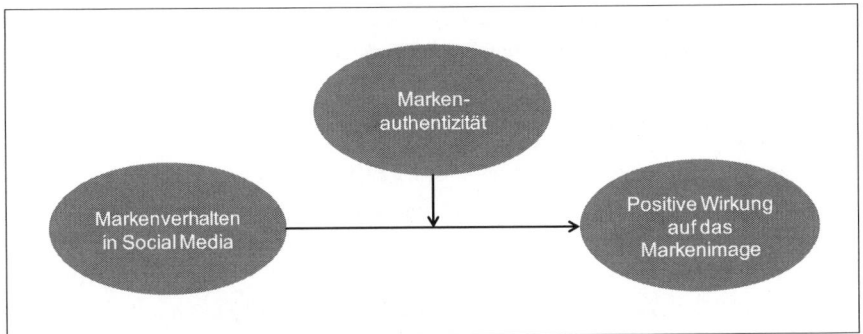

Abbildung 19:   Markenauthentizität als Wirkungsmoderator in Social Media
Quelle: Vgl. BURMANN ET AL. (2012), S. 138.

Es wurde bereits in Kapitel B 4.4.1 argumentiert, dass bei der persönlichen Interaktion zwischen Marke und Nachfrager vor allem das Verhalten der Marke eine entscheidende Rolle spielt. Folglich wird postuliert:

H 11a: Je höher die Markenauthentizität bewertet wird, desto stärker ist der positive Einfluss der persönlichen Marke-Nachfrager-Interaktion auf a) den utilitaristischen, b) den hedonistischen, c) den sozialen und d) den ästhetischen Markennutzen.

Von dem Verhalten der Marke kann zudem eine Wirkung auf den symbolischen Markennutzen vermutet werden. Die symbolischen Nutzen werden der Marke durch das Individuum selbst zugesprochen, in dem u.a. ein Abgleich der Markeneigenschaften mit dem idealen Selbstkonzept stattfindet.[428] Dieses kann zum einen die Ich-Identität bedienen und zum anderen auch die soziale Identität des Individuums symbolisieren.[429] Das Vorhandensein von Markenauthentizität zeigt, dass der Marke ein handlungsleitendes Selbstbild zugrunde liegt.[430] Folglich kann davon ausgegangen werden, dass erst durch das Vorhandensein von Markenauthentizität das Selbstbild der Marke als „echt" empfunden und u.a. für die Befriedigung des idealen Selbstkonzepts der Nachfrager herangezogen wird. Daher wird postuliert:

H 11b: Je höher die Markenauthentizität bewertet wird, desto stärker ist der positive Einfluss des BGC mit nicht-leistungsbezogenen Attributen auf a) den hedonistischen, b) den sozialen und c) den ästhetischen Markennutzen.

---

[428] Vgl. SIRGY (1986), S. 1ff; SIRGY (1982), S. 287 ff, Kapitel B 1.3.
[429] Vgl. MÜLLER (2012), S. 124; WATTANASUWAN/ELLIOT (1999), S. 150 ff; ELLIOT (1997), S. 285 ff.
[430] Vgl. SCHALLEHN (2012), S. 36 ff.

4.4.5 Glaubwürdigkeit als Mediator der Wirkbeziehung zwischen passiv wahrgenommenen Social Media Stimuli und den Markennutzen

Ein eng mit der Markenauthentizität verbundenes Konstrukt ist die Glaubwürdigkeit. Dabei wird das Konstrukt **Glaubwürdigkeit** definiert als „eine Eigenschaft, die Menschen, Institutionen oder deren kommunikativen Produkten (mündliche oder schriftliche Texte, audiovisuelle Darstellungen) zugeschrieben wird und sich darauf beziehen, dass der Rezipient darauf vertraut, dass die Aussage des Kommunikators über ein Ereignis wahr ist, bzw. dieses adäquat beschreibt."[431]. Folglich fasst SCHALLEHN (2012) das Konstrukt Glaubwürdigkeit als die Feststellung der Wahrheitswahrscheinlichkeit einer kommunizierten Information zusammen.[432] Aufgrund der inhaltlichen Ähnlichkeit lassen sich die Konstrukte Authentizität und Glaubwürdigkeit in einen theoretisch-konzeptionellen Zusammenhang bringen. Nach SCHALLEHN (2012) führt die Wahrnehmung einer Marke als authentisch dazu, dass die Kommunikationsbotschaften der Marke als glaubwürdig empfunden werden.[433]

Bei der Beeinflussung von Einstellungen kommt der Glaubwürdigkeit der Kommunikationsbotschaft eine entscheidende Rolle zu. KROEBER-RIEL/WEINBERG/GRÖPPEL-KLEIN (2009) konstatieren: „Mit zunehmender Glaubwürdigkeit des Kommunikators steigt die Wahrscheinlichkeit, dass eine Kommunikation wirksam wird."[434]. EISEND/KÜSTER-ROHDE (2008) bestätigen die Glaubwürdigkeit als bedeutendsten Faktor bei der Beeinflussung von Einstellungen.[435]

Als kommunikative Produkte der Marke in Social Media werden in dieser Arbeit der BGC mit leistungsbezogenen Attributen und der BGC mit nicht-leistungsbezogenen Attributen betrachtet. Da dem BGC mit leistungsbezogenen Attributen insbesondere eine Wirkung auf den utilitaristischen und dem BGC mit nicht-leistungsbezogenen Attributen auf hedonistischen, sozialen und ästhetischen Markennutzen zugesprochen werden kann, wird postuliert:

H 12a: Je höher die Glaubwürdigkeit des BGC mit leistungsbezogenen Attributen wahrgenommen wird, desto stärker ist der positive Einfluss des BGC mit leistungsbezogenen Attributen auf den utilitaristischen Markennutzen.

---

[431] BENTELE (1988), S. 408.

[432] SCHALLEHN (2012), S. 43.

[433] Vgl. SCHALLEHN (2012), S. 49.

[434] KROEBER-RIEL/WEINBERG/GRÖPPEL-KLEIN (2009), S. 538.

[435] EISEND/KÜSTER-ROHDE (2008), S. 15.

H 12b: Je höher die Glaubwürdigkeit des BGC mit nicht-leistungsbezogenen Attributen wahrgenommen wird, desto stärker ist der Einfluss des BGC mit nicht-leistungsbezogenen Attributen auf a) den hedonistischen, b) den sozialen und c) den ästhetischen Markennutzen.

5 Finales Forschungsmodell

Zusammenfassend ergibt sich das finale Forschungsmodell zu den Wirkungen der Social Media Stimuli sowie der Moderatoren und Mediatoren wie in Abbildung 20 dargestellt. Da sich die Hypothesen zum Großteil mit dem Vergleich von Stärken der Wirkbeziehungen beschäftigen, wird die Wirkung der exogenen Konstrukte sowohl auf den funktionalen als auch auf den symbolischen Markennutzen dargestellt.

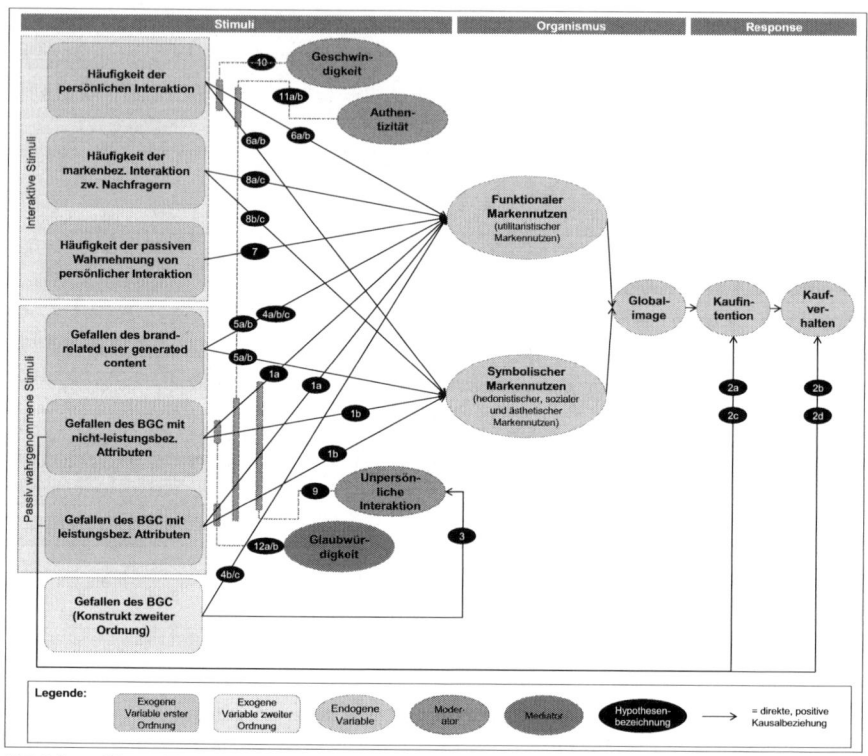

Abbildung 20:   Finales Forschungsmodell
Quelle: Eigene Darstellung.

Die nachfolgende Tabelle 1 stellt die abgeleiteten Untersuchungshypothesen dar.

	Untersuchungshypothesen hinsichtlich der Wirkung von passiv wahrgenommenen Social Media Stimuli
H 1a	Das Gefallen des wahrgenommenen BGC mit leistungsbezogenen Attributen hat einen stärkeren positiven Einfluss auf den utilitaristischen Markennutzen, als das Gefallen des wahrgenommenen BGC mit nicht-leistungsbezogenen Attributen.
H 1b	Das Gefallen des wahrgenommenen BGC mit nicht-leistungsbezogenen Attributen hat einen stärkeren positiven Einfluss auf a) den hedonistischen, b) den sozialen und c) den ästhetischen Markennutzen, als das Gefallen des wahrgenommenen BGC mit leistungsbezogenen Attributen.
H 2a	Das Gefallen des BGC mit nicht-leistungsbezogenen Attributen hat bei der Automobilmarke einen stärkeren positiven Einfluss auf die Kaufintention, als das Gefallen des BGC mit leistungsbezogenen Attributen.
H 2b	Das Gefallen des BGC mit nicht-leistungsbezogenen Attributen hat bei der Automobilmarke einen stärkeren positiven Einfluss auf das tatsächliche Kaufverhalten, als das Gefallen des BGC mit leistungsbezogenen Attributen.
H 2c	Das Gefallen des BGC mit leistungsbezogenen Attributen hat bei der Lebensmittelmarke einen stärkeren positiven Einfluss auf die Kaufintention, als das Gefallen des BGC mit nicht-leistungsbezogenen Attributen.
H 2d	Das Gefallen des BGC mit leistungsbezogenen Attributen hat bei der Lebensmittelmarke einen stärkeren positiven Einfluss auf das tatsächliche Kaufverhalten, als das Gefallen des BGC mit nicht-leistungsbezogenen Attributen.
H 3	Je besser das Gefallen des BGC bewertet wird, desto häufiger findet die unpersönliche Interaktion mit a) „Gefällt mir"-Funktion, b) Kommentieren und c) Weiterverbreitung statt.
H 4a	Das Gefallen des positiven brand-related UGC hat bei der Lebensmittelmarke eine stärkere positive Wirkung den utilitaristischen Markennutzen, als bei der Automobilmarke.
H 4b	Das Gefallen des BGC hat bei der Automobilmarke eine stärkere positive Wirkung auf den utilitaristischen Markennutzen, als das Gefallen des positiven brand-related UGC.
H 4c	Das Gefallen des positiven brand-related UGC hat bei der Lebensmittelmarke eine stärkere positive Wirkung auf den utilitaristischen Markennutzen, als das Gefallen des BGC.
H5a	Das Gefallen des positiven brand-related UGC hat bei der Automobilmarke eine stärkere positive Wirkung auf a) den hedonistischen, b) den sozialen und c) den ästhetischen Markennutzen, als auf den utilitaristischen Markennutzen.

| H5b | Das Gefallen des positiven brand-related UGC hat bei der Lebensmittel-marke eine stärkere positive Wirkung auf den utilitaristischen Markennut-zen, als auf a) den hedonistischen, b) den sozialen und c) den ästheti-schen Markennutzen. |

Untersuchungshypothesen hinsichtlich der Wirkung von _interaktiven_ Social Media Stimuli

H 6a	Je häufiger die persönliche Interaktion zwischen Marke und Nachfrager in Social Media stattfindet, desto stärker ist der positive Einfluss auf a) den utilitaristischen, b) den hedonistischen, c) den sozialen und d) den ästheti-schen Markennutzen.
H 6b	Der positive Einfluss der persönlichen Interaktion zwischen Marke und Nachfrager in Social Media ist bei dem a) hedonistischen, b) sozialen und c) ästhetischen Markennutzen stärker, als bei dem utilitaristischen Marken-nutzen.
H 7	Je häufiger die persönliche Marke-Nachfrager-Interaktion mit anderen Nach-fragern passiv wahrgenommen wird, desto stärker ist der positive Einfluss auf den a) den hedonistischen Markennutzen, b) den sozialen Markennutzen und c) den ästhetischen Markennutzen.
H 8a	Die Häufigkeit der markenbezogenen Interaktion zwischen Nachfragern in Social Media hat in Bezug auf die Lebensmittelmarke eine stärkere Wirkung auf den utilitaristischen Markennutzen, als bei der Automobilmarke.
H 8b	Die Häufigkeit der markenbezogenen Interaktion zwischen Nachfragern in Social Media hat in Bezug auf die Automobilmarke eine stärkere Wirkung auf a) den hedonistischen, b) den sozialen und c) den ästhetischen Marken-nutzen, als bei der Lebensmittelmarke.
H 8c	Die Häufigkeit der markenbezogenen Interaktion zwischen Nachfragern in Social Media hat sowohl bei der Automobilmarke als auch bei der Lebens-mittelmarke eine stärkere Wirkung auf a) den hedonistischen, b) den sozia-len und c) den ästhetischen Markennutzen, als auf den utilitaristischen Mar-kennutzen.

Untersuchungshypothesen hinsichtlich der _moderierenden und mediierenden_ Faktoren

| H 9 | Je häufiger die unpersönliche Interaktion mit a) „Gefällt-mir"-Funktion, b) Kommentieren und c) Weiterverbreitung stattfindet, desto stärker ist der positive Einfluss des Gefallens des BGC auf a) den utilitaristischen, b) den hedonistischen, c) den sozialen und d) den ästhetischen Markennutzen. |
| H 10 | Je höher die Geschwindigkeit in der Interaktion ist, desto stärker ist der po-sitive Einfluss auf die Wirkung der persönlichen Interaktion zwischen Marke und Nachfrager auf a) den utilitaristischen, b) den hedonistischen, c) den sozialen und d) den ästhetischen Markennutzen. |

H 11a	Je höher die Markenauthentizität bewertet wird, desto stärker ist der positive Einfluss der persönlichen Marke-Nachfrager-Interaktion auf a) den utilitaristischen, b) den hedonistischen, c) den sozialen und d) den ästhetischen Markennutzen.
H 11b	Je höher die Markenauthentizität bewertet wird, desto stärker ist der positive Einfluss des BGC mit nicht-leistungsbezogenen Attributen auf a) den hedonistischen, b) den sozialen und c) den ästhetischen Markennutzen.
H 12a	Je höher die Glaubwürdigkeit des BGC mit leistungsbezogenen Attributen wahrgenommen wird, desto stärker ist der positive Einfluss des BGC mit leistungsbezogenen Attributen auf den utilitaristischen Markennutzen.
H 12b	Je höher die Glaubwürdigkeit des BGC mit nicht-leistungsbezogenen Attributen wahrgenommen wird, desto stärker ist der Einfluss des BGC mit nicht-leistungsbezogenen Attributen auf a) den hedonistischen, b) den sozialen und c) den ästhetischen Markennutzen.

Tabelle 1:   **Überblick über die Forschungshypothesen**
Quelle: Eigene Darstellung.

C   Empirische Untersuchung zur Wirkung von Social Media auf die Marke

1   Untersuchungsdesign

1.1   Fragebogendesign und Pretest

Bei der Gestaltung des Fragebogens für die Online-Befragung wurden die Empfehlungen der relevanten Literatur umgesetzt. Diese beziehen sich sowohl auf die Formulierung der Fragen als auch auf die Gestaltung des gesamten Fragebogens.

Für die Formulierung der Fragen im Fragebogen wurde zunächst auf die Verständlichkeit der Fragen geachtet. Hierzu empfehlen KUß/EISEND (2010) auf das Verwenden von Fachbegriffen zu verzichten und eine präzise Formulierung der Frage[436], sodass ein einheitliches Verständnis der Frage von allen Befragten sichergestellt werden kann.[437] Weiterhin wurde den Empfehlungen von SUDMAN/BLAIR (1998) und DILLMAN/SMYTH/CHRISTIAN (2009) für die Formulierung der Fragen gefolgt:[438]

- Bezug zum Wer? Was? Wann? Wo? und Wie?
- Angeben, wie geantwortet werden soll
- Einfache und kurze Sätze
- Ausmaße, Häufigkeiten etc. durch Zahlen angeben lassen
- Nur eine Frage zu gleichen Zeit stellen

Die Gestaltung des gesamten Fragebogens erfolgt ebenfalls auf Grundlage der Empfehlungen der Literatur.[439] Hierzu gehört u.a., dass die Reihenfolge der Fragen so gewählt wurde, dass die Befragten keinen Sinnzusammenhang zwischen den Fragen herstellen können und sich somit die Fragen untereinander nicht beeinflussen (sog.

---

[436] Für die präzise Formulierung soll beispielsweise eine Frage wie „Haben Sie in letzter Zeit..?" vermieden werden und durch die Angabe eines Zeitraumes ersetzt werden, bspw. „Haben Sie in dem letzten Monat…?". Vgl. KUß/EISEND (2010), S. 74.

[437] Vgl. KUß/EISEND (2010), S. 73 f.

[438] Vgl. DILLMAN/SMYTH/CHRISTIAN (2009), S. 79 ff, SUDMAN/BLAIR (1998), S. 255 f.

[439] Vgl. PÖTSCHKE (2009) S. 85 f.; SCHNELL/HILL/ESSER (2008), S. 382 ff; THEOBALD (2007), S. 106 ff.; SCHONLAU/FRICKER/ELLIOTT (2002), S. 41 ff.; COUPER/TRAUGOTT/LAMIAS (2001), S. 241 ff.

Halo-Effekt[440]). Zudem wurden die folgenden Empfehlungen aus der Literatur für die Gestaltung eines Fragebogens berücksichtigt:[441]

- Einleitenden Text verwenden, der die Anonymität der Befragung deutlich kommuniziert
- Beginnen mit einer leicht zu beantwortenden und Interesse weckenden Frage
- Logische Reihenfolge der Fragen beachten
- Zusammenfassen von inhaltlich zusammengehörenden Fragen
- Beim Wechsel eines Themas Übergänge schaffen
- Soziodemographische Fragen am Ende des Fragebogens platzieren
- Nicht zu viele Filterfragen[442] stellen
- Implementierung einer neutralen „keine Angabe"-Option
- Fortschrittsanzeige verwenden
- Unterbrechung und spätere Fortsetzung des Fragebogens ermöglichen
- Nicht zu viele Fragen pro Seite bzw. das Scrallen im Fragebogen vermeiden

Vor der Erhebung der Daten wurde zunächst ein Pretest[443] durchgeführt. Ziel war es dabei die Verständlichkeit der Fragen und die Dauer der Befragung zu prüfen. Zunächst wurde der Fragebogen von Doktoranden der Universität Bremen und Mitarbeitern des kooperierenden Unternehmens überprüft. Hiernach wurden Modifikationen bei einigen Fragen vorgenommen. Diese zweite Phase des Pretests ergab keine Notwendigkeit für weitere Anpassungen. Die durchschnittliche Bearbeitungszeit des Fragebogens für die Automobilmarke lag zwischen 7 und 10 Minuten, für die Lebensmittelmarke zwischen 9 und 11 Minuten. Aufgrund der in der Literatur empfohlenen Obergrenze von 30 Minuten[444], kann diese Bearbeitungszeit als zumutbar angesehen werden.

---

[440] Unter dem Halo-Effekt wird verstanden, dass bspw. durch vorhergehende Fragen ausgelöste Gedanken oder Gefühle die Antwort der nächsten Frage beeinflussen können. Vgl. zum Halo-Effekt ausführlich SCHNELL/HILL/ESSER (2008), S. 347 ff.

[441] Vgl. PÖTSCHKE (2009), S. 85 f.; SCHNELL/HILL/ESSER (2008), S. 382 ff; THEOBALD (2007), S. 106 ff.; SCHONLAU/FRICKER/ELLIOTT (2002), S. 41 ff.; COUPER/TRAUGOTT/LAMIAS (2001), S. 241 ff; NOELLE-NEUMANN/PETERSEN (2000), S. 120 ff, SUDMAN/BLAIR (1998), S. 285 ff.

[442] Unter einer Filterfrage werden Fragen verstanden, die eine Teilmenge der Befragten für bestimmte Fragen im Fragebogen herausfiltern. Bei zu vielen Filterfragen besteht die Gefahr, dass Probanden diese nicht wahrheitsgemäß beantworten, um die Befragung zu verkürzen. Vgl. KUß/EISEND (2010), S. 110 f.

[443] Unter einem Pretest versteht man die Überprüfung des Fragebogens unter Bedingungen, die möglichst weitestgehend den Bedingungen der tatsächlichen Datenerhebung entsprechen. Üblich ist dabei eine Probandenanzahl zwischen 20 und 50 Personen. Vgl. KUß/EISEND (2010), S. 111.

[444] Vgl. BÖHLER (2004), S. 100.

Die Bearbeitungszeit wurde den Probanden der Online-Erhebung im Einleitungstext angegeben. Zudem wurde im Einleitungstext das Gewinnspiel angepriesen. Probanden, die an dieser Verlosung teilnehmen wollten, mussten am Ende der Befragung ihre Email-Adresse angeben. Da es sich hierbei um eine freiwillige Angabe handelt und diese Angabe erst am Ende des Fragebogens abgefragt wurde, muss nicht von einer negativen Beeinflussung des Antwortverhaltens aufgrund einer Einschränkung der Anonymität ausgegangen werden.[445]

1.2 Stichprobenauswahl und Datengenerierung der qualitativen Hauptuntersuchung

Auf Basis der qualitativen Vorstudie wurde das Forschungsmodell mittels einer quantitativen Hauptstudie analysiert. Hierzu war es notwendig Personen zu befragen, die sich aktiv mit einer spezifischen Marke in Social Media beschäftigen und auch über mindestens eine Plattform mit dieser Marke vernetzt[446] sind. So konnte sicher gestellt werden, dass diese Personen auch den brand generated content einer Marke wahrnehmen. Als geeignete Marken für diese Arbeit wurden wie bereits argumentiert eine Automobil- und eine Lebensmittelmarke gewählt.

Die Befragten wurden über verschiedene Social Media Kanäle rekrutiert. Zum einen wurde der Fragebogen auf der jeweiligen Facebook Fanpage der zwei kooperierenden Marken veröffentlicht. Zum anderen wurden verschiedene Foren genutzt. Um die Bereitschaft zur Beantwortung des Fragebogens positiv zu beeinflussen sind attraktive Gewinne verlost worden. Die Erhebung der empirischen Daten fand in der Zeit vom 30. Mai bis 14. Juni 2012 statt.

1.3 Datenprüfung und –aufbereitung

Der Fragebogen für die Automobilmarke wurde von insgesamt 1.482 Personen ausgefüllt und der Fragebogen bezogen auf die Lebensmittelmarke erreichte eine Anzahl von 808 Fragebögen. Somit ergibt sich eine Gesamtzahl von 2.290 Fällen. Um die Qualität des Datensatzes zu erhöhen, erfolgte eine mehrstufige Datenbereinigung.

Zunächst wurde der Datensatz auf so genannte „**Durchklicker**" untersucht. Es ist denkbar, dass Probanden die Befragung nicht sorgfältig ausgefüllt, sondern flüchtig

---

[445] Vgl. SCHNELL/HILL/ESSER (2008), S. 344.

[446] Z.B. Fan bei Facebook, Abonnent bei YouTube oder Follower bei Twitter.

beantwortet haben, um bspw. an der Verlosung teilnehmen zu können.[447] Als Indikator für einen solchen „Durchklicker" kann die Beantwortungszeit für einen vollständig ausgefüllten Fragebogen herangezogen werden. Da die markenspezifischen Fragebögen neben den forschungsrelevanten Fragen auch markenspezifische Fragen, welche im Interesse des jeweiligen kooperierenden Unternehmens standen, beinhalteten, war die Länge beider Fragebögen nicht identisch. Aus diesem Grund wurde der Schritt der Datenbereinigung für die markenspezifischen Datensätze getrennt vorgenommen.

Für den Fragebogen der Automobilmarke wurde eine durchschnittliche Bearbeitungszeit von 8,24 Minuten zugrunde gelegt. Es wurden alle beantwortete Fragebögen ausgeschlossen, bei denen die Befragten weniger als die Hälfte der durchschnittlichen Beantwortungszeit benötigt haben, da hierbei von einer nur flüchtigen Beantwortung der Fragen ausgegangen werden muss. Insgesamt wurden aus diesem Grund 203 Fälle eliminiert, so dass nach diesem Schritt 979 verwertbare Fragebögen verblieben sind. Aus dem Datensatz der Lebensmittelmarke mussten bei identischem Vorgehen (durchschnittliche Bearbeitungszeit 8,82 Minuten) 126 Fälle eliminiert werden, wonach 582 Fälle für die weitere Analyse verbleiben. Insgesamt stehen damit 1.561 Fälle für die weitere Analyse zur Verfügung.

Aufgrund des umfangreichen Forschungsmodells mussten zahlreiche verschiedene Themenbereiche in den Fragebogen integriert werden (bspw. zwei Varianten des BGC, brand-related UGC). Um dennoch die Qualität der empirischen Daten zu bewahren wurden verschiedene Filterungen im Fragebogen verwendet. Hat ein Proband bspw. angegeben, dass er nie die nutzergenerierten Inhalte zu der jeweiligen Marke wahrnimmt, wurde dieser nicht nach der Beurteilung dieser Inhalte befragt. Zur Berechnung des Gesamtmodells dieser Forschung mussten daher in einem weiteren Schritt zur Datenbereinigung die Fälle eliminiert werden, die **nicht alle relevanten Befragungsteilbereiche beantwortet haben**. Aus diesem Grund mussten weitere 541 Fälle eliminiert werden, wodurch 1.020 verwertbare Fälle verblieben sind.

In einem nächsten Schritt wurde der Datensatz auf fehlende Werte (sog. **Missing Values**) überprüft. Nach WIRTZ (2004) sollten weder Fälle noch Variablen einen Anteil an Missing Values von mehr als 30 Prozent aufweisen. Fälle oder Variablen, die diesen Wert überschreiten sollten eliminiert werden.[448] Da keine der Variablen einen Anteil an

---

[447] Vgl. PIEHLER (2011), S. 369.
[448] Vgl. WIRTZ (2004), S. 110 f.

fehlenden Werten von 15 Prozent überschreitet, war keine Elimination notwendig. Allerdings wurde der Wert von insgesamt sechs Fällen überschritten, weswegen diese eliminiert wurden. Somit verbleiben 1.014 Fälle.

Für den weiteren Umgang mit den bestehenden Missing Values stehen verschiedene Verfahren zur Verfügung.[449] Ein in der Marktforschungspraxis häufig zu beobachtendes Verfahren ist die beobachtungsweise Elimination. Dabei werden alle Fälle ausgeschlossen, bei denen mindestens eine Variable einen fehlenden Wert aufweist. Ein zentraler Nachteil dieses Verfahrens ist der unter Umständen erhebliche Daten- und Informationsverlust, welcher zudem zu einer Einschränkung der statistischen Qualität des Datensatzes führen kann.[450] Äquivalent zu diesem Verfahren bezieht sich die merkmalsweise Elimination auf die Variablen des Datensatzes. Auch hier werden alle Variablen, die fehlende Werte aufweisen, als dem Datensatz entfernt.[451] Da im vorliegenden Datensatz entsprechend dieser Methoden eine große Anzahl von Variablen und Fällen hätten eliminiert werden müssen, sollte dieses Verfahren nicht zur Anwendung kommen.

Stattdessen wurde in Anlehnung an SCHADE (2012) die Methode der Mittelwertergänzung verwendet. Hierbei werden die fehlenden Werte pro Variable durch den Mittelwert der jeweiligen Variable über alle Fälle ersetzt. Da der Anteil der fehlenden Werte im vorliegenden Datensatz gering ist, kann die Mittelwertersetzung pro Variable als geeignet angesehen werden.[452]

Zusammenfassend können insgesamt 1.014 Fälle für die Analyse verwendet werden. Dabei stammen 573 Fälle aus der Befragung zu der Automobilmarke und 441 Fälle aus der Befragung bezogen auf die Lebensmittelmarke. Die in der Literatur geforderte Mindeststichprobengröße von 120 Fällen wird sowohl in der Gesamtbetrachtung als auch in den markenspezifischen Betrachtungen für die Strukturgleichungsanalyse somit deutlich überschritten.[453]

Da die Zielgruppe von Social Media häufig als eher jung vermutet wird, wurde der Datensatz insbesondere hinsichtlich der Altersverteilung analysiert. Es zeigt sich eine

---

[449] Vgl. für eine Übersicht u.a. GÖTHLICH (2009), S. 123 ff; DECKER/WAGNER (2008), S. 63 ff; WIRTZ (2004), S. 109 ff.

[450] Vgl. GÖTHLICH (2009), S. 123; DECKER/WAGNER (2008), S. 63; WIRTZ (2004), S. 112 f.

[451] Vgl. DECKER/WAGNER (2008), S. 64.

[452] Vgl. BACKHAUS/BLECHSCHMIDT (2009), S. 283 ff; ROTH (1994), S. 540.

[453] Vgl. MÜLLER (2006), S. 266; GREFEN/STRAUB/BOUDREAU (2000), S. 9. Von CHIN/NEWSTEDT (1999) wird für den PLS-Ansatz eine Mindestgröße der Stichprobe von 30 Fällen empfohlen. Vgl. CHIN/NEWSTEDT (1999), S. 314.

eher ausgeglichene Altersverteilung dieser Befragung, welche einen Anteil der Befragten über 35 Jahre von ca. 30 Prozent umfasst (vgl. Abbildung 21).

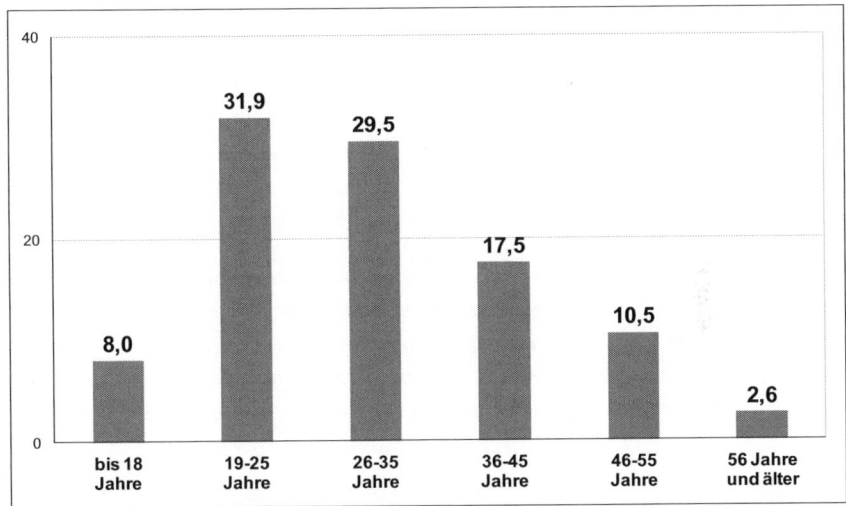

Abbildung 21: **Altersverteilung in der Befragung**
Quelle: Eigene Darstellung.

2 Methodologische Grundlagen zur Messung von theoretischen Konstrukten

2.1 Strukturgleichungsmodelle mit latenten Variablen

Mittels Strukturgleichungsmodellen können latente Variablen[454] abgebildet und angenommene Beziehungen zwischen diesen Konstrukten überprüft werden.[455] Innerhalb des Strukturgleichungsmodells werden abhängige Variablen (endogene Variablen) und unabhängige Variablen (exogene Variablen) unterschieden. Letztere stellen erklärende Größen dar, welche nicht selbst durch das Modell erklärt werden. Da sich latente Variablen nicht direkt beobachten oder messen lassen, müssen im Rahmen einer Operationalisierung beobachtbare Variablen (Indikatoren) entwickelt werden. Die dargestellte Beziehung zwischen der latenten Variable und der diese abbildenden Indikatoren wird als Messmodell bezeichnet. Ein Strukturmodell bildet hingegen die theoretisch hergeleiteten und vermuteten Beziehungen zwischen den latenten Variablen ab. Somit

---

[454] Latende Variablen stellen nicht beobachtbare Variablen dar und werden auch als theoretisches Konstrukt bezeichnet. Vgl. BACKHAUS ET AL. (2008), S. 15. Strukturmodelle mit latenten Variablen werden auch als Kausalmodelle bezeichnet. Vgl. BACKHAUS ET AL. (2008), S. 513.

[455] Vgl. HOMBURG/KLARMANN (2006), S. 782.

umfasst ein vollständiges Strukturgleichungsmodell mit latenten Variablen stets mehrere Messmodelle und das Strukturmodell.[456]

Messmodelle können entweder **reflektiv** oder **formativ** gestaltet werden.[457] In einem reflektiven Messmodell stellen die Indikatoren beobachtbare Ausprägungen des latenten Konstrukts dar. Reflektive Indikatoren sind als eine Auswahl aus einer Gesamtheit von möglichen Indikatoren zu interpretieren, wodurch diese im Wesentlichen austauschbar sind und eine Elimination einzelner Indikatoren nicht die Bedeutung des Konstrukts verändern würde. Zudem kann eine positive Korrelation zwischen ihnen festgestellt werden, da sie eine gemeinsame Ursache haben.

Formative Messmodelle enthalten Indikatoren, welche die latente Variable auslösen. Jeder Indikator deckt dabei ein definiertes Merkmal des Konstrukts ab. Folglich würde das Entfernen oder Austauschen von Indikatoren den Inhalt des Konstrukts verändern. Untereinander können die formativen Indikatoren unabhängig voneinander sein, müssen es aber nicht. Abbildung 22 stellt jeweils ein reflektives und formatives Messmodell dar.

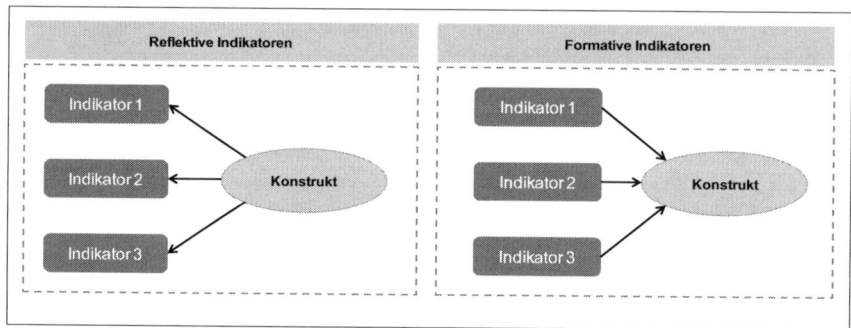

Abbildung 22:   **Reflektive und formative Indikatoren**
Quelle: Eigene Darstellung in enger Anlehnung an EDWARDS/BAGOZZI (2000), S. 161 f.

Für die Beantwortung der Frage, ob sich für eine latente Variable eher ein reflektives oder formatives Konstrukt eignet, kann sich auf eine Kernfrage beschränkt werden. Nach WEIBER/MÜHLHAUS (2010) und HERRMANN/HUBER/KRESSMANN (2006) ist die Frage entscheidend, ob die Veränderung des Konstrukts eine Veränderung der Indi-

---

[456] Vgl. BACKHAUS ET AL. (2008), S. 512 f.

[457] Vgl. hierzu und im Folgenden Vgl. KUß/EISEND (2010), S. 271; WEIBER (2010), S. 89 ff; BACKHAUS ET AL. (2008), S. 515; DEVELLIS (2005), S. 14; EGGERT/FASSOT (2003), S. 1 ff; DIAMANTOPOULOS/WINKLHOFER (2001), S. 269 ff; EDWARDS/BAGOZZI (2000), S. 156 ff; CHMIELEWICZ (1995), S. 305 ff.

katoren verursacht (reflektiv) oder andersherum (formativ). HERRMANN/HUBER /Kressmann konstatieren „[...] zur Entscheidung zwischen formativen und reflektiven Indikatoren genügt die Frage nach der kausalen Richtung zwischen Indikator und Konstrukt [...] zu beleuchten [...]"[458]. Mittels dieser Frage werden die Messmodelle der latenten Variablen gestaltet, wobei eine detaillierte Erläuterung der Operationalisierungen in Kapitel C 3.1 erfolgt.

Die Darstellung der Zusammenhänge in einem Strukturgleichungsmodell folgt bestimmten Regeln der Visualisierung. Latente exogene Variablen werden mit Ksi (ξ) und latente endogene Variablen mit Eta (η) dargestellt. Zudem werden die Indikatorvariablen der latenten exogenen Variablen mit x und die Indikatorvariablen der latenten endogenen Variable mit y bezeichnet. Die Beziehungen der einzelnen Variablen des Strukturgleichungsmodells werden durch Pfeile (Pfade) repräsentiert, wobei latente Variablen als Ellipse und Indikatoren als Rechtecke dargestellt werden. Die Pfadkoeffizienten zwischen endogenen und exogenen Variablen werden durch den Buchstaben Gamma (γ) und die Beziehungen zwischen endogenen Variablen durch den Buchstaben Beta (β) abgebildet. Der Buchstabe Zeta (ζ) stellt die nicht erklärte Varianz der endogenen Variablen dar und die Ladungen der Indikatoren auf das jeweilige Konstrukt werden durch den Ladungskoeffizienten Lambda (λ) dargestellt. Weiterhin werden Messfehler bei Indikatoren von exogenen Variablen als Delta (δ) und bei endogenen Variablen als Epsilon (ε) dargestellt (vgl. Abbildung 23).[459]

---

[458] HERRMANN/HUBER/KRESSMANN (2006), S. 47.

[459] Vgl. BACKHAUS ET AL. (2008), S. 513 f.

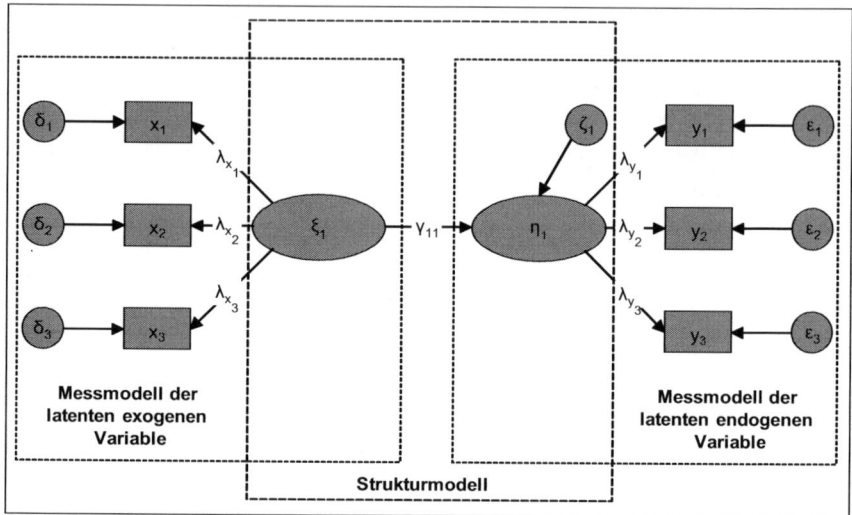

Abbildung 23:   **Pfaddiagramm eines einfachen Strukturgleichungsmodells**
Quelle: Vgl. PIEHLER (2011), S. 391.

2.2 Analyse des Strukturgleichungsmodells

Für die Analyse eines Strukturgleichungsmodells stehen grundsätzlich zwei Verfahren zur Auswahl. Kovarianzbasierte Verfahren empfehlen sich, wenn das Ziel der Forschung darin besteht, für theoretische Hypothesen möglichst genaue Schätzer für eine Grundgesamtheit zu berechnen.[460] Dabei eignen sich die kovarianzbasierten Verfahren jedoch nur bedingt für die Analyse von Strukturgleichungsmodellen mit formativen Messmodellen[461] und setzen eine Normalverteilung der empirischen Daten voraus, was in der empirischen Forschung nur selten der Fall ist.[462] Besteht das Ziel der Forschung in der Erklärung des Strukturmodells, d. h. in der Prognose der endogenen Variablen, eigenen sich varianzbasierte Analyseverfahren. Diese Verfahren haben weiterhin den Vorteil, dass sie neben reflektiven auch formative Messmodelle analysieren können und nicht die Normalverteilung der Daten voraussetzen.[463] Zudem sind

---

[460] Vgl. HUBER ET AL. (2007), S. 13 f.

[461] Vgl. GÖTZ/LIEHER-GOBBERS (2004), S. 701.

[462] Vgl. HUBER ET AL. (2007), S. 10.

[463] Vgl. CHIN (1998), S. 295.

die Anforderungen der varianzbasierten Analyseverfahren an die Größe der Stichprobe geringer.[464] Die Forschung nennt als Richtwert für die Anforderung an die Stichprobengröße für eine varianzbasierte Analyse den Faktor 10, d. h. die Stichprobe sollte zehnmal so viele Fälle wie in dem Strukturgleichungsmodell enthaltende exogene Variablen umfassen.[465]

Zentrales Ziel dieser Arbeit ist die Erfassung des Einflusses verschiedener Social Media Stimuli auf das Markenimage, die Kaufintention und das tatsächliche Kaufverhalten. Folglich stehen die zentralen Determinanten mehrerer Zielvariablen im Vordergrund der Untersuchung, weshalb das varianzbasierte Analyseverfahren als geeignet angesehen wird. Zudem spricht die Integration von formativen Messmodellen in das Forschungsmodell für die Verwendung des varianzbasierten Ansatzes. Wissenschaftliche Verbreitung hat der Partial-Least-Square (PLS-) Ansatz als varianzbasierte Analysemethode gefunden, weshalb dieser Ansatz auch in dieser Arbeit verwendet wird. Für die empirische Untersuchung wird das Softwareprogramm SmartPLS 2.0 verwendet, da dieses den neusten Stand der Software für PLS-Analysen darstellt.[466] Im Folgenden werden die Grundlagen der Strukturgleichungsanalyse mittels des PLS-Ansatzes erläutert.

2.2.1 Analyse von Strukturgleichungsmodellen mit dem Partial-Least-Squares (PLS)- Ansatz

2.2.1.1 Gütekriterien zur Beurteilung der Messmodelle

Bevor die Analyse der Kausalbeziehungen zwischen endogenen und exogenen Variablen erfolgen kann, muss zunächst sichergestellt werden, dass diese Variablen reliabel und valide gemessen werden.[467] **Reliabilität** (auch Verlässlichkeit) umfasst die Unabhängigkeit der Ergebnisse von einem spezifischen Messvorgang. Bei hoher Reliabilität müssen gleichartige Messvorgänge immer zu den gleichen (oder zumindest

---

[464] Vgl. HUBER ET AL. (2007), S. 2.

[465] Vgl. CHIN (1998), S. 311; CHIN/NEWSTEDT (1999), S. 326 ff, RINGLE ET AL. (2006), S. 81.

[466] Vgl. MALONEY (2007), S. 295.

[467] Vgl. HULLAND (1999), S. 198; CHIN/TODD (1995), S. 237.

sehr ähnlichen) Ergebnissen führen. Folglich gibt die Reliabilität an, inwiefern die Messung frei von zufälligen Fehlern ist.[468] **Validität** (auch Gültigkeit) bezeichnet die systematische Abweichung der Ergebnisse von der Realität. Ein Untersuchungsergebnis gilt als valide, wenn es den zu untersuchenden Sachverhalt tatsächlich abbildet.[469]

In der Literatur werden verschiedene Gütekriterien für die Überprüfung der Reliabilität und Validität genannt. Dabei ist der Unterschied zwischen formativen und reflektiven Messmodellen bei der Auswahl der Gütekriterien zu beachten.[470] Da das Forschungsmodell dieser Arbeit aus reflektiven und formativen Messmodellen besteht, wird im Folgenden auf die Gütekriterien beider Arten von Messmodellen eingegangen.

2.2.1.1.1 Gütekriterien für die Beurteilung reflektiver Messmodelle

Zur Überprüfung der Güte von reflektiven Messmodellen werden in der Forschung vier Gütekriterien herangezogen. Die **Inhaltsvalidität** gibt an, inwiefern die Indikatoren eines Messmodells inhaltlich-semantisch für die Erfassung des theoretischen Konstrukts geeignet sind.[471] Während dieses Kriterium von einigen Autoren als qualitativ deklariert wird[472], vertreten andere Autoren die Meinung, dass die Inhaltsvalidität auch quantitativ überprüft werden kann. GÖTZ/LIEHER-GOBBERS (2004) empfehlen für die quantitative Überprüfung der Inhaltsvalidität die **explorative Faktoranalyse**[473] (im Folgenden EFA). Dabei wird überprüft, ob die Indikatoren tatsächlich nur auf einen Faktor laden.[474] Zur Prüfung der Dimensionalität wird zumeist das Kaiser-Kriterium verwendet. Ist der erste Eigenwert (EW) größer eins und der zweite Eigenwert kleiner eins kann die Eindimensionalität als bestätigt angesehen werden.[475]

Es gilt zunächst zu überprüfen, ob die Datengrundlage für die explorative Faktoranalyse geeignet ist. Diese Überprüfung erfolgt in drei Schritten. Zunächst wird die **ANTI-**

---

[468] Vgl. HOMBURG/KROHMER (2006), S. 255.

[469] Vgl. KUß/EISEND (2010), S. 30 f.

[470] Vgl. GÖTZ/LIEHER-GOBBERS (2004), S. 715

[471] Vgl. HOMBURG/GIERING (1996), S. 7.

[472] Vgl. WEIBER (2010), S. 128.

[473] Die explorative Faktoranalyse wird im Rahmen dieser Arbeit mit der Extraktionsmethode als Hauptachsenanalyse durchgeführt. Begründet wird dies damit, dass die Hauptachsenanalyse versucht Zusammenhänge zwischen Indikatoren ursächlich zu erklären und auf einen Faktor zurückzuführen. Vgl. HAIR/BABIN/ANDERSON (2010), S. 108; WEIBER (2010), S. 107. Zudem wird die explorative Faktoranalyse rotiert, wodurch die Ergebnisinterpretation erleichtert wird. Hierzu wird die Rotationsmethode Promax gewählt, da es sich dabei um die am häufigsten verwendete Rotationsmethode handelt, wenn Korrelationen zwischen den zu extrahierenden Faktoren vermutet werden. Vgl. WEIBER (2010), S. 107 f.

[474] Vgl. GÖTZ/LIEHER-GOBBERS (2004), S. 727.

[475] Vgl. BACKHAUS ET AL. (2008), S. 295.

IMAGE-KOVARIANZ-MATRIX herangezogen. Während die diagonalen Elemente dieser Matrix den Teil der Varianz abbilden, der durch die Variablen erklärt werden kann (Image), stellen die nicht-diagonalen Elemente den Teil der Varianz dar, der von den übrigen Variablen in der Faktorenanalyse unabhängig ist (Anti-Image). Folglich sollen die Werte der nicht-diagonalen Elemente möglichst nahe Null liegen. Als Richtwert wird hier ein Anteil von maximal 25 % der nicht-diagonalen Elemente, die größer sind als 0,09, zugelassen, damit die Datengrundlage noch als geeignet für eine explorative Faktoranalyse gilt. [476]

Das KAISER-MEYER-OLKIN-KRITERIUM (auch als MSA-Kriterium bezeichnet) wird als weitere Prüfgröße herangezogen. Dieses zeigt an, in welchem Umfang die Ausgangs-variablen in Beziehung stehen. Dieses Kriterium soll zum einen auf die Gesamtbeur-teilung der Korrelationsmatrix bezogen werden, zum anderen können die einzelnen Indikatoren innerhalb der Korrelationsmatrix beurteilt werden. Als Richtwert wird für beide Anwendungsfelder des Kriteriums eine Mindestanforderung von 0,5 genannt.[477] Tabelle 2 stellt die Prüfung der Eignung zu explorativen Faktoranalyse zusammenfas-send dar. Die folgenden Analysen der Konstrukte mittels einer EFA sind als vorher auf diese Voraussetzungen geprüft zu verstehen.

Gütekriterium	Anforderung	
Anti-Image-Kovarianz-Matrix	Anteil der nicht-diagonalen Elemente, die größer sind als 0,09 ≤ 25 %	
Kaiser-Meyer-Olkin-Kriterium	≥ 0,5 als Mindestanforderung	
	0,50 – 0,59	schlecht
a) Gesamtbeurteilung der Korre-lationsmatrix	0,60 – 0,69	mäßig
	0,70 – 0,79	mittelprächtig
b) Einzelbeurteilung der Items in der Korrelationsmatrix	0,80 – 0,89	recht gut
	≥ 0,9	fabelhaft

Tabelle 2: **Voraussetzungen zur Durchführung einer explorativen Faktoranalyse**
Quelle: Eigene Darstellung.

Als weiteres Gütekriterium der reflektiven Messmodelle gibt die **Indikatorreliabilität** an, inwieweit die Varianz eines Indikators durch das zugrunde liegende latente Kon-strukt erklärt wird.[478] In der Literatur besteht die Forderung, dass mindestens 50 Pro-zent der Varianz eines Indikators durch das latente Konstrukt erklärt werden können.

---

[476] Vgl. BACKHAUS ET AL. (2008), S. 335 f.

[477] Vgl. BACKHAUS ET AL. (2008), S. 336 f; PETT/LACKEY/SULLIVAN (2003), S. 79.

[478] Vgl. WEIBER (2010), S. 122; GÖTZ/LIEHER-GOBBERS (2004), S. 727.

Besteht eine Ladung der latenten Variable auf die zugehörigen Indikatoren von größer 0,7, ist diese Forderung als erfüllt anzusehen.[479] Es können aber auch geringere Ladungen der Indikatoren auf das Konstrukt akzeptiert werden. Bei Ladungen unter 0,4 sollten die entsprechenden Indikatoren aus dem Messmodell ausgeschlossen werden.[480]

Die Faktorladungen der Indikatoren sollten zudem auf deren **Signifikanz** überprüft werden.[481] Im Rahmen des PLS-Ansatz erfolgt dies mit dem Resampling-Verfahren des Bootstrapping.[482] Das Signifikanzniveau sollte i.d.R. bei 5 Prozent liegen, was zu der Forderung eines t-Wertes von mindestens 1,960 führt.[483]

Während sich die Inhaltsvalidität und Indikatorreliabilität auf die Indikatoren beziehen, zielen die Konstruktreliabilität und Diskriminanzvalidität auf die Güte des Konstrukts ab. Die **Konstruktreliabilität** prüft, inwiefern das Konstrukt durch die zugehörigen Indikatoren gemessen wird.[484] Weisen die Indikatoren untereinander eine starke Beziehung auf, kann davon ausgegangen werden, dass diese das gleiche Konstrukt messen. Als Maßstab wird hierzu die Interne Konsistenz (IK) herangezogen.[485] Fällt der Wert der Internen Konsistenz unter 0,7 müssen die Indikatoren eliminiert werden, die nur eine geringe Beziehung mit den übrigen Indikatoren zeigen.[486]

Als weiteres Gütekriterium wird die **Diskriminanzvalidität** herangezogen. Ähnlich zu der Internen Konsistenz gibt die Diskriminanzvalidität den Anteil der durch das Konstrukt erklärten Indikatorvarianz an. Als Kriterium wird meist das Fornell-Larcker-Kriterium verwendet.[487] Hiernach muss die durchschnittlich erfasste Varianz (DEV) einer latenten Variable größer sein, als die höchste quadrierte Korrelation der latenten Variable mit allen weiteren Konstrukten in dem Modell.[488] Tabelle 3 stellt die Kriterien zur

---

[479] Vgl. RINGLE/SPREEN (2007), S. 212; HERRMANN/HUBER/KRESSMANN (2006), S. 56; GÖTZ/LIEHER-GOBBERS (2004), S. 727.

[480] Vgl. HULLAND (1999), S. 198.

[481] Vgl. WEIBER (2010), S. 256; HERRMANN/HUBER/KRESSMANN (2006), S. 56.

[482] Vgl. KRAFFT/GÖTZ/LIEHER-GOBBERS (2005), S. 83.

[483] Vgl. HOMBURG/GIERING (1998), S. 125.

[484] Vgl. HOMBURG/GIERING (1996), S. 10.

[485] Vgl. HOMBURG/GIERING (1998), S. 125. Die Interne Konsistenz wird auch als Faktorreliabilität oder Konvergenzvalidität bezeichnet. Vgl. KRAFFT/GÖTZ/LIEHER-GOBBERS (2005), S. 74.

[486] Vgl. FASSOT/EGGERT (2005), S. 33; RINGLE (2004), S. 20.

[487] Vgl. GÖTZ/LIEHER-GOBBERS (2004), S. 728.

[488] Vgl. JAHN (2007), S. 22; FORNELL/LARCKER (1981), S. 45 ff.

Beurteilung der Güte der Messmodelle inklusive der Anforderungen zusammenfassend dar.

Gütekriterium	Charakteristik	Anforderung
Inhaltsvalidität	Prüfung der inhaltlich-semantischen Erfassung des theoretischen Konstrukts (Kaiser-Kriterium)	Bestätigung der Eindimensionalität durch explorative Faktoranalyse: $EW_1 > 1 > EW_2$
Indikatorreliabilität	Prüfung des Erklärungsgrads der Varianz eines Indikators durch das theoretische Konstrukt	Faktorladung des Indikators von mindestens 0,4 Erwünschte Faktorladung des Indikators von > 0,7 Signifikanz der Ladungen der latenten Variable auf die Indikatoren von mindestens t-Wert > 1,960 (Signifikanzniveau von 5 %)
Konstruktreliabilität	Prüfung der Abbildung des theoretischen Konstrukts durch die Indikatoren (Interne Konsistenz)	Interne Konsistenz > 0,7
Diskriminanzvalidität	Prüfung des Erklärungsgrads der Indikatorvarianz durch das theoretische Konstrukt (Fornell-Larcker-Kriterium)	DEV > maximale Korr^2

Tabelle 3:   **Kriterien zur Beurteilung der Güte reflektiver Messmodelle**
Quelle: Eigene Darstellung in enger Anlehnung an KRAFFT/GÖTZ/LIEHER-GOBBERS (2005), S. 75.

2.2.1.1.2 Gütekriterien für die Beurteilung formativer Messmodelle

Für die Beurteilung der Güte formativer Messmodell ist eine grundsätzlich andere Vorgehensweise zu wählen, als bei reflektiven Messmodellen.[489] Bei der Überprüfung der **Inhaltsvalidität** steht die theoretische Fundierung der Konstrukte im Vordergrund. Bestehen keine erprobten Skalen in der Literatur wird empfohlen auf Expertenmeinungen zurückzugreifen.[490]

Weiterhin soll die **Indikatorvalidität** zur Güteprüfung herangezogen werden. Im Fall von formativen Messmodellen wird die Gewichtung der einzelnen Indikatoren auf das ihnen theoretisch zugeordnete Konstrukt analysiert. Gewichte mit einem Wert nahe 1 bzw. -1 stellen eine hohe Gewichtung dar und bedeuten somit eine starke Beziehung

---

[489] Vgl. WEIBER (2010), S. 205; GÖTZ/LIEHER-GOBBERS (2004), S. 728; JARVIS/MACKENZIE/PODSAKOFF (2003).

[490] Vgl. SCHLEGL (2010), S. 65.

zwischen dem Indikator und dem Konstrukt. Die Gewichtungen sollten einen Mindestwert von 0,1 nicht unterschreiten.[491] Neben den Gewichten muss auch die Signifikanz
betrachtet werden. Hierbei gelten die gleichen Vorschriften, wie bei der Güteprüfung
reflektiver Messmodelle.[492]

Da bei formativen Messmodellen eine multiple Regression durchgeführt wird, darf
keine **Multikollinearität** vorliegen.[493] Für die Prüfung auf Multikollinearität kann der
Varianzinflationsfaktor (VIF) herangezogen werden. Entspricht der VIF dem Wert 1
kann von einer vollkommenen linearen Unabhängigkeit ausgegangen werden. Werte
von über 10 deuten eine Kollinearität an.[494]

Die nomologische Validität dient der Überprüfung der **Gültigkeit der Konstruktmes-
sung**.[495] Hierzu wird das formative Konstrukt in dem Strukturmodell betrachtet. Werden die theoretisch angenommenen Stärken, Richtungen und Signifikanzen des Zusammenhangs vom formativen Konstrukt mit weiteren latenten Variablen festgestellt,
ist die nomologische Validität gegeben. Dabei sollen die Pfadkoeffizienten möglichst
nahe 1 bzw. -1 liegen, da dies einen starken Zusammenhang darstellt.[496] Da es sich
bei den in dieser Arbeit zu untersuchenden Zusammenhängen zwischen formativen
Konstrukten und weiteren latenten Variablen um einen gänzlich neuen Bereich in der
Wissenschaft handelt, kann auf keine empirischen Befunde bezüglich der angenommenen Wirkrichtungen zurückgegriffen werden.[497] Es wird sich daher auf die theoretische Basis und die Meinungen aus den Experteninterviews gestützt.

Weiterhin soll zur Überprüfung der **Diskriminanzvalidität** die Korrelationsmatrix der
latenten Variablen herangezogen werden. Die Diskriminanzvalidität ist gegeben, wenn
die Korrelationen kleiner sind als 0,9.[498] Tabelle 4 stellt die in dieser Arbeit verwendeten Gütemaße für formative Konstrukte zusammenfassend dar.

---

[491] Vgl. SCHLEGL (2010), S. 64; SCHLODERER/RINGLE/SARSTEDT (2009), S. 582. LOHMÖLLER (1989), S.
60f.

[492] Vgl. ebenda.

[493] Vgl. DIAMANTOPOULOS/WINKELHOFER (2001), 272.

[494] Vgl. BROSIUS (2011), S. 583; WEIBER (2010), S. 207; DIAMANTOPOULOS/WINKLHOFER (2001), S. 272.

[495] Vgl. SCHLEGL (2010), S. 65; KRAFFT/GÖTZ/LIEHER-GOBBERS (2005), S. 82.

[496] Vgl. SCHLEGL (2010), S. 65.

[497] JAHN (2007) fordert, dass die angenommenen Beziehungen nicht nur theoretisch postuliert werden,
sondern bereits empirisch überprüft wurden. Vgl. JAHN (2007), S. 23.

[498] Vgl. MAEDING (2009), S. 9; HUBER ET AL. (2007), S. 38.

Gütekriterium	Charakteristik	Anforderung
Indikatorvalidität	Prüfung der Relevanz der Indikatoren für das Konstrukt	Gewichte > 0,1 t-Wert > 1,96 (5% Irrtumswahrscheinlichkeit)
Multikollinearität	Prüfung auf lineare Abhängigkeit zwischen den Indikatoren	VIF < 10
Nomologische Validität	Prüfung der Gültigkeit der Konstruktmessung	Übereinstimmung zwischen angenommener und tatsächlicher Richtung des Zusammenhangs Pfadkoeffizient nahe 1 bzw. -1 t-Wert > 1,96 (5% Irrtumswahrscheinlichkeit)
Diskriminanzvalidität	Prüfung des Erklärungsgrads der Indikatorvarianz durch das theoretische Konstrukt	Korrelationen < 0,9

Tabelle 4:   **Kriterien zur Beurteilung der Güte formativer Messmodelle**
Quelle: Eigene Darstellung in Anlehnung an WEIBER (2010), S. 210.

Bei formativen Konstrukten sollte die Eliminierung von Indikatoren der Prämisse von sachlogischen Überlegungen folgen. Das bedeutet, dass Indikatoren auch dann in dem Modell enthalten bleiben können, wenn dies aufgrund der statistischen Ergebnisse nicht sinnvoll erscheint. Wird jedoch bei Indikatoren keine Signifikanz und eine hohe Korrelation mit anderen Indikatoren festgestellt, wird eine Eliminierung empfohlen.[499]

2.2.1.2 Gütekriterien zur Beurteilung des Strukturmodells

Nachdem im ersten Schritt die Güte der Messmodelle geprüft wurde, erfolgt im zweiten Schritt die Evaluierung des Strukturmodells. Ziel ist es durch Überprüfung der Richtung, Stärke, Signifikanz und Einflussgröße der Zusammenhänge von exogenen und endogenen Variablen die zuvor aus der Theorie abgeleiteten Hypothesen zu überprüfen.

Zunächst wird hierzu das **Bestimmtheitsmaß R^2** herangezogen. Dieses gibt den Anteil der erklärten Varianz an der gesamten Varianz einer endogenen Variable an und misst somit die Anpassung der Regressionsfunktion an die empirisch generierten Daten.[500] Die Werte des Bestimmtheitsmaßes R^2 können zwischen Null und Eins liegen.

---

[499] Vgl. FUCHS (2011), S. 29.
[500] Vgl. CHIN/NEWSTEDT (1999), S. 316.

Je höher der Wert ist, desto höher ist der Anteil der erklärten Varianz an der Gesamtvarianz der endogenen Variable.[501] Nach CHIN (1998) sind Werte des R^2 ab 0,19 als schwach, ab 0,33 als durchschnittlich und ab 0,67 als substanziell zu bezeichnen.[502] Andere Autoren legen die Grenzwerte deutlich niedriger an. SCHLODERER/RINGLE/SARSTEDT (2009) konstatieren, dass die Werte des R^2 niedriger ausfallen können, wenn bei dem Forschungsmodell eine Vielzahl von potentiellen Einflussfaktoren absichtlich oder unabsichtlich unberücksichtigt geblieben sind.[503] Sollen in einer Forschung die prinzipiellen Zusammenhänge zwischen exogenen und endogenen Variablen festgestellt werden, sind nach NITZL (2010) auch kleiner Werte für das R^2 zu akzeptieren.[504]

Weiterhin wird das Strukturmodell hinsichtlich der **Pfadkoeffizienten** mit ihren Vorzeichen, Höhe und Signifikanz betrachtet.[505] Da die Pfadkoeffizienten im letzten Schritt des Partial-Least-Squares-Ansatzes mittels einer multiplen Regression berechnet werden, können diese als β-Schätzer einer gewöhnlichen multiplen Regression angesehen werden:[506]

$$y = X \cdot \beta + \epsilon$$

Standardisiert können die Werte der Pfadkoeffizienten zwischen -1 und 1 liegen, wobei das Vorzeichen die Richtung des Einflusses angibt. Je näher der Wert bei -1 bzw. 1 liegt, desto stärker ist der Einfluss der Variable.[507] Kann ein Pfadkoeffizient als signifikant bestätigt werden und entspricht die Richtung der Hypothese, kann diese als bestätigt angenommen werden.[508]

Als Verfahren zur Überprüfung der statistischen **Signifikanz** eines Pfadkoeffizienten wird bei dem Partial-Least-Squares-Ansatz das **Bootstrapping-Verfahren** verwendet. Der Einsatz des Bootstrapping-Verfahrens ist notwendig, weil dem PLS-Verfahren keine Verteilungsannahmen zugrunde liegen und somit keine parametrischen Signifikanztests eingesetzt werden können. Im Rahmen des Bootstrapping-Verfahrens werden aus der vorhandenen Stichprobe mit n Beobachtungen k Sub-Stichproben kreiert,

---

[501] Vgl. BACKHAUS ET AL. (2008), S. 66.

[502] Vgl. CHIN (1998), S. 316.

[503] Vgl. SCHLODERER/RINGLE/SARSTEDT (2009), S. 594.

[504] Vgl. NITZL (2010), S. 33 f.

[505] Vgl. ebenda, S. 316 ff.

[506] Vgl. HENSELER (2006), S. 114.

[507] Vgl. RINGLE/SPREEN (2007), S. 214.

[508] Vgl. KRAFFT/GÖTZ/LIEHER-GOBBERS (2005), S. 83 f; GÖTZ/LIEHER-GOBBERS (2004), S. 730.

indem für jede Sub-Stichprobe unter der Prozedur „Ziehen mit Zurücklegen" n Be-obachtungen aus der originalen Stichprobe gezogen werden. HAIR ET AL. (2013) und HENSELER/RINGLE/SINKOVICS (2009) empfehlen eine Anzahl von 5000 Sub-Stichproben für das Bootstrapping-Verfahren.[509] Für alle Substichproben lassen sich die Erwar-tungswerte sämtlicher Modellparameter bilden.

Über die durch das Bootstrapping ermittelte empirische Verteilung der geschätzten Modellparameter kann mittels eines t-Tests deren Signifikanz ermittelt werden.[510] Die-ser Signifikanztest erfolgt als:

$$t = \frac{w_1}{se^*(w_1)}$$

Dabei ist t der empirische t-Wert, w_1 der Originalwert des Pfadkoeffizienten und $se^*(w_1)$ der Standardfehler, welcher sich aus den Bootstrapping-Werten von w_1 berechnen lässt. Die empirische Verteilung der Bootstrapping-Werte kann als angemessene An-näherung an die Verteilung des Pfadkoeffizienten in der Grundgesamtheit gesehen werden und dessen Standardabweichung gilt als angemessene Schätzung an den Standardfehler in der Grundgesamtheit.[511] Liegt der t-Wert mindestens auf dem gefor-derten Niveau von t= 1,96 (5%-Signifikanzniveau), kann der Pfadkoeffizient als signi-fikant von Null verschieden angenommen werden.[512]

Bei dem Bootstrapping-Verfahren muss berücksichtigt werden, dass die Vorzeichen der Ergebnisse für die latenten Variablen unbestimmt sind.[513] Dies kann in willkürlichen Vorzeichenwechseln der Bootstrapping-Werte der Pfadkoeffizienten resultieren. Der-artige Vorzeichenwechsel lassen den Mittelwert der Bootstrapping-Werte gegen Null laufen und führend somit zu einem hohen Standardfehler, wodurch schlussendlich der t-Wert der Signifikanzprüfung verringert wird. Zum Umgang mit diesem Problem ste-hen bei dem Bootstrapping-Verfahren drei Optionen zur Verfügung: no sign changes, individual-level sign changes und construct-level sign changes.[514]

---

[509] Vgl. HAIR ET AL. (2013), S. 132; HENSELER/RINGLE/SINKOVICS (2009), S. 305.

[510] Vgl. HAIR ET AL. (2013), S. 130 ff; HENSELER (2006), S. 115; KRAFFT/GÖTZ/LIEHER-GOBBERS (2005), S. 83.

[511] „The bootstrap distribution can be viewed as a reasonable approximation of an estimated coeffi-cient´s distribution in the population, and its standard deviation can be used as proxy for the param-eter´s standard error in the population." Vgl. HAIR ET AL. (2013), S. 134.

[512] Vgl. HAIR ET AL. (2013), S. 134.

[513] Vgl. WOLD (1985).

[514] Vgl. HAIR ET AL. (2013), S. 135 ff.

Im Rahmen der ersten Option wird die eventuelle Verringerung des t-Wertes durch die Vorzeichenwechsel in den Bootstrap-Werten akzeptiert, wodurch dies als die konservativste Option verstanden werden kann. Bei der Option individual-level sign changes werden die Vorzeichen der Bootstrapping-Werte mit dem des Originalwerts abgeglichen und entsprechend des Vorzeichens des originalen Wertes angepasst. Die dritte Option, construct-level sign changes, vergleicht die Vorzeichen einer festgelegten Gruppe von Werten pro Sub-Stichprobe im Bootstrapping-Verfahren mit den entsprechenden Werten der originalen Stichprobe. Weicht die Mehrheit der in der Gruppe enthaltenen Vorzeichen in der spezifischen Sub-Stichprobe von denen aus der originalen Stichprobe ab, werden alle Vorzeichen in der Sub-Stichprobe angepasst. Da diese Optionen eine Rangfolge hinsichtlich der Konservativität ihres t-Wertes ergeben, schlagen HAIR ET AL. (2013) den in Abbildung 24 dargestellten Entscheidungsbaum für die Auswahl der Optionen des Bootstrapping-Verfahrens vor.[515] Nach dieser Entscheidungslogik wird in der vorliegenden Arbeit das Bootstrapping-Verfahren durchgeführt.

---

[515] Vgl. HAIR ET AL. (2013), S. 135 ff.

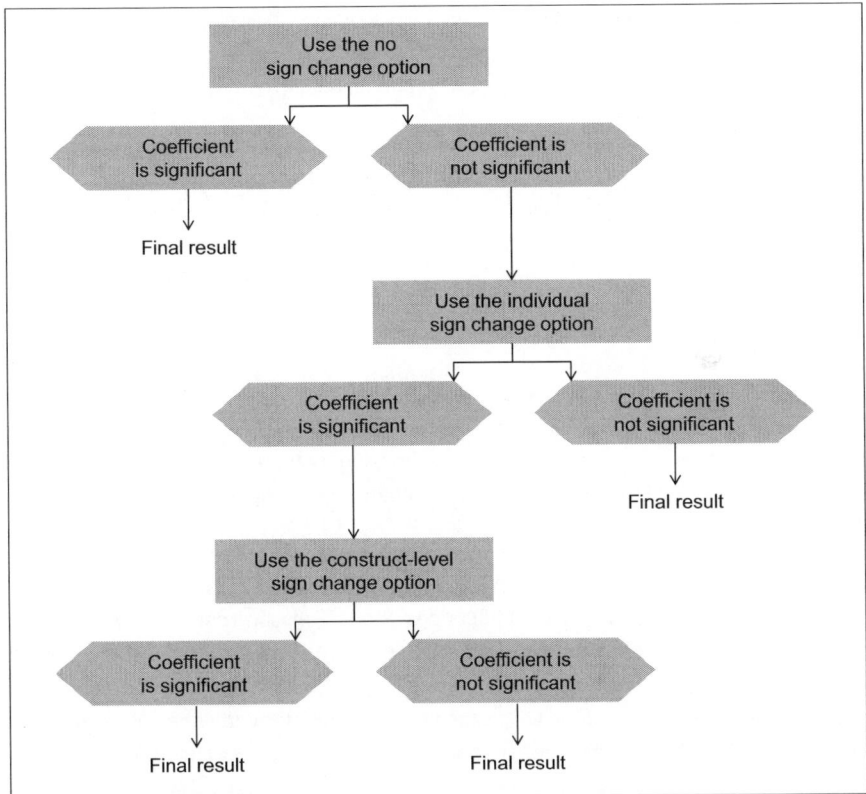

Abbildung 24:   **Vorgehen zur Auswahl der Bootstrap Sign Change Option**
Quelle: Vgl. HAIR ET AL. (2013), S. 137.

Neben der Analyse der Signifikanz eines Pfadkoeffizienten anhand des wie oben dargestellt berechneten t-Wertes wird zusätzlich die Berechnung eines **Konfidenzintervalls** empfohlen.[516] Das Konfidenzintervall gibt die Spanne an, in welcher der wahre
Populationsparameter mit einer vorgegebenen Wahrscheinlichkeit (i.d.R. 95%) fällt. Im
Rahmen des PLS-Verfahrens werden hierzu erneut die Bootstrapping-Werte herangezogen und das Konfidenzintervall mit der folgenden Formel berechnet:

$$w_1 \pm z_{1-\alpha/2} \cdot se_{w_1}^*$$

---

[516] Vgl. HAIR ET AL. (2013), S. 136.

Dabei entspricht $z_{1-\alpha/2}$ der Fehlerwahrscheinlichkeit von 5%, welche bei Annahme von Standardnormalverteilung einem Wert von 1,96 entspricht. Der Pfadkoeffizient wird als signifikant angesehen, wenn das Konfidenzintervall nicht den Wert Null enthält.[517]

Die **Effektgröße** f² gibt den substantiellen Einfluss einer exogenen Variable auf die endogene Variable an. Sie stellt somit den Erklärungsbeitrag der exogenen Variable dar.[518] Berechnet wird die Effektgröße durch Betrachtung der Veränderung des Bestimmtheitsmaßes der endogenen Variable bei Einschluss bzw. Ausschluss der zu prüfenden unabhängigen latenten Variable:

$$f^2 = \frac{R^2_{inkl} - R^2_{exkl}}{1 - R^2_{inkl}}$$

Werte des f² von 0,02 geben einen geringen, 0,15 einen mittleren und 0,35 einen großen Einfluss der endogenen Variable an.[519] Es ist jedoch zu beachten, dass eine geringe Effektgröße nicht gleichbedeutend mit einem unwichtigen Effekt der exogenen Variable ist.[520]

Abschließend erfolgt die Beurteilung der Güte des Strukturmodells mit der Bestimmung der **Prognoserelevanz Q²**. Mittels des Stone-Geisser-Tests wird geprüft, wie gut eine Rekonstruktion der empirischen Daten mit dem Modell möglich ist. Hierzu wird der Datensatz bei Auslassung eines Teils der Daten immer wieder neu berechnet bis jeder Teil der Rohdaten einmal ausgelassen und mittels der verbleibenden Daten geschätzt wurde.[521] Ist der Wert der Prognoserelevanz größer als Null, kann diese als ausreichend betrachtet werden. Werte kleiner als Null bedeuten, dass die Rohdaten durch das Modell nicht besser vorhergesagt werden können als durch die einfache Schätzung mittels Mittelwerten.[522] Tabelle 5 fasst die Gütekriterien zur Beurteilung des Strukturmodells und deren Anforderungen zusammen.

---

[517] Vgl. HAIR ET AL. (2013), S. 136.

[518] Vgl. WEIBER (2010), S. 257; GÖTZ/LIEHER-GOBBERS (2004), S. 730; CHIN (1998), S. 316.

[519] Vgl. RINGLE (2004), S. 15 f; CHIN (1998), S. 317.

[520] Vgl. EGGERT/FASSOT/HELM (2005), S. 110.

[521] Vgl. WEIBER (2010), S. 258; CHIN (1998), S. 317.

[522] Vgl. HERRMANN/HUBER/KRESSMANN (2006), S. 58; KRAFFT/GÖTZ/LIEHER-GOBBERS (2005), S. 85.

Gütekriterium	Charakteristik	Anforderung
Bestimmtheitsmaß	Prüfung der erklärten Varianz der endogenen Variablen	$0,19 \leq R^2 < 0,33$: schwach $0,33 \leq R^2 < 0,67$: durchschnittlich $0,67 \leq R^2$: substanziell
Pfadkoeffizienten	Prüfung des Einflusses exogener auf endogene Variablen	Übereinstimmung des Vorzeichens mit der Untersuchungshypothese t-Wert > 1,960 (Signifikanzniveau von 5%) Konfidenzintervall umschließt nicht den Wert Null
Effektgröße	Prüfung des substanziellen Einflusses der exogenen Variablen auf die endogene Variable	$0,02 \leq f^2 < 0,15$: schwacher Einfluss $0,15 \leq f^2 < 0,35$: mittlerer Einfluss $0,35 \leq f^2$: starker Einfluss
Prognoserelevanz	Prüfung der Anpassung des Modells an die empirischen Daten	$Q^2 > 0$

Tabelle 5: **Kriterien zur Beurteilung der Güte des Strukturmodells**
Quelle: Eigene Darstellung in Anlehnung an KRAFFT/GÖTZ/LIEHER-GOBBERS (2005), S. 85.

2.3 Vergleich von Wirkungsstärken im Strukturgleichungsmodell

Die Mehrheit der in dieser Arbeit analysierten Untersuchungshypothesen befasst sich mit dem Vergleich von Wirkungsstärken zweier Kausalzusammenhänge.[523] Dies gilt beispielsweise bei der Hypothese H 1a, in welcher die Stärken der Wirkung von BGC mit leistungsbezogenen Attributen und von BGC mit nicht-leistungsbezogenen Attributen auf den funktionalen Markennutzen verglichen werden.

Zur statistischen Überprüfung des Vergleichs von Wirkungsstärken wird dem Vorgehen nach HENSELER (2006) gefolgt. Demnach wird zunächst die Differenz zwischen den mittels dem Partial-Least-Squares (PLS-) Ansatz ermittelten Pfadkoeffizienten (β^1; β^2) gebildet[524]:

$$\Delta = \beta^1 - \beta^2$$

---

[523] Dies betrifft die Hypothesen H1a, H1b, H2a, H2c, H4a, H4b, H4c, H5a, H5b, H6b, H8a, H8b und H8c.

[524] Vgl. HENSELER (2006), S. 156.

Diese ermittelte Differenz Δ der zwei Pfadkoeffizienten zeigt, wie stark sich die Wirk-beziehungen unterscheiden.[525] Es gilt jedoch noch zu prüfen, ob die gefundene Differenz signifikant von Null verschieden ist. Hierzu werden entsprechend der Vorgehens-weise von HENSELER (2006) die aus dem Bootstrapping gewonnenen Parameter $(\beta_i^1; \beta_i^2)$ verwendet. Es sind die jeweiligen Differenzen je Paarvergleich mit der folgenden Formel zu berechnen:

$$\Delta_i = \beta_i^1 - \beta_i^2$$

Da es sich durch die Differenzbildung nun um ein Einstichprobenproblem handelt, kann zur Signifikanzprüfung der Differenz der bereits in Kapitel C 2.2.1.2 dargestellte t-Test verwendet werden:[526]

$$t = \frac{w_1}{se^*(w_1)}$$

Übertragen auf die Fragestellung, ob die Differenz zweier Pfadkoeffizienten signifikant ist, sei

$$w_1 = \beta^1 - \beta^2$$

und

$$se^*(w_1) = se^*(\beta_i^1 - \beta_i^2)$$

Damit ergibt sich die Formel für den t-Test der Differenz zweier Pfadkoeffizienten zu:

$$t = \frac{\beta^1 - \beta^2}{se^*(\beta_i^1 - \beta_i^2)}$$

Im Rahmen des PLS-Verfahrens kann die Differenz zweier Pfadkoeffizienten nicht konstruiert werden, weshalb das Programm Microsoft Excel zur Hilfe genommen wird. Die mittels des PLS-Verfahrens berechneten Bootstrapping-Werte der Pfadkoeffizien-ten werden dabei aus dem PLS-Programm extrahiert und in das Programm Microsoft Excel eingefügt. Über eine einfache Subtraktion kann die paarweise Differenz der Bootstrapping-Werte berechnet werden. Zur Berechnung des Standardfehlers se* der Grundgesamtheit wird entsprechend der Ausführungen nach HAIR ET AL. (2013) und

---

[525] Vgl. HENSELER (2006), S. 156.

[526] Vgl. HENSELER (2006), S. 156; Kapitel C 2.2.1.2.

HENSELER (2006) die Standardabweichung der konstruierten Differenzen ($\Delta_i = \beta_i^1 - \beta_i^2$) in Excel berechnet.[527]

In Anlehnung an die Überprüfung der Signifikanz eines Pfadkoeffizienten wird unter Verwendung der oben beschriebenen Parameter zusätzlich das Konfidenzintervall der Differenz der Pfadkoeffizienten berechnet.[528]

2.4 Modellierung und Analyse von Konstrukten zweiter Ordnung bei der PLS-Strukturgleichungsmodellierung

Neben den Konstrukten der ersten Ordnung spielen auch Konstrukte der zweiten oder höheren Ordnung eine wichtige Rolle in der Wissenschaft.[529] In der vorliegenden Forschung bezieht sich das Interesse auf die Konstrukte des Werbegefallens von BGC mit bzw. ohne leistungsbezogene Attribute und das sich daraus errechenbare Konstrukt zweiter Ordnung, das Werbegefallen des BGC insgesamt. Da sich einige Hypothesen auf den BGC insgesamt – ohne Differenzierung in die Art des BGC – beziehen, ist ein Konstrukt zweiter Ordnung notwendig.

Zur Modellierung des Konstrukts zweiter Ordnung wird die von WOLD (1982) entwickelte „Hierarchical Component Method" verwendet. Dabei werden die einzelnen Dimensionen reflektiv mittels den ihnen zugeordneten Indikatoren gemessen. Das Konstrukt zweiter Ordnung wird anschließend unter Zusammenfassung der Indikatoren der einzelnen Dimensionen ermittelt, wobei eine reflektive Messung stattfindet. Zudem werden die Dimensionen als latente Variablen mit dem Konstrukt zweiter Ordnung im Sinne eines Strukturmodells verbunden.[530] Abbildung 25 stellt die Zusammenhänge dar.

---

[527] Vgl. HAIR ET AL. (2013), S. 134 und 228; HENSELER (2006), S. 115.

[528] Vgl. Kapitel C 2.2.1.2.

[529] Vgl. HOMBURG/GIERING (1996), S. 113.

[530] Vgl. WOLD (1982), S. 40 ff.

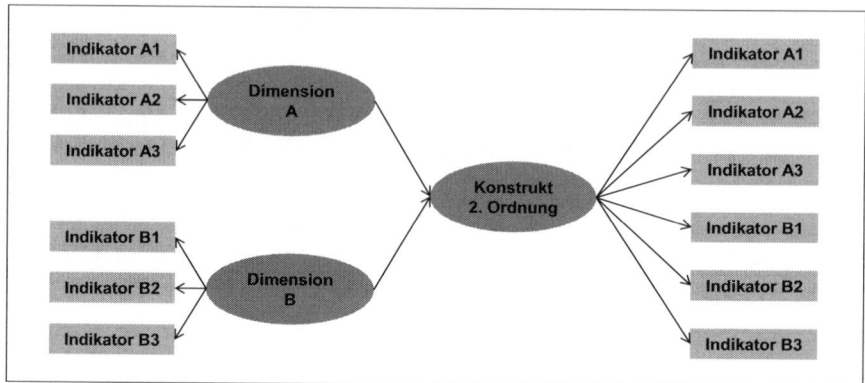

Abbildung 25:   „**Hierarchical Component Method" zur Modellierung von Konstrukten zweiter Ordnung im Rahmen der PLS-Analyse**

Quelle: Eigene Darstellung in Anlehnung an WOLD (1982), S. 41.

Da das Konstrukt zweiter Ordnung in dieser Konstellation formativ durch die Dimensionen gemessen wird, orientieren sich auch die Gütekriterien an denen für formative Konstrukte. Zunächst ist demnach die **Experten- bzw. Inhaltsvalidität** zu beurteilen.[531] Anschließend sind die **Pfadkoeffizienten** zwischen den Dimensionen und dem Konstrukt zweiter Ordnung sowie deren **Signifikanz** zu analysieren, um die Indikatorrelevanz zu überprüfen. Hierbei sollten die Pfadkoeffizienten mindestens den Wert 0,1 annehmen und signifikant sein.[532]

Weiterhin sollte das Vorliegen von **Multikollinearität** überprüft werden. Hierzu wird analog wie in Kapitel C 2.2.1.1.2 dargestellt auf den VIF-Wert zurückgegriffen. Dabei werden die Werte der Dimensionen als Indikatorwerte interpretiert. Die **nomologische Validität** kann im Fall von Konstrukten zweiter Ordnung über die Prüfung des Zusammenhangs mit anderen latenten Variablen, welche aufgrund theoretischer Überlegungen und empirischer Befunde mit dem Konstrukt verbunden sein sollten. Wird der Zusammenhang bezüglich der Richtung, Stärke und Signifikanz bestätigt, kann von nomologischer Validität ausgegangen werden.[533]

Abschließend ist das **Stone-Geisser-Kriterium Q²** als Gütekriterium der Prognoserelevanz heranzuziehen. Äquivalent zu den Ausführung in Kapitel C 2.2.1.2 gilt auch hier

---

[531] Vgl. Kapitel C 2.2.1.1.2.

[532] Vgl. LOHMÖLLER (1989), S. 60 f.

[533] Vgl. KRAFFT/GÖTZ/LIEHER-GOBBERS (2005), S. 82; GÖTZ/LIEHER-GOBBERS (2004), S. 730; DIAMANTOPOULOS/WINKLHOFER (2001), S. 273.

die Forderung von $Q^2 > 0$. Tabelle 6 stellt die Gütekriterien für die Konstrukte zweiter Ordnung zusammenfassend dar.

Gütekriterium	Charakteristik	Anforderung
Indikatorrelevanz	Prüfung der Relevanz der Indikatoren für das Konstrukt	Gewichte > 0,1 t-Wert > 1,96 (5% Irrtumswahrscheinlichkeit)
Multikollinearität	Prüfung auf lineare Abhängigkeit zwischen den Indikatoren	VIF < 10
Nomologische Validität	Prüfung der Gültigkeit der Konstruktmessung	Übereinstimmung zwischen angenommener und tatsächlicher Richtung des Zusammenhangs Pfadkoeffizient nahe 1 bzw. -1 t-Wert > 1,96 (5% Irrtumswahrscheinlichkeit)
Prognoserelevanz	Prüfung der Anpassung des Modells an die empirischen Daten	$Q^2 > 0$

Tabelle 6: **Kriterien zur Beurteilung der Güte von Konstrukten zweiter Ordnung**
Quelle: Eigene Darstellung in Anlehnung an RIEMENSSCHNEIDER (2006), S. 266 ff.

2.5 Modellierung und Analyse moderierender Effekte bei der PLS-Strukturgleichungsmodellierung

Neben direkten Kausalzusammenhängen werden in dem Forschungsmodell auch moderierende Effekte vermutet. Im Vergleich zu den kovarianzbasierten Verfahren eignet sich der PLS-Ansatz besonders gut für die Überprüfung von moderierenden Effekten, da keine strengen Nachweise für die Verteilung und Unkorreliertheit vor-ausgesetzt werden.[534]

Generell bestehen zwei Ansätze zur Überprüfung der moderierenden Effekte. Zum einen können **Interaktionseffekte** berechnet werden. Die Analyse von Interaktionseffekten mit PLS basiert auf dem von CHIN/MARCOLIN/NEWSTED (2003) entwickelten Product-Indicator-Approach.[535] Dabei ergibt sich der Interaktionsterm aus dem Kreuzprodukt der Indikatoren der exogenen Variablen und der Moderatorvariable. Ist der Pfad

---

[534] CHIN/MARCOLIN/NEWSTEDT (2003), 193. Dabei ist die Modellierung von Moderatoreffekten jedoch auf sachlogischer Überlegung zu basieren, da Scheinbeziehungen von PLS nicht aufgedeckt werden. Vgl. SCHLODERER/BALDERJAHN/PAULSSEN (2006), S. 641 ff.

[535] Vgl. CHIN/MARCOLIN/NEWSTEDT (2003), S. 189 ff.

von dem Interaktionsterm zur endogenen Variable signifikant, kann von einem Moderatoreffekt gesprochen werden.[536] Zur Ermittlung der Stärke des Moderatoreffekts wird die Effektstärke f^2 herangezogen. Hierzu wird das Bestimmtheitsmaß R^2 der endogenen Variable bei Einbezug und bei Ausschluss der Interaktionsvariable verglichen.[537]

Trotz der recht leicht umzusetzenden Berechnung von Interaktionseffekten mit dem PLS-Verfahren bringt diese Methode auch Nachteile mit sich. CARTE/RUSSEL (2003) führen an, dass die Interpretation der Pfadkoeffizienten von dem Interaktionsterm zur abhängigen Variable bei intervallskalierten Variablen unzulässig und durch Multikollinearität beeinflusst ist.[538] Von HUBER ET AL. (2006) wird die Möglichkeit von verzerrten Parameterschätzungen kritisiert.[539]

Eine weitere Möglichkeit zur Analyse von moderierenden Effekten mit dem PLS-Verfahren ist ein **Gruppenvergleich**.[540] Dieser wird u.a. dann empfohlen, wenn ein Moderatoreffekt einer Variable auf mehrere Beziehungen vermutet wird.[541] Die für den Vergleich definierten Gruppen werden als Datengrundlage für die Berechnung der Teilmodelle definiert. Anschließend werden die Pfadkoeffizienten der Teilmodelle verglichen. Unterscheiden sich die Pfadkoeffizienten in beiden Teilmodellen hinsichtlich ihrer Höhe, wird zur Feststellung eines Moderatoreffekts ein Signifikanztest durchgeführt.[542] Aufgrund der aufgezeigten Kritik an dem Vorgehen mit Interaktionseffekten wird in dieser Arbeit zur Ermittlung von moderierenden Effekten der Gruppenvergleich verwendet.

Ein weit verbreiteter Ansatz zur Durchführung eines Signifikanztests im Rahmen von PLS-basieren Gruppenvergleichen wurde von KEIL ET AL. (2000) und CHIN (2000) hervorgebracht. Dieser Ansatz basiert auf dem Standardfehler der Schätzer aus dem Bootstrapping-Verfahren, welches mittels PLS durchgeführt wird.[543] Auf Basis der Bootstrapping-Werte wird die folgende Formel berechnet:

---

[536] Vgl. SCHLODERER/RINGLE/SARSTEDT (2009), S. 594.

[537] Vgl. SCHLODERER/RINGLE/SARSTEDT (2009), S: 595; CHIN/MARCOLIN/NEWSTEDT (2003), S. 189 ff.

[538] Vgl. CARTE/RUSSEL (2003), S. 482 ff.

[539] Vgl. HUBER/HEITMANN/HERRMANN (2006), S. 701.

[540] Vgl. BRAUNSTEIN (2001), S. 238.

[541] Vgl. HUBER ET AL. (2007), S. 51.

[542] Vgl. HUBER ET AL. (2007), S. 118 ff.

[543] Vgl. HENSELER (2012), S. 496.

$$t = \frac{\theta^{(1)} - \theta^{(2)}}{\sqrt{\frac{(n^{(1)} - 1)^2}{n^{(1)} + n^{(2)} - 2} * se_{\theta^{(1)}} + \frac{(n^{(2)} - 1)^2}{n^{(1)} + n^{(2)} - 2} * se_{\theta^{(2)}}} * \sqrt{\frac{1}{n^{(1)}} + \frac{1}{n^{(2)}}}}$$

Dabei bezeichnen θ(1) und θ(2) die Pfadkoeffizienten, n(1) und n(2) die Stichproben-größe und se(1) und se(2) den Standardfehler des jeweiligen Teilmodells.[544]

Die aufgezeigte Berechnung der Signifikanz eines Gruppenunterschiedes erfordert eine annähernd normalverteilte Datengrundlage in dem Ergebnis des Bootstrapping. Dies passt nicht zu dem eigentlichen Grundgedanken des PLS-Verfahrens, welches unabhängig von Annahmen über die Verteilung der Daten ist.[545] Aus diesem Grund wurde von HENSELER (2007) ein neuartiges Vorgehen für die Berechnung der Signifi-kanz von Differenzen im PLS-Gruppenvergleich entwickelt, welcher im Folgenden vor-gestellt wird.[546]

Anstatt wie zuvor auf die Verteilungsannahmen zurückzugreifen, betrachtet der neue Ansatz nach HENSELER (2007) die beobachtbare Verteilung der Daten des Bootstrap-ping-Verfahrens. Ziel ist es, auf dieser Grundlage die Wahrscheinlichkeit einer Diffe-renz in den Pfadkoeffizienten der zu vergleichenden Gruppen zu berechnen. Zur Fest-stellung der Signifikanz dieser Differenz wird die folgende Wahrscheinlichkeit gesucht:

$$P(\beta^1 \leq \beta^2 \,|\, \tilde{\beta}^1, \tilde{\beta}^2, CDF(\beta^1), CDF(\beta^2))$$

Dabei ist CDF (β^x) die Verteilungsfunktion, welche die Wahrscheinlichkeit angibt, mit der die Zufallsvariable einen Wert größer oder kleiner als ein festzulegender Prüfwert annimmt. Da der arithmetische Mittelwert der Bootstrapping-Werte einer Gruppe von dem Pfadkoeffizienten dieser Gruppe abweicht, werden die Bootstrapping-Werte zu-dem zentriert:

$$\widetilde{\beta_J}^{(g)\bar{*}} = \widetilde{\beta_J}^{(g)*} - \frac{1}{J} \sum_{i=1}^{J} \widetilde{\beta_J}^{(g)*} + \tilde{\beta}^{(g)} \,.$$

Dabei gibt J die Anzahl der im Bootstrapping berechneten Sub-Stichproben an und $\widetilde{\beta_J}^{(g)*}$ (j $\in$ {1,..., J} stellt die Bootstrapping-Werte dar. Die Wahrscheinlichkeit kann dann durch die folgende Formel berechnet werden:

---

[544] Vgl. HENSELER (2012), S. 496.

[545] Vgl. HAIR ET AL. (2013), S. 248; HENSELER (2012), S. 497.

[546] Vgl. im Folgenden HENSELER (2012); SARSTEDT/HENSELER/RINGLE (2011); HENSELER/RINGLE/SINKO-VICS (2009).

$$P\left(\tilde{\beta}^{(1)} \leq \tilde{\beta}^{(2)} \,\middle|\, \tilde{\beta}^{(1)}, \tilde{\beta}^{(2)}, CDF\left(\beta^{(1)}\right), CDF\left(\beta^{(2)}\right)\right) = P\left(\beta_i^{(1)\mp} \leq \beta_i^{(2)\mp}\right)$$

Unter Berücksichtigung der Heaviside step function H(x), welche definiert ist als:

$$H = \frac{1 + sgn(x)}{2}$$

transformiert sich die Formel zur Berechnung der Wahrscheinlichkeit eines Gruppen-unterschiedes zu:

$$P\left(\tilde{\beta}^{(1)} \leq \tilde{\beta}^{(2)} \,\middle|\, \tilde{\beta}^{(1)}, \tilde{\beta}^{(2)}, CDF\left(\beta^{(1)}\right), CDF\left(\beta^{(2)}\right)\right) = \frac{1}{J^2} \sum_{i=1}^{J} \sum_{j=1}^{J} H\left(\tilde{\beta}_j^{(2)\mp} \leq \tilde{\beta}_j^{(1)\mp}\right)$$

Unter Verwendung dieser Funktion wird in dem neuen Ansatz zur Signifikanzberech-nung der Differenz zweier Gruppen somit jeder zentrierte Wert aus dem Bootstrapping der zweiten Gruppe mit jedem zentrierten Bootstrapping-Wert aus der ersten Gruppe verglichen. Aus der Berechnung der Anzahl von positiven Differenzen dividiert durch die Anzahl aller stattgefundenen Vergleiche ergibt sich die Wahrscheinlichkeit, dass der Pfadkoeffizient der zweiten Gruppe auch in der Grundgesamtheit größer ist, als der Pfadkoeffizient der ersten Gruppe.[547]

Der Modertoreffekt wird bei einer Wahrscheinlichkeit von p > 0,95 oder $p < 0,05$ als signifikant angesehen. Da die Wahrscheinlichkeit dafür berechnet wird, dass der Pfad-koeffizient der zweiten Gruppe höher ist, als der der ersten Gruppe, ist bei p > 0,95 der Pfadkoeffizient der zweiten Gruppe signifikant höher und bei p < 0,05 der Pfadkoeffi-zient der ersten Gruppe signifikant höher.[548] Die Grenzen für die Signifikanzprüfung können nach HAIR ET AL. (2013) auch bei p > 0,90 oder $p < 0,10$ gesetzt werden.[549] Aufgrund der beschriebenen Vorteile der nicht-parametrischen Signifikanzprüfung wird diese zur Analyse moderierender Effekte verwendet.

2.6 Modellierung und Analyse mediierender Effekte bei der PLS-Strukturglei-chungsmodellierung

Zur Analyse der mediierenden Effekte wird mit Hilfe von PLS zunächst ein Modell ohne die Mediatorvariable gerechnet. Anschließend wird die Mediatorvariable in das Modell eingeführt und dieses erneut berechnet. Eine Mediation liegt vor, wenn die indirekten

---

[547] Vgl. SARSTEDT/HENSELER/RINGLE (2011), S. 200 ff; HENSELER (2010), S. 498; HENSE-LER/RINGLE/SINKOVICS (2009) , S. 307 ff.

[548] Vgl. HAIR ET AL. (2013), S. 253.

[549] Vgl. HAIR ET AL. (2013), S. 254.

Pfade signifikant sind.[550] Von einer perfekten Mediation wird gesprochen, wenn der direkte Pfad zwischen den nicht-mediierenden Variablen nach Einsetzen des Mediators nicht mehr signifikant ist und es zu einer Abschwächung des Pfadkoeffizienten kommt.[551] Es ist jedoch üblich, dass der direkte Pfad trotz Einführen der Mediatorvariable nicht stark abnimmt und signifikant bleibt. In diesem Fall wird von partieller Mediation gesprochen.[552]

Zur Bestimmung des Signifikanzniveaus eines Mediatoreffekts wird häufig der z-Test nach SOBEL (1982) verwendet.[553] Der Wert wird entsprechend der folgenden Formel berechnet:

$$z = \frac{a * b}{\sqrt{b^2 * s(a)^2 + a^2 * s(b)^2}}$$

Während die Buchstaben a und b die Höhe der Pfadkoeffizienten bezeichnen, steht s für den jeweiligen Standardfehler. HAIR ET AL. (2013) kritisieren den Einsatz dieses Signifikanztests im Rahmen des PLS-Verfahrens, da entgegen der Ausrichtung des PLS-Verfahrens Verteilungsannahmen getroffen werden. Sie empfehlen daher, ein ähnliches Verfahren, wie es bereits in Kapitel C 2.3 zum Vergleich zweier Pfadkoeffizienten vorgestellt wurde. Demnach werden auch hier die 5000 Bootstrapping-Werte des Pfadkoeffizienten von der exogenen Variable zur Mediatorvariable (β^a) sowie des Pfadkoeffizienten von der Mediatorvariable zur endogenen Variable (β^b) aus dem PLS-Programm extrahiert und in das Programm Microsoft Excel eingefügt. Durch Multiplikation werden paarweise 5000 Produkte der Bootstrapping-Werte gebildet. Nach Berechnung der Standardabweichung dieser neu berechneten 5000 Werte kann der Signifikanztest durchgeführt werden. Im Fall der Mediatoranalyse folgt dieser der folgenden Formel[554]:

$$t = \frac{\beta^a \cdot \beta^b}{se^*(\beta_i^a \cdot \beta_i^b)}$$

Zur Analyse der Stärke des Mediatoreffektes kann weiterhin der VAF-Wert herangezogen werden. Dieser wird mit der folgenden Formel berechnet:

---

[550] BARON/KENNY (1986), S. 1176.

[551] Vgl. EGGERT/FASSOT/HELM (2005), S. 105.

[552] Vgl. NITZL (2010), S. 51.

[553] Vgl. SOBEL (1982), S. 298 f.

[554] Vgl. HAIR ET AL. (2013), S. 226.

$$VAF = \frac{a * b}{a * b + c}$$

Dabei stellen a und b die indirekten Pfade und c den direkten Pfad zwischen der exogenen und endogenen Variable dar. Liegt der VAF-Wert bei Null, liegt keine Mediation vor, bei einem VAF-Wert von 1 kann von einer perfekten Mediation gesprochen werden.[555] Richtwerte innerhalb dieser Spanne des VAF-Wertes existieren in der Literatur nicht.[556]

2.7 Analyse der Einflussgrößen auf endogene binäre Variablen mit der logistischen Regression

Ein Ziel der vorliegenden Arbeit ist die Betrachtung der Einflüsse der Social Media Stimuli nicht bei der Kaufintention abzuschließen, sondern einen Schritt weiter zu gehen und auch das tatsächliche Kaufverhalten in die Betrachtung einzubeziehen. In der Befragung konnte das tatsächliche Kaufverhalten nur binär abgefragt werden. D.h. die Probanden wurden mit den Antwortmöglichkeiten 0= nein und 1= ja befragt, ob sie bestimmte Tätigkeiten bereits ausgeführt haben.

Da binär kodierte abhängige Variablen nicht in ein Strukturgleichungsmodell integriert werden können, muss eine andere Auswertungsmethode gewählt werden. Hierzu eignet sich die logistische Regressionsanalyse.[557] Die unabhängigen Variablen können sowohl nominales als auch metrisches Skalenniveau aufweisen und für die abhängige Variable wird eine binäre Messung zugelassen.[558]

Im Gegensatz zur linearen Regressionsanalyse werden dabei die Wahrscheinlichkeiten für die Zugehörigkeit zu einer Gruppe berechnet.[559] In diesem Anwendungsfall bedeutet dies, dass die Wahrscheinlichkeiten für das Ausführen und Unterlassen der als tatsächliches Kaufverhalten festgelegten Handlungen berechnet werden. „Es wird der Zusammenhang zwischen der Veränderung der kontinuierlichen unabhängigen Variablen auf der einen Seite und der Wahrscheinlichkeit der Zugehörigkeit zu einer betrachteten Kategorie (der abhängigen Variablen) auf der anderen Seite ermittelt."[560].

---

[555] Vgl. SCHLODERER/RINGLE/SARSTEDT (2009), S. 592.

[556] Vgl. HUBER ET AL. (2007), S. 72.

[557] Vgl. BORTZ (2005), S. 463.

[558] Vgl. KOHLER/KREUTER (2008), S. 115. Da die abhängigen Variablen im vorliegenden Fall binär kodiert sind, handelt es sich um eine binär logistische Regression. Vgl. BACKHAUS ET AL. (2008), S. 245.

[559] Vgl. ebenda, S. 115.

[560] BACKHAUS ET AL. (2008), S. 245.

Vor der eigentlichen Analyse der Kausalzusammenhänge sind zunächst die Gütemaße der logistischen Regression zu prüfen. Zur Überprüfung der **Modellanpassung** wird zum einen der Likelihood-Quotienten-Test herangezogen. Hierbei wird ein sog. Nullmodell gegen das vollständige Modell gerechnet, wobei einzelne Regressionskoeffizienten auf Null gesetzt und mit dem vollständigen Modell verglichen werden. Ist der Likelihood-Quotienten-Test signifikant, kann die Nullhypothese, welche die fehlenden Effekte der Regressionskoeffizienten aussagt, abgelehnt und von einer guten Modellanpassung ausgegangen werden. Vergleichbar mit dem Bestimmtheitsmaß R^2 der linearen Regression sind die Pseudo-R-Quadrat-Statistiken, da diese den Anteil der erklärten Variation im logistischen Modell quantifizieren.[561] In der Literatur wird vor allem die **Nagelkerke-R^2-Statistik** empfohlen, da diese aufgrund des Maximalwertes 1 eine eindeutigere inhaltliche Interpretation ermöglicht. Dabei werden Werte ab 0,2 als akzeptabel, ab 0,4 als gut und ab 0,5 als sehr gut bezeichnet.[562] Das Nagelkerke-R^2 berechnet sich wie folgt:

$$Nagelkerke - R^2 \; = \; \frac{1 - \left[\frac{L(0)}{L(V)}\right]^{\frac{2}{K}}}{1 - (L(0))^{\frac{2}{K}}}$$

Dabei ist L (0) = Likelihood des Nullmodells, L (V) = Likelihood des vollständigen Modells und K = Stichprobenumfang.

Die **Gütebeurteilung auf Variablenebene** ist ebenfalls mit dem Likelihood-Quotienten-Test möglich. Hierzu wird ebenfalls das vollständige Modell mit den reduzierten Modellen verglichen. Ist der Test signifikant, kann die Nullhypothesen abgelehnt und somit von einem signifikanten Einfluss der Variable auf die Modellzusammenhänge ausgegangen werden. Die Wirkungsrichtung und –stärke wird durch den **Effekt-Koeffizienten** ausgeben. Hierbei wird die Veränderung des Chancenverhältnisses der Gruppenzuordnung zu der abhängigen Variable ausgegeben. Ist dieser kleiner Eins bedeutet dies, dass die Veränderung der unabhängigen Variable um eine Einheit dazu führt, dass sich die Zuordnungswahrscheinlichkeit zu der jeweiligen Gruppe reduziert. Bei Werten größer als Eins erhöht sich die Wahrscheinlichkeit der Gruppenzuordnung bei Erhöhung der Variablenausprägung um eine Einheit.[563] Tabelle 7 stellt die Kriterien

---

[561] Vgl. BACKHAUS ET AL. (2008), S. 269; GÖTZE/DEUTSCHMANN/LINK (2002), S. 371.

[562] Vgl. BACKHAUS ET AL. (2008), S. 270.

[563] Vgl. BACKHAUS ET AL. (2008), S. 285

zur Beurteilung der Güte und inhaltlichen Aussage der logistischen Regression zusammenfassend dar.

Gütekriterium	Charakteristik	Anforderung
Likelihood-Quotioneten-Test (Modell-Ebene)	Überprüfung der Trennkraft für die Unterscheidung der Gruppen durch das Modell	$p \leq 0,05$
Nagelkerkes-R^2	Anteil der Varianzerklärung der abhängigen Variable durch die unabhängige(n) Variable(n)	$\geq 0,2$: akzeptabel $\geq 0,4$: gut $\geq 0,5$: sehr gut
Likelihood-Quotioneten-Test (Variablen-Ebene)	Überprüfung des Einflusses der einzelnen Variablen auf die Modellzusammen-hänge	$p \leq 0,05$
Effekt-Koeffizienten	Prüfung der Wirkungsrichtung und -stärke	Inhaltliche Interpretation

Tabelle 7:   **Kriterien zur Beurteilung der Güte und inhaltlichen Aussage logistischer Regressionsmodelle**

Quelle: Eigene Darstellung in Anlehnung an BACKHAUS ET AL. (2008), S. 261 ff.

3   Ergebnisse der Untersuchung

3.1   Operationalisierung der latenten Variablen

Das Strukturmodell dieser Untersuchung enthält nicht direkt beobachtbare Konstrukte. Um diese latenten Variablen dennoch messen zu können, müssen Indikatoren entwickelt werden.[564] Diese Vorgehensweise wird als Operationalisierung bezeichnet. Die aus der Operationalisierung entstehenden Messmodelle sind in einem weiteren Schritt auf ihre Validität und Reliabilität zu überprüfen.[565]

Abbildung 26 stellt den Ablauf der Operationalisierung und Überprüfung latenter Variablen dar. Zunächst werden Indikatoren generiert, die die latente Variable abbilden.[566]

---

[564] Vgl. WEIBER (2010), S. 85.

[565] Vgl. HULLAND (1999), S. 198; CHIN/TODD (1995) S. 237.

[566] Vgl. WEIBER (2010), S. 87.

Im Idealfall kann auf theoretisch fundierte und empirisch validierte Indikatoren zurück-gegriffen werden.[567] Ist dies nicht der Fall, können Expertengespräche als Quellen für die Entwicklung von Indikatoren herangezogen werden.[568]

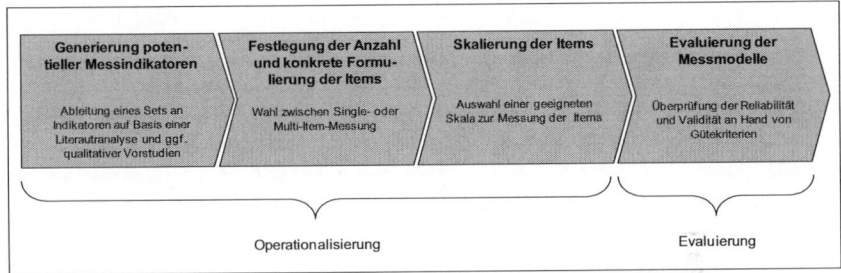

Abbildung 26:   **Vorgehensweise zur Operationalisierung und Überprüfung der latenten Vari-ablen**
Quelle: Vgl. SCHADE (2012), S. 113.

Im zweiten Schritt der Operationalisierung stellt sich die Frage, ob das Konstrukt über einen Indikator (Single-Item) oder mehrere Indikatoren (Multi-Item) gemessen werden soll.[569] Bei reflektiven Messmodellen sind beide Vorgehensweisen möglich[570], wobei die Multi-Item-Messung die weiteste Verbreitung erfahren hat.[571]

Vorteile der Multi-Item-Messung sind vor allem die Möglichkeit, Zufallsfehler durch Zu-sammenfassung der Items auszugleichen und die geringeren Anforderungen an die inhaltlichen Kenntnisse des Probanden.[572] Dennoch wird der Einsatz der Multi-Item-Messung auch in Frage gestellt. Gründe hierfür sind, dass die Beantwortung durch den Probanden monoton sein kann, was wiederum höhere Abbruchquoten begünstigt.[573] FUCHS/DIAMANTOPOULOS (2009) haben die folgenden Aspekte zur Entscheidungsfin-dung bei der Wahl zwischen Single- und Multi-Item-Messung entwickelt. Danach wird die Verwendung von Single-Item-Messung empfohlen, wenn:[574]

- Messung von einheitlich und eindeutig verstandenen Konstrukten
- Entstehung von Redundanzen bei Multi-Item-Messung

---

[567] Vgl. BLALOCK (1982), S. 87.

[568] Vgl. WEIBER (2010), S. 88.

[569] Vgl. WEIBER (2010), S. 91.

[570] Vgl. WEIBER (2010), S. 91 f.

[571] Vgl. DIECKMANN (2005), S. 201.

[572] Vgl. WEIBER (2010), S. 93f.

[573] Vgl. KUß/EISEND (2010), S. 87.

[574] Vgl. hier und im Folgenden Quelle aus: KUß/EISEND (2010), S. 88.

- Das zu untersuchende Konstrukt betrifft keinen Kernaspekt der Untersuchung
- Anwendung bei heterogenen und großen Stichproben

Da das Untersuchungsmodell dieser Arbeit eine große Anzahl von Variablen enthält, sollen zur Vermeidung hoher Abbruchquoten geeignete Konstrukte durch die Single-Item-Messung dargestellt werden.

Der dritte Schritt der Operationalisierung besteht in der Wahl geeigneter Messvorschriften, auch als Skalierung bezeichnet.[575] ROHRMANN (1978) konnte in einer Studie feststellen, dass eine fünfstufige Skala für die Befragung von nicht-akademischen Probanden am besten geeignet ist.[576] Daher wird in dieser Arbeit eine fünfstufige Skala verwendet. Zusätzlich wird den Empfehlungen von BEREKOVEN/ECKERT/ELLENRIEDER (2009) und BÜHNER (2006) gefolgt[577], indem eine optisch von der Skala getrennte Antwortkategorie „keine Angabe" aufgenommen wird. Der Großteil der in dieser Arbeit zu messenden Indikatoren werden mit einer Zustimmungsskala erhoben (vgl. Abbildung 27). Daneben ist die Häufigkeit eine entscheidende Einflussvariable auf die Wirkung der Interaktion in Social Media. Aus diesem Grund wurden die spezifischen Fragen mittels einer Häufigkeitsskala befragt (vgl. Abbildung 28).

Stimme gar nicht zu	Stimme wenig zu	Stimme teilweise zu	Stimme überwiegend zu	Stimme vollkommen zu	k.A.
1	2	3	4	5	-99
☐	☐	☐	☐	☐	☐

Abbildung 27:   **Antwortskala bezogen auf die Zustimmung**
Quelle: Eigene Darstellung

Nie	Selten	Gelegentlich	Oft	Sehr oft	k.A.
1	2	3	4	5	-99
☐	☐	☐	☐	☐	☐

Abbildung 28:   **Antwortskala bezogen auf die Häufigkeit**
Quelle: Eigene Darstellung

Anhand dieser dreistufigen Vorgehensweise der Operationalisierung werden im Folgenden die latenten Variablen des Untersuchungsmodells operationalisiert.

---

[575] Vgl. WEIBER (2010), S. 91 f.

[576] Häufig wird eine Nummerierung der Stufen von -2 bis +2 verwendet. ROHRMANN (1978) empfiehlt aber aus psychometrischen Gründen die Abstufung von 1 bis 5. Vgl. ROHRMANN (1978), S. 230.

[577] Vgl. BEREKOVEN/ECKERT/ELLENRIEDER (2009), S. 70; BÜHNER (2006), S. 56.

3.1.1 Operationalisierung und Prüfung der Verhaltensvariablen

3.1.1.1 Operationalisierung und Prüfung des tatsächlichen Kaufverhaltens

Das **tatsächliche Kaufverhalten** bezieht sich im Rahmen dieser Arbeit auf zwei konkrete Marken, welche aus unterschiedlichen Branchen stammen. Aus diesem Grund wurde das tatsächliche Kaufverhalten branchen- bzw. markenspezifisch auf Grundlage von Expertengesprächen operationalisiert. Für das tatsächliche Kaufverhalten in der Automobilbranche ergaben sich sechs Indikatoren, das tatsächliche Kaufverhalten in der Lebensmittelbranche wird durch drei Indikatoren operationalisiert.

Bei beiden Operationalisierungen wurde darauf geachtet, dass nicht nur der Besitzwechsel aus juristischer Perspektive als tatsächliches Kaufverhalten verstanden wird, sondern auch Handlungen, die in direktem Zusammenhang mit dem Kauf stehen. Hierdurch soll der tatsächliche Kauf i.S. eines Kaufprozesses abgebildet werden. Dies wurde als sinnvoll angesehen, da diese Vorstufen des tatsächlichen Kaufaktes bereits als tatsächliche dem Kauf dienliche Handlung angesehen werden können und damit über die reine Kaufintention hinausgehen. Als Vorstufen des tatsächlichen Autokaufs haben die Experten aus der Automobilbranche das Einholen eines Angebots, Verkaufsgespräch mit einem Händler, Probefahrt, Einholen einer Broschüre zu dem jeweiligen Automodell und die Nutzung des sog. „Car Configurators", einem Online-Tool zur Zusammenstellung der optischen und technischen Eigenschaften eines Automobils, genannt. Aus der internen Erfahrung heraus wird diesen Tätigkeiten eine hohe Wahrscheinlichkeit für den anschließenden tatsächlichen Kauf eines Automobils zugesprochen.

Die Experten aus der Lebensmittelbranche sehen die aktive Suche nach einem Produkt im Geschäft und den Vergleich zweier Produkte als Vorstufen des tatsächlichen Kaufs an. An beide Tätigkeiten wird eine hohe Wahrscheinlichkeit für den tatsächlichen Kauf des Lebensmittelproduktes gekoppelt. Die Tabelle 8 und Tabelle 9 stellen die branchenspezifischen Indikatoren des tatsächlichen Kaufverhaltens dar.

Label	Indikator	Quelle
KV_A_1	Ich habe bereits ein Angebot für ein Auto der Marke [Marke] eingeholt.	Expertengespräche
KV_A_2	Ich habe bereits ein Verkaufsgespräch bei einem Händler der Marke [Marke] geführt.	Expertengespräche
KV_A_3	Ich habe bereits eine Probefahrt mit einem Auto der Marke [Marke] gemacht.	Expertengespräche
KV_A_4	Ich habe bereits eine Broschüre über ein Auto der Marke [Marke] eingeholt.	Expertengespräche
KV_A_5	Ich habe bereits den „Car Configurator" auf der Webseite der Marke [Marke] genutzt.	Expertengespräche
KV_A_6	Ich habe bereits ein Auto der Marke [Marke] gekauft.	Expertengespräche

Tabelle 8:   **Indikatoren zur Messung des tatsächlichen Kaufverhaltens in der Automobilindustrie**

Quelle: Eigene Darstellung.

Label	Indikator	Quelle
KV_L_1	Ich habe bereits aktiv im Geschäft nach einem Produkt/ Produkten der Marke [Marke] gesucht.	Expertengespräche
KV_L_2	Ich habe bereits ein Produkt/ Produkte der Marke [Marke] im Geschäft mit vergleichbaren Produkten verglichen.	Expertengespräche
KV_L_3	Ich habe bereits ein Produkt/ Produkte der Marke [Marke] gekauft.	Expertengespräche

Tabelle 9:   **Indikatoren zur Messung des tatsächlichen Kaufverhaltens in der Lebensmittelindustrie**

Quelle: Eigene Darstellung.

Zur Sicherstellung der Ergebnisqualität soll zunächst mittels einer explorativen Faktoranalyse die Dimensionalität dieser Variablen geprüft werden, wodurch die inhaltlichsemantisch korrekte Interpretation der Ergebnisse sichergestellt wird. Das Ergebnis der EFA für das tatsächliche Kaufverhalten in der Automobilindustrie zeigt entgegen der Erwartung eine Zwei-Faktoren-Lösung (vgl. Tabelle 10).

Faktor	Anfängliche Eigenwerte			Summen von quadrierten Faktorladungen für Extraktion			Rotierte Summe
	Gesamt	% der Varianz	Kumulierte %	Gesamt	% der Varianz	Kumulierte %	Gesamt
1	2,474	41,241	41,241	1,971	32,846	32,846	1,942
2	1,228	20,467	61,708	0,572	9,537	42,382	0,905
3	0,797	13,283	74,992				
4	0,566	9,425	84,417				
5	0,510	8,501	92,918				
6	0,425	7,082	100,000				

Tabelle 10:   Erklärte Gesamtvarianz der gemeinsamen EFA des tatsächlichen Kaufverhaltens in der Automobilindustrie

Quelle: Eigene Darstellung.

Bei Betrachtung der Ladungen wird deutlich, dass das Einholen einer Produktbroschüre und das Nutzen des Konfigurators einen eigenen Faktor bilden (vgl. Tabelle 11).

	Faktor	
	1	2
KV_A_1	**0,610**	0,214
KV_A_2	**0,686**	0,132
KV_A_3	**0,690**	-0,064
KV_A_4	-0,002	**0,657**
KV_A_5	-0,072	**0,359**
KV_A_6	**0,745**	-0,247

Tabelle 11:   Mustermatrix der gemeinsamen EFA des tatsächlichen Kaufverhaltens in der Automobilindustrie

Quelle: Eigene Darstellung.

Aufgrund der Ladungen in der Zwei-Faktoren-Lösung der EFA kann angenommen werden, dass das Einholen einer Produktbroschüre und das Nutzen des Konfigurators nicht zum Kaufprozess gehören, sondern im Gegensatz zu den übrigen Indikatoren von einem tatsächlichen Kauf weiter entfernt liegen. Nach Ausschluss der zwei Indikatoren wird die Unidimensionalität bestätigt (EW_1= 2,384, EW_2= 0,666). Für das tatsächliche Kaufverhalten in der Lebensmittelindustrie kann die Unidimensionalität direkt und ohne Anpassungen bestätigt werden (EW_1= 1,419, EW_2= 0,924).

Da es sich bei den Variablen des tatsächlichen Kaufverhaltens um binär kodierte Variablen handelt, ist eine Integration dieser Variablen in das Strukturgleichungsmodell nicht möglich. Daher werden die vermuteten Hypothesen im Folgenden mittels einer logistischen Regressionsanalyse überprüft. Zudem ist es aufgrund der Stufenlogik in einem Kaufprozess sinnvoll, die Indikatoren einzeln zu analysieren. Aus diesem Grund wird eine Single-Item-Messung pro Indikator vorgenommen, weswegen keine weitere Güteprüfung notwendig ist.

3.1.1.2 Operationalisierung und Prüfung der Kaufintention

In der Literatur existieren grundsätzlich zwei Arten für die Operationalisierung der **Kaufintention**. Hierzu gehört einerseits die Formulierung einer Absichtsbekundung („Ich beabsichtige, das Produkt zu kaufen.") und andererseits die Einschätzung einer Kaufwahrscheinlichkeit („Für wie wahrscheinlich halten Sie es, das Produkt zu kaufen?").[578] Nach einer Untersuchung von SHEPPARD/HARTWICK/WARSHAW (1998) eignet sich die Messung als Wahrscheinlichkeitsaussage, um eine Abschätzung des zukünftigen Verhaltens der Probanden vorzunehmen. Die Messung als Absichtsbekundung ist hingegen besonders dann geeignet, wenn die Determinanten der Verhaltensabsicht im Mittelpunkt der Untersuchung stehen.[579] Für den vorliegenden Untersuchungsgegenstand wurde vermutet, dass ein tatsächliches Kaufverhalten nur schwer zu erfassen ist. Zur Absicherung der Ergebnisqualität erscheint es sinnvoll, die Kaufintention als Einschätzung der Kaufwahrscheinlichkeit zu erheben. Dennoch ist auch der Einfluss der Determinanten der Kaufintention hoch relevant für diese Arbeit. In diesem Fall wird der Vorgehensweise von VOGEL/HUBER (2007) gefolgt, welche beide Formen der Operationalisierung verwenden.[580]

Die Operationalisierung der Kaufintention erfolgte in Anlehnung an in der Forschung bestehende Indikatoren. Aufgrund der Integration von Absichtsbekundung und Kaufwahrscheinlichkeit wird die Indikatorenmenge nach DODDS/MONROE/GREWAL (1991) verwendet. Diese Indikatoren wurden wegen des konkreten Bezugs zu einer Kaufstätte minimal angepasst. Im Gegensatz zur Operationalisierung des tatsächlichen Kaufverhaltens muss die Operationalisierung der Kaufintention nicht branchenspezifisch vorgenommen werden, da es sich um eine allgemeine Absichtsbekundung und nicht um die Abfrage von konkreten Tätigkeiten aus dem branchenspezifischen Kaufprozess handelt. Tabelle 12 beinhaltet die Indikatoren der Kaufintention.

---

[578] Vgl. REGIER (2007), S. 108 f.

[579] Vgl. SHEPPARD/HARTWICK/WARSHAW (1998), S. 325 ff.

[580] Vgl. VOGEL/HUBER (2007), S. 112.

Label	Indikator	Quelle
KI_1	Die Marke [Marke] würde ich ernsthaft bei der Kaufentscheidung in Erwägung ziehen.	in Anlehnung an DODDS/MONROE/GREWAL (1991)
KI_2	Ich werde ein Produkt der Marke [Marke] kaufen.	in Anlehnung an DODDS/MONROE/GREWAL (1991)
KI_3	Die Wahrscheinlichkeit, dass ich ein Produkt der Marke [Marke] kaufe, ist sehr hoch.	in Anlehnung an DODDS/MONROE/GREWAL (1991)

Tabelle 12:   **Indikatoren zur Messung der Kaufintention**
Quelle: Eigene Darstellung.

Die qualitative Beurteilung der Indikatoren des Konstrukts Kaufintention ergab, dass keine Veränderungen vorgenommen werden mussten. Anschließend wurde eine explorative Faktoranalyse durchgeführt.

In der EFA wurde das Kaiser-Kriterium erfüllt ($EW_1 = 2,492$ und $EW_2 = 0,337$), weshalb die Kaufintention als unidimensionales Konstrukt angesehen werden kann. Nach Feststellung der Unidimensionalität wurden weitere Gütekriterien betrachtet, welche in Tabelle 13 abgebildet werden. Da die Ladung der Indikatoren auf das Konstrukt in einem Fall den Mindestwert und in zwei Fällen den Wunschwert überschreiten sowie die zugehörigen t-Werte eine hohe Signifikanz ausweisen, ist die Indikatorreliabilität für alle drei Indikatoren gegeben. Ebenfalls wird die Konstruktreliabilität erfüllt, da die interne Konsistenz das Mindestniveau von 0,7 überschreitet. Zudem wird auch das Gütemaß der Diskriminanzvalidität erfüllt, da die durchschnittlich erklärte Varianz höher ist als die höchste quadrierte Korrelation mit einem anderen Konstrukt.

Konstrukt	Indikator	Indikatorebene		Konstruktebene		
		Ladung	t-Wert	Kaiser-Kriterium	Interne Konsistenz	Fornell-Larcker-Kriterium
		> 0,7 (> 0,4)	> 1,96	$EW_1 > 1$ $EW_2 < 1$	> 0,7	AVE> $Korr^2$
Kaufintention	KI_1	0,898	75,163			
	KI_2	0,898	69,624	$EW_1 = 2,492$ $EW_2 = 0,337$	0,897	OK
	KI_3	0,935	142,937			

Tabelle 13:   **Gütebeurteilung des Konstrukts Kaufintention**
Quelle: Eigene Darstellung.

Zusammenfassend kann festgestellt werden, dass das Konstrukt Kaufintention mit den theoretisch hergeleiteten Indikatoren reliabel und valide gemessen wird.

3.1.2 Operationalisierung und Prüfung des Markenimages

3.1.2.1 Operationalisierung und Prüfung des Globalimages

Das Markenimage wird auf der Mikroebene durch die einzelnen Markennutzen und auf der Makroebene durch das Globalimage repräsentiert.[581] Zur Operationalisierung des Globalimages wurde der Vorgehensweise von BECKER (2012) gefolgt, welcher das Globalimage basierend auf STOLLE (2013) mit drei Indikatoren operationalisiert. Tabelle 14 stellt die Operationalisierung des Globalimages dar.

---

[581] Vgl. Kapitel B 1.3

Label	Indikator	Referenz	Quelle
GI_1	Ich mag die Marke [Marke] sehr.	BECKER (2012)	STOLLE (2013)
GI_2	Die Marke [Marke] ist für mich persönlich insgesamt sehr attraktiv.	BECKER (2012)	STOLLE (2013)
GI_3	Die Marke [Marke] ist meiner Meinung nach eine sehr gute [Branche]marke.	BECKER (2012)	STOLLE (2013)

Tabelle 14:   **Indikatoren zur Messung des Globalimages**
Quelle: Eigene Darstellung.

Nachdem die qualitative Überprüfung dieser Operationalisierung keine Notwendigkeit zur Anpassung der Indikatoren ergab, wurden weitere Prüfkriterien herangezogen. Bei der ersten Prüfung des Globalimages konnte die Diskriminanzvalidität nicht erfüllt werden.[582] Der Grund hierfür wurde in der z.T. inhaltlich starken Ähnlichkeit der Variablen gesehen. Die deutlichste Ähnlichkeit zeigt der hedonistische Markennutzen mit dem Globalimage. Dabei ist vor allem das Item MN_Hed_3 („Die Marke [Marke] würde mir Spaß machen, wenn ich Sie verwende.") auffällig, da es auch in ähnlicher Formulierung häufig zur Messung des Globalimages verwendet wird. SCHADE (2012) hat bspw. das Item „Die Marke [Marke] steht für Spaß und Vergnügen." zur Messung des Globalimages herangezogen.[583] Auch bei Betrachtung der Kreuzladungen der einzelnen Items auf die verschiedenen Variablen ist das Item MN_Hed_3 auffällig. Es hat unter den hedonistischen Items die geringste Ladung und eine deutliche Kreuzladung auf das Globalimage.[584] Diese Ausführungen gelten auch in der Einzelbetrachtung nach Marken. Aus diesem Grund wurde das betreffende Item dem Globalimage zugeordnet und die Gütemaße erneut überprüft. Es ergab sich eine deutliche Steigerung der durchschnittlich erklärten Varianz (DEV) für das Globalimage und den hedonistischen Markennutzen. Daher wurde entschieden, dieses Item nicht für den hedonistischen Markennutzen, sondern für das Globalimage zu verwenden.

Trotz dieser deutlichen Steigerung durch das hedonistische Item konnte die Variable des Globalimages das Fornell-Larcker-Kriterium nicht erfüllen. Daher wurde das Item GI_3 eliminiert, da es unter den verwendeten Items die geringste Ladung aufwies und

---

[582] Die durchschnittlich erklärte Varianz des Globalimages lag mit 0,392 deutlich unter der quadrierten Korrelation mit dem hedonistischen Markennutzen.

[583] Vgl. SCHADE (2012), S. 116 ff.

[584] Diese Kreuzladungen werden von dem Programm SmartPLS als sog. cross loadings ausgegeben. In der Gesamtbetrachtung beider Marken zeigt das Item MN_HED_3 eine um 0,13 bzw. 0,15 geringere Ladung auf den hedonistischen Markennutzen als die Indikatoren MN_HED_1 und MN_HED_2. Bei der Einzelbetrachtung der Automobilmarke betragen die Differenzen 0,17 bzw. 0,2 und bei der Lebensmittelmarke 0,11 bzw. 0,14.

durch das Ausschließen dieses Items die DEV nochmals deutlich gesteigert wurde. Dadurch konnte auch das Fornell-Larcker-Kriterium erfüllt werden. Die Überprüfung des Globalimages anhand der Gütemaße mit den aktuellen drei Items wird in Tabelle 15 dargestellt.

Konstrukt	Indikator	Indikatorebene		Konstruktebene		
		Ladung	t-Wert	Kaiser-Kriterium	Interne Konsistenz	Fornell-Larcker-Kriterium
		> 0,7 (> 0,4)	> 1,96	$EW_1 > 1$ $EW_2 < 1$	> 0,7	AVE> $Korr^2$
Globalimage	GI_1	0,896	84,753	$EW_1 = 2,492$ $EW_2 = 0,337$	0,874	OK
	GI_2	0,912	117,749			
	MN_Hed_3	0,872	69,300			

Tabelle 15:   **Gütebeurteilung des Konstrukts Globalimage**
Quelle: Eigene Darstellung.

3.1.2.2 Operationalisierung und Prüfung der Markennutzen

Für die Operationalisierung der einzelnen Markennutzen kann ebenfalls auf die Arbeit von BECKER (2012) zurückgegriffen werden, welcher die Markennutzen auf Basis der Arbeit von STOLLE (2013) operationalisiert hat (vgl. Tabelle 16).

Konstrukt	Label	Indikator	Referenz	Quelle
Utilitaristischer Nutzen	MN_UT_1	Die Produkte der Marke [Marke] haben eine gute Qualität.	BECKER (2012)	AAKER (1991)
	MN_UT_2	Die Produkte der Marke [Marke] haben exzellente Eigenschaften.	BECKER (2012)	AAKER (1991)
	MN_UT_3	Die Produkte der Marke [Marke] sind zuverlässig.	BECKER (2012)	AAKER (1991)
Ökonomischer Nutzen	MN_OEK	Die Produkte der Marke [Marke] haben ein gutes Preis-Leistungs-Verhältnis.	BECKER (2012)	STOLLE (2013)
Sozialer Nutzen	MN_SOZ_1	Die Marke [Marke] würde mir helfen, mich akzeptiert zu fühlen.	BECKER (2012)	SWEENEY/ SOUTAR (2001)
	MN_SOZ_2	Die Marke [Marke] würde seinem Eigentümer soziale Anerkennung geben.	BECKER (2012)	SWEENEY/ SOUTAR (2001)
	MN_SOZ_3	Die Marke [Marke] würde einen guten Eindruck auf andere Personen machen.	BECKER (2012)	SWEENEY/ SOUTAR (2001)
Hedonistischer Nutzen	MN_HED_1	Die Marke [Marke] würde mich glücklich machen, wenn ich sie verwende.	BECKER (2012)	CHAUDHURI /HOLBROOK (2001)
	MN_HED_2	Die Marke [Marke] würde mich gut fühlen lassen, wenn ich Sie verwende.	BECKER (2012)	CHAUDHURI /HOLBROOK (2001)
	MN_HED_3	Die Marke [Marke] würde mir Spaß machen, wenn ich Sie verwende.	BECKER (2012)	CHAUDHURI /HOLBROOK (2001)
Ästhetischer Nutzen	MN_AES	Ich mag das Design der Marke [Marke].	BECKER (2012)	ROTH/ ROMEO (1992)

Tabelle 16:   **Indikatoren zur Messung der Markennutzen**
Quelle: Eigene Darstellung in Anlehnung an BECKER (2012), S. 171.

Aufgrund der Zuordnung des Indikators MN_HED_3 zum Globalimage wird dieses im Folgenden nicht mehr betrachtet.

3.1.2.2.1 Gemeinsame explorative Faktoranalyse für die einzelnen Markennutzen

Da die Markennutzen eine zentrale Stellung in dem Hypothesenkonstrukt dieser Forschung einnehmen, sollen diese in einer gemeinsamen explorativen Faktoranalyse
überprüft werden. Anlass hierzu gebietet zudem die noch geringe wissenschaftliche
Sicherheit der Differenzierung der einzelnen Markennutzen. So wurde beispielsweise
der ökonomische Markennutzen von BECKER (2012) und STOLLE (2013) unterschiedlich behandelt. Während STOLLE (2013) den ökonomischen Markennutzen zu der funktionalen Nutzenebene einer Marke zählt[585], sieht BECKER (2012) den ökonomischen
Markennutzen nachgelagert zum funktionalen und symbolischen Markennutzen als
„Bewertung aller Markennutzen im Vergleich zu den entstehenden Anschaffungs- und
Verwendungskosten."[586]. Daneben wurde in den Expertengesprächen im Rahmen dieser Arbeit immer wieder bezweifelt, ob die inhaltlich zum Teil sehr ähnlichen Markennutzen von den Befragten derart differenziert wahrgenommen und damit entsprechend
bewertet werden. Hierbei wurde vor allem der hedonistische Markennutzen genannt,
welcher global erfasst wird und eher den affektiven Teil des Globalimages beinhaltet.

Ganz bewusst wurden die Indikatoren der als Single-Item-Messung erhobenen Variablen des ökonomischen und ästhetischen Markennutzens in die explorative Faktoranalyse integriert. Sind die beiden Single-Item-Messungen gerechtfertigt, dürfte keine
ausreichende Ladung der Indikatoren auf andere Faktoren stattfinden.

Nach Feststellung der Eignung der Daten wurde eine explorative Faktoranalyse durchgeführt. Diese zeigt eine Zwei-Faktoren-Lösung, die insgesamt 52,45% der Gesamtvarianz erklären. Die Varianzerklärung liegt über dem von PETT/LACKEY/SULLIVAN (2003)
geforderten Grenzwert von 50 – 60%.[587] Der ästhetische Markennutzen weist dabei
nahezu gleichhohe Ladungen auf beide Faktoren auf, welche zudem beide eher
schwach sind (vgl. Tabelle 17).[588] Da sich keine dieser Ladungen deutlich von der
anderen abhebt, ist eine eindeutige Zuordnung des ästhetischen Markennutzens zu
einem der Faktoren nicht möglich. Um Verzerrungen in den Daten zu vermeiden, ist
dieser Indikator daher auszuschließen.

---

[585] Vgl. STOLLE (2013), S. 343.

[586] BECKER (2012), S. 72.

[587] Vgl. PETT/LACKEY/SULLIVAN (2003), S. 116 ff.

[588] HOMBURG/GIERING (1998) empfehlen als Grenzwert für die Ladungen einen Mindestwert von 0,4.
Andere Autoren wie HAIR ET AL. (2010), BÜHNER (2006), PETT/LACKEY/SULLIVAN (2003) empfehlen
einen Grenzwert von 0,3. In der vorliegenden Arbeit soll dem Grenzwert von 0,3 gefolgt werden, da
mit einer zunehmenden Stichprobengröße geringere Faktorladungen signifikant sind. Vgl.
HAIR/BABIN/ANDERSON (2010), S. 117; BÜHNER (2006), S. 209; PETT/LACKEY/SULLIVAN (2003), S. 172;
HOMBURG/GIERING (1998), S. 119 und 125.

	Faktor	
	1	2
MN_UT_1	-0,114	**0,908**
MN_UT_2	0,159	**0,665**
MN_UT_3	-0,056	**0,871**
MN_Oek	-0,047	**0,482**
MN_SOZ_1	**0,663**	-0,124
MN_SOZ_2	**0,707**	-0,023
MN_SOZ_3	**0,443**	0,269
MN_HED_1	**0,811**	0,018
MN_HED_2	**0,843**	-0,019
MN_AES	0,340	0,380

Tabelle 17: **Mustermatrix der EFA der Markennutzen**
Quelle: Eigne Darstellung.

Nach Ausschluss des Indikators MN_AES wurde das Vorgehen wiederholt, wobei erneut eine Zwei-Faktoren-Lösung entstanden ist, welche 53,61% der Varianz erklärt (vgl. Tabelle 18).

Faktor	Anfängliche Eigenwerte			Summen von quadrierten Faktorladungen für Extraktion			Rotierte Summe
	Gesamt	% der Varianz	Kumulierte %	Gesamt	% der Varianz	Kumulierte %	Gesamt
1	4,221	46,904	46,904	3,796	42,173	42,173	3,259
2	1,458	16,202	63,106	1,030	11,440	53,614	3,113
3	0,911	10,121	73,227				
4	0,680	7,554	80,781				
5	0,488	5,417	86,198				
6	0,404	4,484	90,683				
7	0,376	4,182	94,865				
8	0,294	3,262	98,127				
9	0,169	1,873	100,000				

Tabelle 18: **Erklärte Gesamtvarianz der EFA der Markennutzen**
Quelle: Eigene Darstellung.

Aus den Faktorladungen wird deutlich, dass sich eine Zusammenführung der Markennutzen zu einem funktionalen und symbolischen Markennutzen ergeben hat (vgl. Tabelle 19). Die Faktorladungen der Indikatoren überschreiten dabei die strengere Vorgabe nach HOMBURG/GIERING (1998), welche einen Mindestwert für die Ladung von 0,4 fordern.[589]

---

[589] Vgl. HOMBURG/GIERING (1998), S. 119 und 125.

	Faktor	
	1	2
MN_UT_1	-0,091	**0,890**
MN_UT_2	0,172	**0,657**
MN_UT_3	-0,037	**0,859**
MN_Oek	-0,031	**0,485**
MN_SOZ_1	**0,680**	-0,113
MN_SOZ_2	**0,719**	-0,017
MN_SOZ_3	**0,453**	0,270
MN_HED_1	**0,780**	0,031
MN_HED_2	**0,814**	-0,003

Tabelle 19:   **Mustermatrix der EFA der Markennutzen**
Quelle: Eigene Darstellung.

Die theoretische Grundlage nach BECKER (2012), wonach der utilitaristische, hedonis-tische, soziale, ästhetische und ökonomische Markennutzen als fünf Kategorien von Markennutzen bestehen, kann bei dieser Datenbasis nicht bestätigt werden. Dennoch entspricht dieses Ergebnis den Erwartungen der Experten und ist auch aus theoreti-scher Perspektive gut nachvollziehbar. Denn der utilitaristische und ökonomische Mar-kennutzen wurden bereits von STOLLE (2013) als funktionale Nutzenkategorien und der hedonistische sowie soziale Markennutzen als symbolische Nutzenkategorien be-zeichnet.[590] Zudem entspricht die Differenzierung in den funktionalen und symboli-schen Markennutzen der grundsätzlichen Ausrichtung der in dieser Arbeit zu untersu-chenden Hypothesen. Eine Einschränkung der vorliegenden Arbeit findet durch die höhere Detaileben bei der Betrachtung der Markennutzen daher nicht statt. Dennoch müssen die Hypothesen, welche auf einer detaillierten Betrachtung der Markennutzen aufbauen, angepasst werden. Dies erfolgt in Kapitel C 3.2.1.

---

[590] Vgl. BURMANN/STOLLE (2007), S. 71 ff. In ähnlicher Weise siehe auch bei BECKER (2012).

3.1.2.2.2 Gütebeurteilung der einzelnen Konstrukte

Die im vorangegangenen Kapitel mittels einer explorativen Faktoranalyse extrahierten Markennutzen sollen weitergehend auf ihre Güte geprüft werden. Sowohl für den funktionalen als auch für den symbolischen Markennutzen konnte die Unidimensionalität festgestellt werden. Die anschließende Analyse ergab eine Erfüllung aller geforderten Gütemaße (vgl. Tabelle 20). Folglich wird das Ergebnis der vorangegangenen explorativen Faktoranalyse der Markennutzen auch in der Gütebeurteilung des neu gebildeten funktionalen und symbolischen Markennutzens bestätigt.

Konstrukt	Indikator	Indikatorebene		Konstruktebene		
		Ladung	t-Wert	Kaiser-Kriterium	Interne Konsistenz	Fornell-Larcker-Kriterium
		$> 0,7$ $(> 0,4)$	$> 1,96$	$EW_1 > 1$ $EW_2 < 1$	$> 0,7$	$DEV >$ max. $Korr.^2$
funktionaler Markennutzen	MN_UT_1	0,867	68,071	$EW_1 = 2,573$ $EW_2 = 0,730$	0,809	OK
	MN_UT_2	0,840	65,969			
	MN_UT_3	0,876	83,584			
	MN_OEK	0,587	20,394			
symbolischer Markennutzen	MN_SOZ_1	0,652	29,559	$EW_1 = 3,006$ $EW_2 = 0,844$	0,833	OK
	MN_SOZ_2	0,748	36,147			
	MN_SOZ_3	0,684	28,403			
	MN_HED_1	0,872	117,245			
	MN_HED_2	0,874	111,478			

Tabelle 20:   **Gütebeurteilung des funktionalen und symbolischen Markennutzens**
Quelle: Eigene Darstellung.

3.1.3 Operationalisierung und Prüfung des Werbegefallens der passiv wahrgenommenen Social Media Stimuli

In Anlehnung an WENSKE (2008) wird für die Operationalisierung des Werbegefallens (WG) auf das Messinventar nach LEE/MASON (1999) zurückgegriffen. Tabelle 21 beinhaltet die verwendeten Items.

Label	Indikator	Referenz	Quelle
WG_1	Ich mochte [Stimulus] überhaupt nicht. (r)	WENSKE (2008)	LEE/MASON (1999)
WG_2	Der [Stimulus] ist ansprechend.	WENSKE (2008)	LEE/MASON (1999)
WG_3	Der [Stimulus] ist attraktiv.	WENSKE (2008)	LEE/MASON (1999)
WG_4	Der [Stimulus] ist interessant.	WENSKE (2008)	LEE/MASON (1999)
WG_5	Ich finde den [Stimulus] schlecht. (r)	WENSKE (2008)	LEE/MASON (1999)

Tabelle 21:   **Indikatoren zur Messung des Werbegefallens**
Quelle: Eigene Darstellung

Das Werbegefallen wurde bei den Variablen BGC mit leistungsbezogenen Attributen, BGC mit nicht-leistungsbezogenen Attributen und dem brand-related UGC verwendet. Für das **Werbegefallen des BGC mit leistungsbezogenen Attributen** konnte zunächst keine Unidimensionalität festgestellt werden (EW$_1$= 2,459, EW$_2$= 1,267). Der Grund dafür lag darin, dass die negativ formulierten Items (WG_BGC_M_1 und WG_BCG_M_5), welche in der explorativen Faktoranalyse invers formuliert wurden, auf einen eigenen Faktor laden. Daher wurden die betreffenden Items aus der EFA ausgeschlossen und diese wiederholt. Das Ergebnis zeigt eine Unidimensionalität (EW$_1$= 2,240, EW$_2$= 0,417) für die Variable des Werbegefallens des BGC mit leistungsbezogenen Attributen.

Ein identisches Bild ergab sich bei der explorativen Faktoranalyse des **Werbegefallens des BGC mit nicht-leistungsbezogenen Attributen** (EW$_1$= 2,782, EW$_2$= 1,203). Nach Ausschluss der negativ formulierten Items konnte auch hier die Unidimensionalität (EW$_1$= 2,436, EW$_2$= 0,313) festgestellt werden. Tabelle 22 zeigt die Überprüfung beider Variablen anhand der weiteren Gütekriterien, welche alle erfüllt werden.

Konstrukt	Indikator	Indikatorebene		Konstruktebene		
		Ladung	t-Wert	Kaiser-Kriterium	Interne Konsistenz	Fornell-Larcker-Kriterium
		> 0,7 (> 0,4)	> 1,96	$EW_1 > 1$ $EW_2 < 1$	> 0,7	DEV > max. $Korr.^2$
Werbegefallen des BGC mit leistungsbezogenen Attributen	WG_BGC_l_2	0,875	66,160	$EW_1 = 2,240$ $EW_2 = 0,417$	0,830	OK
	WG_BGC_l_3	0,869	77,225			
	WG_BGC_l_4	0,848	50,491			
Werbegefallen des BGC mit nicht-leistungsbezogenen Attributen	WG_BGC_nl_2	0,910	89,196	$EW_1 = 2,436$ $EW_2 = 0,313$	0,884	OK
	WG_BGC_nl_3	0,900	97,624			
	WG_BGC_nl_4	0,893	75,232			

Tabelle 22: **Gütebeurteilung der Konstrukte Werbegefallen des BGC mit leistungsbezogenen und mit nicht-leistungsbezogenen Attributen**

Quelle: Eigene Darstellung.

Für einige in dieser Arbeit zu untersuchenden Wirkbeziehungen wird der **BGC als Konstrukt zweiter Ordnung** in das Strukturmodell einbezogen. Die Güteprüfung für das Konstrukt zweiter Ordnung orientiert sich in diesem Fall an den Gütekriterien für formative Konstrukte.[591] Die Indikatorrelevanz wird anhand der Wirkbeziehungen der Dimensionen auf das Konstrukt zweiter Ordnung analysiert. Es zeigt sich, dass die Pfadkoeffizienten mit Werten von 0,538 und 0,571 deutlich über dem geforderten Mindestwert von 0,1 liegen und zudem hochsignifikant sind. Damit ist die Indikatorrelevanz gegeben. Zudem wurde die Multikollinearität mittels des VIF-Wertes überprüft. Angesichts der VIF-Werte von 1,0[592] ist auch dieses Kriterium klar erfüllt.

---

[591] Vgl. Kapitel C 2.3.

[592] Zur Berechnung der Multikollinearität der Dimensionen eines Konstrukts zweiter Ordnung wurde in Anlehnung an PUCHNER (2011) jeweils ein Mittelwert über die reflektiv gemessenen Dimensionen BGC mit bzw. ohne leistungsbezogene Attribute berechnet. Vgl. PUCHNER (2011), S. 118.

Zur Überprüfung der nomologischen Validität wurde die Wirkbeziehung des Konstrukts zweiter Ordnung auf den funktionalen Markennutzen herangezogen, da aus der theoretischen Vorüberlegung von einer starken positiven Wirkbeziehung ausgegangen wird. Die Richtung des Pfadkoeffizienten entspricht der theoretischen Überlegung. Zudem wird die Mindestanforderung an die Höhe des Pfadkoeffizienten mit einem Wert von 0,399 deutlich überschritten und es kann eine hohe Signifikanz festgestellt werden. Die nomologische Validität gilt damit als bestätigt. Die Güteprüfung abschließend wird die Prognoserelevanz analysiert. Da der Wert des Stone-Geisser-Kriteriums bei 0,630 liegt, wird die Prognoserelevanz bestätigt. Tabelle 23 stellt die Gütekriterien des BGC als Konstrukt zweiter Ordnung zusammenfassend dar.

Konstrukt	Indikator	Ge-wichte	t-Wert	Multikol-linearität	Nomologische Validität	Stone-Geisser-Kriterium
		> 0,1	> 1,96	VIF < 10	Richtung, Stärke und Signifikanz mit latenter Variable	$Q^2 > 0$
Werbege-fallen des BGC (Konstrukt zweiter Ordnung)	WG_BGC_I	0,538	50,191	1,000	Richtung: OK	0,630
	WG_BGC_nl	0,571	46,492	1,000	Stärke: 0,412 t-Wert: 11,786	

Tabelle 23: Gütebeurteilung des Konstrukts Werbegefallen des BGC (Konstrukt zweiter Ordnung)
Quelle: Eigene Darstellung.

Für das **Werbegefallen des brand-related UGC** konnte in der explorativen Faktoranalyse ohne Ausschluss der negativ formulierten Items Unidimensionalität (EW_1= 3,319, EW_2= 0,930) festgestellt werden. Auch die weiteren Gütekriterien werden erfüllt (vgl. Tabelle 24). Ein möglicher Grund dafür, dass die negativ formulierten Items bei dem Werbegefallen des brand-related UGC im Gegensatz zu beiden Formen des BGC nicht ausgeschlossen werden müssen, kann an der Reihenfolge im Fragebogen liegen. Das Werbegefallen des brand-related UGC wurde als dritte Abfrage des Werbegefallens im Fragebogen integriert. Hierdurch kann ein Lerneffekt der Probanden vermutet werden, sodass die negativ formulierten Items hier richtig verstanden wurden.

Konstrukt	Indikator	Indikatorebene		Konstruktebene		
		Ladung	t-Wert	Kaiser-Kriterium	Interne Konsistenz	Fornell-Larcker-Kriterium
		> 0,7 (> 0,4)	> 1,96	$EW_1 > 1$ $EW_2 < 1$	> 0,7	DEV > max. Korr.^{2}
Werbegefallen des brand-related UGC	WG_brUGC_1	0,601	12,183	$EW_1 = 3,319$ $EW_2 = 0,930$	0,870	OK
	WG_brUGC_2	0,913	89,033			
	WG_brUGC_3	0,910	73,992			
	WG_brUGC_4	0,895	68,766			
	WG_brUGC_5	0,681	16,631			

Tabelle 24:   **Gütebeurteilung des Konstrukts Werbegefallen des brand-related UGC**
Quelle: Eigene Darstellung.

3.1.4 Operationalisierung und Prüfung der markenbezogenen Interaktion in Social Media

Da die verschiedenen Formen der markenbezogenen Interaktion in Social Media in der wissenschaftlichen Literatur bisher nicht getrennt voneinander betrachtet wurden, lag keine bestehende Operationalisierung vor. Aus diesem Grund wurde die Operationalisierung aus den Expertengesprächen und Gruppendiskussionen abgeleitet. Entsprechend den in Kapitel B 3.4 erarbeiteten Formen der Interaktion werden drei Kategorien von markenbezogener Interaktion in Social Media differenziert. Hierbei handelt es sich um die Differenzierung in persönliche und unpersönliche Interaktion zwischen Marke und Nachfrager sowie die markenbezogene Interaktion zwischen den Nachfragern. Als maßgeblicher Einfluss auf die Wirkung der Interaktionsformen wurde die Häufigkeit hergeleitet.[593] Aus diesem Grund wurde diese in der Antwortskala für die Erhebung der Indikatoren integriert.

---

[593] Vgl. Kapitel B 4.2.2.

Auf Grundlage einer deskriptiven Auswertung der Häufigkeit der Nutzung der „Gefällt-mir"-Funktion, des Kommentierens und des Weiterleitens wurde sich entscheiden, die drei Formen der unpersönlichen Interaktion zwischen Marke und Nachfrager in Social Media nicht als gemeinsames Konstrukt, sondern einzeln zu betrachten. Wie in Abbildung 29 zu erkennen ist, zeigt die Datenbasis eine sehr heterogene Verteilung der Häufigkeiten der jeweiligen Formen der unpersönlichen Interaktion.

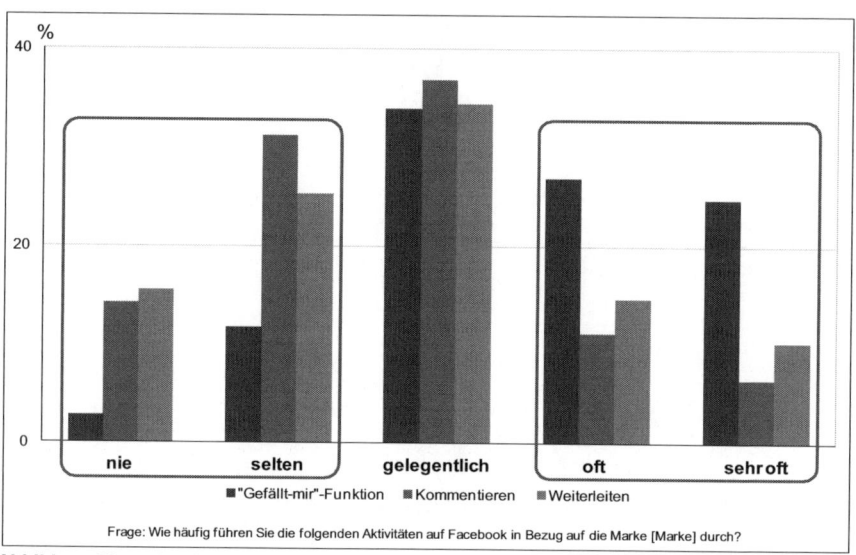

Frage: Wie häufig führen Sie die folgenden Aktivitäten auf Facebook in Bezug auf die Marke [Marke] durch?

Abbildung 29:   **Häufigkeitsverteilung der Formen der unpersönlichen Interaktion zwischen Marke und Nachfrager in Social Media**

Quelle: Eigene Darstellung.

Eine Zusammenfassung dieser Indikatoren in ein gemeinsames Konstrukt würde folglich nicht die Realität abbilden. Daher soll für jede Form der unpersönlichen Interaktion eine einzelne Analyse stattfinden. Somit ist eine weitere Prüfung der Indikatoren nicht notwendig.

Für die beiden anderen Formen der Interaktion in Social Media ergibt sich eine formative Messung, da die Indikatoren hier die latente Variable auslösen. Tabelle 25 zeigt die verwendeten Operationalisierungen.

Konstrukt	Label	Indikator	Quelle
Häufigkeit der persönlichen Interaktion zwischen Marke und Nachfrager	persl_ selbst	Persönlichen Kontakt zu der Marke [Marke] durch einen individuellen Mitarbeiter in Social Media haben	Experten- gespräche
	persl_ andere	Wahrnehmung eines persönlichen Kontakts zwischen der Marke [Marke] und einem anderen Nutzer durch einen in- dividuellen Mitarbeiter in Social Media	Experten- gespräche
Häufigkeit der markenbezo- genen Interak- tion zwischen Nachfragern	Nachf_l_ Austauschen	Mit anderen Nutzern in Social Media über die Marke [Marke] sprechen/ mich austauschen	Experten- gespräche
	Nachf_l_ Kommen- tieren	Meine eigene Meinung zu den Beiträgen der anderen Nutzer zu der Marke [Marke] schreiben (kommentieren)	Experten- gespräche

Tabelle 25: **Indikatoren zur Messung der Formen der markenbezogenen Interaktion in Social Media**

Quelle: Eigene Darstellung.

3.1.4.1 Gemeinsame explorative Faktoranalyse der persönlichen und unpersönlichen Interaktion zwischen Marke und Nachfrager

Die Unterscheidung von persönlicher und unpersönlicher Interaktion zwischen Marke und Nachfrager wurde bisher noch nicht in der Forschung vorgenommen. Zur Sicher- stellung der Ergebnisqualität dieser Arbeit soll diese Differenzierung daher zunächst überprüft werden. Mittels einer explorativen Faktoranalyse wird die Dimensionalität der Indikatorengesamtheit aus beiden Konstrukten analysiert. Dabei ist weiterhin von In- teresse, ob die passive Wahrnehmung der persönlichen Interaktion zwischen der Marke und einem anderen Nutzer in Social Media zu der persönlichen Interaktion zu zählen ist.

Die Gesamtheit der Indikatoren wurde mittels einer EFA analysiert. Entsprechend der theoretischen Vorüberlegung wurden zwei Faktoren extrahiert, die zusammen einen Anteil von 81,35% der Gesamtvarianz erklären (vgl. Tabelle 26).

Faktor	Anfängliche Eigenwerte			Summen von quadrierten Faktorladungen für Extraktion			Rotierte Summe
	Gesamt	% der Varianz	Kumulierte %	Gesamt	% der Varianz	Kumulierte %	Gesamt
1	2,939	58,775	58,775	2,860	57,199	57,199	2,835
2	1,563	31,255	90,030	1,208	24,155	81,354	1,339
3	0,366	7,319	97,350				
4	0,077	1,544	98,893				
5	0,055	1,107	100,000				

Tabelle 26:   **Erklärte Gesamtvarianz der gemeinsamen EFA der Interaktionsformen zwischen Marke und Nachfrager**

Quelle: Eigene Darstellung.

Die Faktorladungen ergaben eine deutliche Differenzierung beider Konstrukte, weshalb die theoretisch hergeleitete Differenzierung der persönlichen und unpersönlichen Interaktion zwischen Marke und Nachfrager in Social Media als bestätigt angesehen werden kann (vgl. Tabelle 27). Die EFA bestätigt zudem die aus den Gruppendiskussionen abgeleitete Einbeziehung der passiven Wahrnehmung von persönlicher Interaktion zwischen Marke und Nachfrager.[594]

	Faktor	
	1	2
unpersl_"Gefällt-mir"	**0,968**	-0,041
unpersl_Kommentieren	**0,973**	0,025
unpersl_Weiterleiten_Online	**0,957**	0,015
persl_selbst	0,034	**0,793**
persl_andere	-0,035	**0,797**

Tabelle 27:   **Mustermatrix der gemeinsamen EFA der Interaktionsformen zwischen Marke und Nachfrager**

Quelle: Eigene Darstellung.

3.1.4.2 Güteprüfung der einzelnen Konstrukte

Da es sich bei den zu prüfenden Konstrukten um formative Konstrukte handelt, sind andere Gütemaße zu verwenden, als bei den bisherigen Konstruktprüfungen. Tabelle 28 stellt die Ergebnisse zusammenfassend dar.

---

[594] Die inhaltliche Trennung der persönlichen und unpersönlichen Interaktion zwischen Marke und Nachfrager in Social Media wird auch in der gemeinsamen EFA bestätigt, wenn die passive Wahrnehmung von persönlicher Interaktion zwischen der Marke und einem anderen Nutzer unberücksichtigt bleibt.

Konstrukt (formativ)	Indikator	Indikatorebene			Konstruktebene	
		Gewichtung	t-Wert	VIF	Nomo-logische Validität	Diskriminanz-validität
		> 0,1	> 1,96	< 10	qualitativ	Korrel. < 0,9
Häufigkeit der persönliche Interaktion zwischen Marke und Nachfrager	persl_selbst	0,989	3,376	1,664	OK	OK
	persl_andere	0,031	0,082	1,664		
Häufigkeit der markenbezogenen Interaktion zwischen Nachfragern	Nachf_I_Austauschen	0,929	7,963	1,629	OK	OK
	Nachf_I_Kommentieren	0,109	1,634	1,629		

Tabelle 28: **Gütebeurteilung der Konstrukte der markenbezogenen Interaktion**
Quelle: Eigene Darstellung.

Obwohl die passive Wahrnehmung der persönlichen Interaktion zwischen Marke und Nachfrager (persl_andere) in der explorativen Faktoranalyse gemeinsam mit dem Indikator der aktiven persönlichen Interaktion zwischen Marke und Nachfrager (persl_selbst) geladen hat, zeigen die Gütemaße hier eher schlechte Werte. So ist die Gewichtung mit einem Wert von 0,031 sehr niedrig und zudem nicht signifikant. Die Einbeziehung dieses Indikators in die vorliegende Forschung entstammte aus den Gruppendiskussionen mit Social Media Nutzern und war aus theoretischer Perspektive nachvollziehbar. Gleichzeitig handelt es sich hierbei jedoch auch um eine sehr unsichere Vermutung eines Zusammenhangs, da die persönliche Interaktion zwischen Marken und Nachfrager in Social Media in dieser Form bisher nicht wissenschaftlich untersucht wurde. Es wird sich daher aufgrund der Ergebnisse der Gütebeurteilung und aufgrund der zwar theoretisch hergeleiteten aber dennoch unsicheren Vermutung eines Zusammenhangs für die Elimination des Indikators (persl_andere) entschieden. Die persönliche Interaktion zwischen Marke und Nachfrager in Social Media sowie die passive Wahrnehmung dieser Interaktion werden daher im Folgenden anhand einer Single-Item-Messung repräsentiert.

Obwohl das Item (Nachf_I_Kommentieren) der markenbezogenen Interaktion zwischen Nachfragern in Social Media nicht signifikant ist, soll dieses aufgrund sachlogischer Überlegungen beibehalten werden. Kommentare auf die Kommunikationsbotschaften anderer Nutzer können oft der Startpunkt einer Diskussion in Social Media und damit der Interaktion zwischen Nachfragern sein. Da der Wert der geforderten Signifikanz nur minimal unterschritten wird und alle übrigen Gütemaße des Items erfüllt wurden, werden die sachlogischen Überlegungen an dieser Stelle stärker gewichtet und das Item zur Messung der markenbezogenen Interaktion zwischen Nachfragern in Social Media beibehalten.

3.1.5 Operationalisierung und Prüfung der Markenauthentizität

In Anlehnung an SCHALLEHN (2012) wird die wahrgenommene Markenauthentizität anhand von vier Indikatoren operationalisiert. Da diese Indikatoren keinen Bezug zu Social Media aufweisen, wurde dieser Bezug ergänzt und somit die Formulierung der Indikatoren leicht angepasst (vgl. Tabelle 29).

Label	Indikator	Quelle
AUT_1	Die Marke [Marke] hat ihre eigene Philosophie, nach der sie ihr Verhalten in Social Media ausrichtet.	SCHALLEHN (2012)
AUT_2	Die Marke [Marke] weiß genau, wofür sie steht und verhält sich in Social Media so, wie es zu ihrem Wesen und Charakter passt.	SCHALLEHN (2012)
AUT_3	Die Marke [Marke] verstellt sich in ihrem Verhalten in Social Media nicht, sondern ist ganz sie selbst.	SCHALLEHN (2012)
AUT_4	Die Marke [Marke] versucht sich nicht bei ihrem Publikum in Social Media einzuschmeicheln, sondern zeigt Selbstbewusstsein.	SCHALLEHN (2012)

Tabelle 29:   **Indikatoren zur Messung der Markenauthentizität**
Quelle: Eigene Darstellung.

Die Markenauthentizität wird nicht als Konstrukt in das Strukturmodell integriert, sondern dient der Gruppeneinteilung. Aus diesem Grund beschränkt sich die Prüfung auf die Analyse der Dimensionalität mittels einer explorativen Faktoranalyse. Hierbei soll die Unidimensionalität und somit die inhaltliche Plausibilität der Messung festgestellt werden.[595] Diese konnte in der explorativen Faktoranalyse bestätigt werden (EW1 = 2,767, EW2 = 0,486).

---

[595] Vgl. BECKER (2012), S. 178.

3.1.6 Operationalisierung und Prüfung der Glaubwürdigkeit des BGC

Der Mediator Glaubwürdigkeit bezieht sich auf die zeitpunktbezogene Wahrnehmung einer Kommunikationsbotschaft in Social Media. Zur Operationalisierung wird im MARKETING SCALES HANDBOOK (2005) eine Skala von WILLIAMS/DROLET (2005) vorgeschlagen. Da sich die Glaubwürdigkeit dabei auf Werbeanzeigen bezieht, erscheint sie für die Messung der Glaubwürdigkeit in dieser Arbeit als geeignet. Tabelle 30 stellt die drei Items dar.

Label	Indikator	Quelle
GL_1	Der [Stimulus] ist glaubwürdig.	WILLIAMS/DROLET (2005)
GL_2	Der [Stimulus] ist zuverlässig.	WILLIAMS/DROLET (2005)
GL_3	Der [Stimulus] ist realistisch.	WILLIAMS/DROLET (2005)

Tabelle 30:   **Indikatoren zur Messung der Glaubwürdigkeit**
Quelle: Eigene Darstellung.

Nach Feststellung der Eignung zur explorativen Faktoranalyse konnte für beide Anwendungsfelder der Glaubwürdigkeit Unidimensionalität festgestellt werden. Anschließend wurden weitere Prüfschritte durchgeführt. Tabelle 31 beinhaltet die Ergebnisse der Prüfung der Glaubwürdigkeit bezogen auf die drei Anwendungsfelder. Es werden alle Gütekriterien erfüllt.

Konstrukt	Indikator	Indikatorebene		Konstruktebene		
		Ladung	t-Wert	Kaiser-Kriterium	Interne Konsistenz	Fornell-Larcker-Kriterium
		> 0,7 (> 0,4)	> 1,96	$EW_1 > 1$ $EW_2 < 1$	> 0,7	DEV > max. Korr.²
Glaubwürdigkeit des BGC mit leistungsbezogenen Attributen	GL_BGC_M_1	0,880	70,282	$EW_1 = 2,285$ $EW_2 = 0,388$	0,843	OK
	GL_BGC_M_2	0,881	80,435			
	GL_BGC_M_3	0,857	51,750			
Glaubwürdigkeit des BGC mit nicht-leistungsbezogenen Attributen	GL_BGC_O_1	0,904	99,088	$EW1 = 2,385$ $EW2 = 0,335$	0,871	OK
	GL_BGC_O_2	0,887	68,278			
	GL_BGC_O_3	0,884	73,021			

Tabelle 31:   **Gütebeurteilung der Konstrukte Glaubwürdigkeit des BGC mit leistungsbezogenen Attributen und des BGC mit nicht-leistungsbezogenen Attributen**

Quelle: Eigene Darstellung.

3.2 Analyse der Wirkungsbeziehungen des Untersuchungsmodells

Ziel dieses Kapitels ist die Überprüfung des Strukturmodells auf Basis der quantitativen Hauptuntersuchung. Hierzu werden in einem ersten Schritt die Determinanten der Verhaltensvariablen und des Globalimages untersucht. Im zweiten Schritt erfolgt die Analyse der Wirkung der Social Media Stimuli auf die Markennutzen, woran sich im dritten Schritt die Prüfung der moderierenden und mediierenden Wirkungen anschließt.

3.2.1 Anpassung der Forschungshypothesen an die Markennutzenebene

Wie in Kapitel C 3.1.2.2 dargestellt hat die explorative Faktoranalyse der fünf Markennutzenkategorien eine Anpassung der Betrachtungsebene der Markennutzen gefordert. Da der utilitaristische und ökonomische sowie der hedonistische und soziale Markennutzen auf jeweils einen gemeinsamen Faktor laden, sind diese als funktionaler und symbolischer Markennutzen zu interpretieren. Es wurde ebenfalls bereits argumentiert, dass diese höhere Detailebene bei der Betrachtung der Markennutzen der grundsätzlichen Forschungsfrage dieser Arbeit entspricht und somit keine Einbußen bei der angestrebten Schließung der Forschungslücke zu verzeichnen sind.

Im Folgenden werden die Forschungshypothesen an die höhere Betrachtungsebene der Markennutzen angepasst. Es wird anstatt der Formulierung entsprechend der einzelnen Markennutzen die Differenzierung in funktionalen und symbolischen Markennutzen übernommen. Grundlegende inhaltliche Änderungen finden dabei nicht statt. Tabelle 32 zeigt die Änderung der Forschungshypothesen. Dabei werden jeweils zunächst die ursprüngliche Hypothese und danach die angepasste Hypothese dargestellt.

	Untersuchungshypothesen hinsichtlich der Wirkung von passiv wahrgenommenen Social Media Stimuli
H 1a	Das Gefallen des wahrgenommenen BGC mit leistungsbezogenen Attributen hat einen stärkeren positiven Einfluss auf den **utilitaristischen** Markennutzen, als das Gefallen des wahrgenommenen BGC mit nicht-leistungsbezogenen Attributen.
H 1a	Das Gefallen des wahrgenommenen BGC mit leistungsbezogenen Attributen hat einen stärkeren positiven Einfluss auf den **funktionalen** Markennutzen, als das Gefallen des wahrgenommenen BGC mit nicht-leistungsbezogenen Attributen.
H 1b	Das Gefallen des wahrgenommenen BGC mit nicht-leistungsbezogenen Attributen hat einen stärkeren positiven Einfluss auf **a) den hedonistischen, b) den sozialen und c) den ästhetischen** Markennutzen, als das Gefallen des wahrgenommenen BGC mit leistungsbezogenen Attributen.
H 1b	Das Gefallen des wahrgenommenen BGC mit nicht-leistungsbezogenen Attributen hat einen stärkeren positiven Einfluss auf den **symbolischen** Markennutzen, als das Gefallen des wahrgenommenen BGC mit leistungsbezogenen Attributen.
H 2a	Das Gefallen des BGC mit nicht-leistungsbezogenen Attributen hat bei der Automobilmarke einen stärkeren positiven Einfluss auf die Kaufintention, als das Gefallen des BGC mit leistungsbezogenen Attributen.
	Keine Anpassung notwendig
H 2b	Das Gefallen des BGC mit nicht-leistungsbezogenen Attributen hat bei der Automobilmarke einen stärkeren positiven Einfluss auf das tatsächliche Kaufverhalten, als das Gefallen des BGC mit leistungsbezogenen Attributen.
	Keine Anpassung notwendig
H 2c	Das Gefallen des BGC mit leistungsbezogenen Attributen hat bei der Lebensmittelmarke einen stärkeren positiven Einfluss auf die Kaufintention, als das Gefallen des BGC mit nicht-leistungsbezogenen Attributen.
	Keine Anpassung notwendig
H 2d	Das Gefallen des BGC mit leistungsbezogenen Attributen hat bei der Lebensmittelmarke einen stärkeren positiven Einfluss auf das tatsächliche Kaufverhalten, als das Gefallen des BGC mit nicht-leistungsbezogenen Attributen.
	Keine Anpassung notwendig
H 3	Je besser das Gefallen des BGC bewertet wird, desto häufiger findet die unpersönliche Interaktion mit a) „Gefällt mir"-Funktion, b) Kommentieren und c) Weiterverbreitung statt.
	Keine Anpassung notwendig

H 4a	Das Gefallen des positiven brand-related UGC hat bei der Lebensmittelmarke eine stärkere positive Wirkung auf den **utilitaristischen** Markennutzen, als bei der Automobilmarke.
H 4a	Das Gefallen des positiven brand-related UGC hat bei der Lebensmittelmarke eine stärkere positive Wirkung auf den **funktionalen** Markennutzen, als bei der Automobilmarke.
H 4b	Das Gefallen des BGC hat bei der Automobilmarke eine stärkere positive Wirkung auf den **utilitaristischen** Markennutzen, als das Gefallen des positiven brand-related UGC.
H 4b	Das Gefallen des BGC hat bei der Automobilmarke eine stärkere positive Wirkung auf a) den **funktionalen** Markennutzen, als das Gefallen des positiven brand-related UGC.
H 4c	Das Gefallen des positiven brand-related UGC hat bei der Lebensmittelmarke eine stärkere positive Wirkung auf den utilitaristischen Markennutzen, als das Gefallen des BGC.
H 4c	Das Gefallen des positiven brand-related UGC hat bei der Lebensmittelmarke eine stärkere positive Wirkung auf den **funktionalen** Markennutzen, als das Gefallen des BGC.
H 5a	Das Gefallen des positiven brand-related UGC hat bei der Automobilmarke eine stärkere positive Wirkung auf **a) den hedonistischen, b) den sozialen und c) den ästhetischen** Markennutzen, als auf den **utilitaristischen** Markennutzen.
H 5a	Das Gefallen des positiven brand-related UGC hat bei der Automobilmarke eine stärkere positive Wirkung auf den **symbolischen** Markennutzen, als auf den **funktionalen** Markennutzen.
H 5b	Das Gefallen des positiven brand-related UGC hat bei der Lebensmittelmarke eine stärkere positive Wirkung auf den **utilitaristischen** Markennutzen, als auf **a) den hedonistischen, b) den sozialen und c) den ästhetischen** Markennutzen.
H 5b	Das Gefallen des positiven brand-related UGC hat bei der Lebensmittelmarke eine stärkere positive Wirkung auf den **funktionalen** Markennutzen, als auf den **symbolischen** Markennutzen.
Untersuchungshypothesen hinsichtlich der Wirkung von <u>interaktiven</u> Social Media Stimuli	
H 6a	Je häufiger die persönliche Interaktion zwischen Marke und Nachfrager in Social Media stattfindet, desto stärker ist der positive Einfluss auf **a) den utilitaristischen, b) den hedonistischen, c) den sozialen und d) den ästhetischen** Markennutzen.
H 6a	Je häufiger die persönliche Interaktion zwischen Marke und Nachfrager in Social Media stattfindet, desto stärker ist der positive Einfluss auf a) den **funktionalen** und b) den **symbolischen** Markennutzen.
H 6b	Der positive Einfluss der persönlichen Interaktion zwischen Marke und Nachfrager in Social Media ist bei **a) dem hedonistischen, b) sozialen und c) ästhetischen** Markennutzen stärker, als bei dem **utilitaristischen** Markennutzen.
H 6b	Der positive Einfluss der persönlichen Interaktion zwischen Marke und Nachfrager in Social Media ist bei dem **symbolischen** Markennutzen stärker, als bei dem **funktionalen** Markennutzen.

H 7	Je häufiger die persönliche Marke-Nachfrager-Interaktion mit anderen Nachfragern passiv wahrgenommen wird, desto stärker ist der positive Einfluss auf den **a) den hedonistischen Markennutzen, b) den sozialen Markennutzen und c) den ästhetischen** Markennutzen.
H 7	Je häufiger die persönliche Marke-Nachfrager-Interaktion mit anderen Nachfragern passiv wahrgenommen wird, desto stärker ist der positive Einfluss auf den **symbolischen** Markennutzen.
H 8a	Die Häufigkeit der markenbezogenen Interaktion zwischen Nachfragern in Social Media hat in Bezug auf die Lebensmittelmarke eine stärkere Wirkung auf den **utilitaristischen** Markennutzen, als bei der Automobilmarke.
H 8a	Die Häufigkeit der markenbezogenen Interaktion zwischen Nachfragern in Social Media hat in Bezug auf die Lebensmittelmarke eine stärkere Wirkung auf den **funktionalen** Markennutzen, als bei der Automobilmarke.
H 8b	Die Häufigkeit der markenbezogenen Interaktion zwischen Nachfragern in Social Media hat in Bezug auf die Automobilmarke eine stärkere Wirkung auf **a) den hedonistischen, b) den sozialen und c) den ästhetischen** Markennutzen, als bei der Lebensmittelmarke.
H 8b	Die Häufigkeit der markenbezogenen Interaktion zwischen Nachfragern in Social Media hat in Bezug auf die Automobilmarke eine stärkere Wirkung auf den **symbolischen** Markennutzen, als bei der Lebensmittelmarke.
H 8c	Die Häufigkeit der markenbezogenen Interaktion zwischen Nachfragern in Social Media hat sowohl bei der Automobilmarke als auch bei der Lebensmittelmarke eine stärkere Wirkung auf **a) den hedonistischen, b) den sozialen und c) den ästhetischen** Markennutzen, als auf den **utilitaristischen** Markennutzen.
H 8c	Die Häufigkeit der markenbezogenen Interaktion zwischen Nachfragern in Social Media hat sowohl bei der Automobilmarke als auch bei der Lebensmittelmarke eine stärkere Wirkung auf den **symbolischen** Markennutzen, als auf den **funktionalen** Markennutzen.
Untersuchungshypothesen hinsichtlich der <u>moderierenden und mediierenden</u> Faktoren	
H 9	Je häufiger die unpersönliche Interaktion mit a) „Gefällt-mir"-Funktion, b) Kommentieren und c) Weiterverbreitung stattfindet, desto stärker ist der positive Einfluss des Gefallens des BGC auf **a) den utilitaristischen, b) den hedonistischen, c) den sozialen und d) den ästhetischen** Markennutzen.
H 9	Je häufiger die unpersönliche Interaktion mit a) „Gefällt-mir"-Funktion, b) Kommentieren und c) Weiterverbreitung stattfindet, desto stärker ist der positive Einfluss des Gefallens des BGC auf **a) den funktionalen** und **b) den symbolischen** Markennutzen.
H 10	Je höher die Geschwindigkeit in der Interaktion ist, desto stärker ist der positive Einfluss auf die Wirkung der persönlichen Interaktion zwischen Marke und Nachfrager auf **a) den utilitaristischen, b) den hedonistischen, c) den sozialen und d) den ästhetischen** Markennutzen.
H 10	Je höher die Geschwindigkeit in der Interaktion ist, desto stärker ist der positive Einfluss auf die Wirkung der persönlichen Interaktion zwischen Marke und Nachfrager auf a) den **funktionalen** und b) den **symbolischen** Markennutzen.
H 11a	Je höher die Markenauthentizität bewertet wird, desto stärker ist der positive Einfluss der persönlichen Marke-Nachfrager-Interaktion auf a) den utilitaristischen, b) den hedonistischen, c) den sozialen und d) den ästhetischen Markennutzen.

H 11a	Je höher die Markenauthentizität bewertet wird, desto stärker ist der positive Einfluss der persönlichen Marke-Nachfrager-Interaktion auf a) den **funktionalen** und b) den **symbolischen** Markennutzen.
H 11b	Je höher die Markenauthentizität bewertet wird, desto stärker ist der positive Einfluss des BGC mit nicht-leistungsbezogenen Attributen auf a) den hedonistischen, b) den sozialen und c) den ästhetischen Markennutzen.
H 11b	Je höher die Markenauthentizität bewertet wird, desto stärker ist der positive Einfluss des BGC mit nicht-leistungsbezogenen Attributen auf den **symbolischen** Markennutzen.
H 12a	Je höher die Glaubwürdigkeit des BGC mit leistungsbezogenen Attributen wahrgenommen wird, desto stärker ist der positive Einfluss des BGC mit leistungsbezogenen Attributen auf den **utilitaristischen** Markennutzen.
H 12a	Je höher die Glaubwürdigkeit des BGC mit leistungsbezogenen Attributen wahrgenommen wird, desto stärker ist der positive Einfluss des BGC mit leistungsbezogenen Attributen auf den **funktionalen** Markennutzen.
H 12b	Je höher die Glaubwürdigkeit des BGC mit nicht-leistungsbezogenen Attributen wahrgenommen wird, desto stärker ist der Einfluss des BGC mit nicht-leistungsbezogenen Attributen auf a) den **hedonistischen**, b) den **sozialen** und c) den **ästhetischen** Markennutzen.
H 12b	Je höher die Glaubwürdigkeit des BGC mit nicht-leistungsbezogenen Attributen wahrgenommen wird, desto stärker ist der Einfluss des BGC mit nicht-leistungsbezogenen Attributen auf den **symbolischen** Markennutzen.

Tabelle 32:   **Anpassung der Forschungshypothesen an die Markennutzen**
Quelle: Eigene Darstellung.

3.2.2 Analyse des Gesamtmodells

3.2.2.1 Determinanten des tatsächlichen Kaufverhaltens

Wie bereits in Kapitel C 3.1.1.1 dargestellt sind die Variablen des tatsächlichen Kaufverhaltens binär kodiert. Aus diesem Grund wurden die Kausalbeziehungen, in welchen diese Variablen als endogene Konstrukte integriert sind, mittels einer logistischen Regression berechnet.

Es wurde vermutet, dass der BGC mit bzw. ohne leistungsbezogene Attribute in der markenspezifischen Modellbetrachtung eine differenzierte Wirkung zeigt. Die Tabelle 33 stellt die Ergebnisse der markenspezifischen Betrachtung der Determinanten des tatsächlichen Kaufverhaltens für die Automobilmarke zusammenfassend dar.

Endogene Konstrukte	Modellebene		Exogene Konstrukte			
			BGC mit leistungsbezogenen Attributen		BGC mit nicht-leistungsbezogenen Attributen	
	Likelihood-Quotienten-Test	Nagelkerkes-R^2	Likelihood-Quotienten-Test	Effekt-Koeffizient	Likelihood-Quotienten-Test	Effekt-Koeffizient
	$p \leq 0{,}05$	$> 0{,}2$	$p \leq 0{,}05$		$p \leq 0{,}05$	
KV_A_1 (Angebot)	0,001	0,034	0,584	0,921	0,004	0,667
KV_A_2 (Gespräch)	0,012	0,021	0,149	0,800	0,160	0,818
KV_A_3 (Probefahrt)	0,022	0,018	0,963	1,007	0,018	0,719
KV_A_6 (gekauft)	0,556	0,003	0,282	1,177	0,488	0,907

Tabelle 33:   **Analyse der Determinanten des tatsächlichen Kaufverhaltens bezogen auf die Automobilmarke**

Quelle: Eigene Darstellung.

Bei Betrachtung der Daten aus Tabelle 33 wird deutlich, dass die Werte des Nagelkerkes-R^2 sehr gering sind und unter dem Mindestwert der Kategorisierung liegen (vgl. Kapitel C 2.6). Entsprechend dieser Werte ist der Anteil der erklärten Gesamtvarianz des tatsächlichen Kaufverhaltens sehr gering, was dafür spricht, dass neben den hier analysierten Determinanten des tatsächlichen Kaufverhaltens andere Einflussfaktoren bestehen. Letzteres ist aufgrund der Betrachtung von direkten Wirkbeziehungen des BGC auf das tatsächliche Kaufverhalten nicht überraschend. Der Kauf eines Automobils ist durch einen hohen finanziellen Aufwand und ein hohes Kaufrisiko gekennzeichnet. Folglich bestehen zahlreiche Einflussfaktoren auf die Kaufentscheidung. Da in den hier analysierten Beziehungen ausschließlich der BGC abgebildet wurde, sollen die geringen Werte des Nagelkerkes-R^2 akzeptiert werden.[596]

Nachweisbare Einflüsse können von dem BGC mit nicht-leistungsbezogenen Attributen auf das Einholen eines Angebots und Durchführen einer Probefahrt festgestellt werden. Dabei ist die Wirkbeziehung auf das Einholen eines Angebots stärker. Hierfür spricht der Wert des Effekt-Koeffizienten. Es wurde in Kapitel C 2.6 erläutert, dass die logistische Regression die Wahrscheinlichkeit zur Zuordnung zu einer Gruppe berechnet. Die Ausgangsbasis ist eine Chancengleichheit für die Zuordnung zu den Gruppen

---

[596] Vgl. SCHLODERER/RINGLE/SARSTEDT (2009), S. 594.

(1 : 1). Der Effekt-Koeffizient gibt in der durchgeführten Analyse an, wie sich die Chance für die Zuordnung zu der Gruppe „Nein" verändert.

Für die Untersuchung der Wirkung des BGC mit nicht-leistungsbezogenen Attributen auf das Einholen eines Angebots bedeutet der Effekt-Koeffizient von 0,667, dass bei Erhöhung der Bewertung des Werbegefallens des BGC mit nicht-leistungsbezogenen Attributen das Chancenverhältnis zwischen dem Nicht-Einholen und Einholen eines Angebotes von 1 : 1 auf 0,667 : 1 verschoben wird. Folglich ist die Wahrscheinlichkeit zum Einholen eines Angebotes bei einem hohen Gefallen des BGC mit nicht-leistungs-bezogenen Attributen höher (1), als zum Nicht-Einholen eines Angebotes (0,667). Die gleiche Valenz der Eintrittswahrscheinlichkeiten kann auch für die Durchführung einer Probefahrt in Abhängigkeit von dem Gefallen des BGC mit nicht-leistungsbezogenen Attributen festgestellt werden. Allerdings ist der Effekt hier geringer, da sich das Ver-hältnis von 1 : 1 nur auf 0,719 : 1 verschiebt.

Bei der Interpretation dieser beiden signifikanten Zusammenhänge ist jedoch der ge-ringe Wert des Nagelkerkes-R^2 zu beachten. Dieser liegt bei dem Einfluss des BGC auf das Einholen eines Angebots bei 3,4 Prozent und bei der Durchführung einer Pro-befahrt bei 1,8 Prozent. Folglich ist der Erklärungsanteil des BGC auf das Einholen eines Angebots und Durchführen einer Probefahrt sehr gering. Da in dieser Analyse die direkten Wirkbeziehungen des BGC analysiert wurden und es sich bei dem Kauf eines Automobils um einen hohen finanziellen Aufwand handelt, können diese Werte als akzeptabel angesehen werden.

Dass die Wirkungen auf das Verkaufsgespräch und den tatsächlichen Kauf eines Au-tomobils nicht nachweisbar sind, kann mit der Reihenfolge der als tatsächliches Kauf-verhalten definierten Handlungen erklärt werden. Dabei kann ein Angebot für ein Au-tomobil bereits über die Homepage eingeholt werden, bspw. als Ergebnis der online-basierten Konfiguration eines Autos. Die Probefahrt kann ebenfalls ohne die finale Ent-scheidung über den Kauf des Automobils stattfinden. Bei einem Verkaufsgespräch wird die Absicht zum Kauf als bereits finaler vermutet, welche schlussendlich in dem tatsächlichen Kauf im Sinne einer juristischen Besitzübergabe mündet. Aufgrund der Eigenschaften des Kaufprozesses und dem hohen finanziellen Aufwand beim Kauf eines Automobils können für das Verkaufsgespräch und den tatsächlichen Kauf zahl-reiche Einflussfaktoren vermutet werden, wodurch eine Abhängigkeit von dem BGC in Social Media nicht mehr nachgewiesen werden kann.

Dennoch können für zwei der als tatsächliches Kaufverhalten definierten Indikatoren nachweisbare Einflüsse festgestellt werden. Zudem sind die Wirkbeziehungen von dem BGC mit leistungsbezogenen Attributen nicht signifikant. Die Hypothese H 2b ist daher teilweise zu bestätigen.

H 2b	Das Gefallen des BGC mit nicht-leistungsbezogenen Attributen hat bei der Automobilmarke einen stärkeren positiven Einfluss auf das tatsächliche Kaufverhalten, als das Gefallen des BGC mit leistungsbezogenen Attributen.	teilweise bestätigt

Die gleiche Analyse wurde auch für die Indikatoren des tatsächlichen Kaufverhaltens bezogen auf die Lebensmittelmarke vorgenommen. Tabelle 34 stellt die Ergebnisse dar.

Endogene Konstrukte	Modellebene		Exogene Konstrukte			
			BGC mit leistungsbezogenen Attributen		BGC mit nicht-leistungsbezogenen Attributen	
	Likelihood-Quotienten-Test	Nagel-kerkes-R²	Likelihood-Quotienten-Test	Effekt-Koeffizient	Likelihood-Quotienten-Test	Effekt-Koeffizient
	$p \leq 0,05$	$> 0,2$	$p \leq 0,05$		$p \leq 0,05$	
KV_L_1 (gekauft)	0,006	0,090	0,020	0,405	0,756	0,888
KV_L_2 (gesucht)	0,000	0,094	0,000	0,458	0,613	0,896
KV_L_3 (vergleichen)	0,390	0,006	0,171	1,325	0,405	0,854

Tabelle 34:   **Analyse der Determinanten des tatsächlichen Kaufverhaltens bezogen auf die Lebensmittelmarke**

Quelle: Eigene Darstellung.

Im Fall der Lebensmittelmarke fallen die Gütemaße der Regression positiver aus. Zum einen sind die Nagelkerkes-R² deutlich höher, als bei der Automobilmarke. Dennoch liegen diese unter der Mindestgröße der Kategorisierung. Zum anderen sind die Effekte der Determinanten des tatsächlichen Kaufverhaltens deutlich stärker als bei der Automobilmarke. Dieses zeigt sich an den Effekt-Koeffizienten, welche näher an Null liegen.

Für die Wirkbeziehung von dem BGC mit leistungsbezogenen Attributen auf den Kauf bedeutet dies, dass sich die Chancenverteilung zwischen Kauf und Nicht-Kauf bei einer steigenden Bewertung des BGC mit leistungsbezogenen Attributen von 1 : 1 auf 0,405 : 1 verschiebt. Ein Kauf wird damit wahrscheinlicher. Gleiches kann bei der analysierten Lebensmittelmarke auch hinsichtlich des Einflusses des BGC mit leistungsbezogenen Attributen auf die aktive Suche nach einem Produkt der Lebensmittelmarke in der Kaufstätte festgestellt werden. Hier verschiebt sich die Chancenverteilung von

1 : 1 auf 0,458 : 1. Für beide Wirkbeziehungen können nur geringe Werte des Nagelkerkes-R^2 festgestellt werden. Hiernach liegt der Erklärungsanteil des BGC auf den tatsächlichen Kauf bei 9 Prozent und auf das aktive Suchen nach einem Produkt in der Kaufstätte bei 9,4 Prozent. Die Analyse der direkten Wirkbeziehung des BGC auf das Kaufverhalten rechtfertigt wie auch bei der Automobilmarke an dieser Stelle ebenfalls die Akzeptanz dieser Werte.

Dass der Einfluss auf den Vergleich des Lebensmittelproduktes mit vergleichbaren Produkten in der Kaufstätte nicht nachweisbar ist, kann mit dem Untersuchungsdesign zusammenhängen. Zwar wurde dieser Indikator von Branchenkennern formuliert, doch ist es denkbar, dass hierdurch nicht das tatsächliche Verhalten der Konsumenten abgebildet wurde. Da es sich bei dem Kauf der Produkte der Lebensmittelmarke um geringe finanzielle Aufwendungen handelt und keine komplexen Kaufentscheidungen stattfinden, ist ein Vergleich aus Sicht der Nachfrager möglicherweise nicht notwendig.

Zusammenfassend kann für den BGC mit leistungsbezogenen Attributen im Fall der Lebensmittelmarke in zwei von drei Analysen ein positiver Einfluss auf das tatsächliche Kaufverhalten festgestellt werden. Die Wirkbeziehungen des BGC mit nicht-leistungsbezogenen Attributen zeigen hingegen keine Wirkungen. Folglich wird die Hypothese H 2d teilweise bestätigt.

H 2d	Das Gefallen des BGC mit leistungsbezogenen Attributen hat bei der Lebensmittelmarke einen stärkeren positiven Einfluss auf das tatsächliche Kaufverhalten, als das Gefallen des BGC mit nicht-leistungsbezogenen Attributen.	teilweise bestätigt

In dem **Vergleich der Wirkung des BGC auf das tatsächliche Kaufverhalten der Automobil- und Lebensmittelmarke** fällt vor allem der deutliche Unterschied in dem Erklärungsgehalt der Wirkbeziehungen auf. Während bei der Automobilmarke 3,4 bzw. 1,8 Prozent durch den BGC mit nicht-leistungsbezogenen Attributen erklärt werden können, liegt der Anteil der Erklärung des tatsächlichen Kaufverhaltens durch den BGC mit leistungsbezogenen Attributen bei der Lebensmittelmarke bei 9 bzw. 9,4 Prozent. Folglich bestehen im Fall der Automobilmarke neben dem BGC mehr bzw. andere wichtigere Einflussfaktoren auf das tatsächliche Kaufverhalten, als bei der Lebensmittelmarke. Gleichzeitig ist die Wirkbeziehung des BGC auf die Formen des tatsächlichen Kaufverhaltens bei der Lebensmittelmarke deutlich stärker, als bei der Automobilmarke. Diese Unterschiede lassen sich mit den finanziellen Aufwänden bei dem Automobil- und Lebensmittelkauf erklären. Während der Automobilkauf einen hohen finanziellen Aufwand und somit ein hohes Risiko darstellt, sind beide Faktoren im Fall der Lebensmittelmarke gering. Bei Ersterem können u.a. die fehlenden finanziellen

Mittel bedingen, dass trotz eines hohen Gefallens des BGC kein tatsächliches Kaufverhalten folgt.

Hinzu kommt, dass der Entscheidungsprozess für den Kauf eines Automobils deutlich komplexer ist, als bei dem Kauf eines Lebensmittelproduktes. Somit vermag das Gefallen des BGC der Lebensmittelmarke eine direkte Kaufhandlung auszulösen, welche in kurzfristigem Zeitabstand erfolgt. Es ist denkbar, dass die Wirkung des BGC auf das tatsächliche Kaufverhalten im Fall der Automobilmarke in der langfristigen Betrachtung an Stärke zunimmt. Aufgrund des Studiendesigns dieser Arbeit konnte diese Vermutung jedoch nicht analysiert werden.

Bei der Analyse des BGC beider Marken fällt weiterhin auf, dass die Lebensmittelmarke progressiver neue Produkte bei Facebook ankündigt, als die Automobilmarke. Hierzu gehört vor allem die Empfehlung saisonaler Produkte, wie bspw. Soßen für die Grillsaison oder leichte Salatsoßen im Sommer. Die Ankündigung von Produkten bei der Automobilbranche bezieht sich vor allem auf das Herausstellen der technischen Eigenschaften, wobei der Fokus des BGC auf der Information und weniger auf der Kaufanregung liegt. Die Unterschiede in der Wirkung des BGC auf das tatsächliche Kaufverhalten beider Marken lassen sich folglich z.T. auch mit der Gestaltung des markenspezifischen BGC erklären. Da diese Differenzen in der Gestaltung des BGC jedoch eher marginal sind, wird ein untergeordneter Erklärungsgehalt vermutet.

3.2.2.2 Determinanten der Kaufintention

Bevor die eigentlichen Determinanten der Kaufintention betrachtet werden, soll zunächst das Konstrukt selbst im Mittelpunkt stehen. Zur Beurteilung wird das Bestimmtheitsmaß R^2 herangezogen. Dieses liegt mit einem Wert von 0,462 entsprechend der Kategorisierung nach CHIN (1998) in einem durchschnittlichen Bereich. Die Prognoserelevanz, welche über das Stone-Geisser-Kriterium ermittelt wird, ist mit einem Wert von 0,375 gut erfüllt.

Endogenes Konstrukt	Bestimmtheitsmaß R^2	Stone-Geisser Q^2	
	> 0,19	> 0	
Kaufintention	0,462	0,375	
Exogene Konstrukte	Pfadkoeffizient	t-Wert	Effektgröße f^2
	> 0,1	> 1,96	> 0,02
Globalimage	0,643	22,014	0,621
BGC mit leistungsbezogenen Attributen	0,041	1,762	0,002
BGC mit nicht-leistungsbezogenen Attributen	0,043	1,654	0,004

Tabelle 35:   Analyse der Determinanten der Kaufintention (Gesamtbetrachtung)

Quelle: Eigene Darstellung.

Der Vergleich der Pfadkoeffizienten und Effektstärken aus Tabelle 35 zeigt, dass das Globalimage in der Gesamtbetrachtung eine deutlich stärkere Determinante der Kaufintention ist, als der BGC mit bzw. ohne leistungsbezogene Attribute. Dies wird auch in dem Vergleich der Effektstärken bestätigt. Aufgrund der Unterschiedlichkeit der zwei in dieser Arbeit analysierten Marken interessiert vor allem die markenspezifische Betrachtung der Determinanten der Kaufintention. Diese wird in Tabelle 36 abgebildet.

Endogenes Konstrukt	Bestimmtheitsmaß R^2	Stone-Geisser Q^2	
	> 0,19	> 0	
Kaufintention	A: 0,443 L: 0,520	A: 0,326 L: 0,443	
Exogene Konstrukte	Pfadkoeffizient	t-Wert	Effektgröße f^2
	> 0,1	> 1,96	> 0,02
Globalimage	A: 0,634 L: 0,716	A: 15,706 L: 16,206	A: 0,662 L: 0,646
BGC mit leistungsbezogenen Attributen	A: -0,015 L: 0,089	A: 0,389 L: 2,238	A: 0,054 L: 0,010
BGC mit nicht-leistungsbezogenen Attributen	A: 0,042 L: -0,350	A: 1,284 L: 0,753	A: 0,056 L: 0,000

Tabelle 36: **Analyse der Determinanten der Kaufintention (Einzelbetrachtung)**
Quelle: Eigene Darstellung.

Das Konstrukt Kaufintention hält auch bei der markenspezifischen Betrachtung den Gütekriterien stand. Die Bestimmtheitsmaße liegen bei beiden Marken in einem zufrie-denstellenden Bereich und auch die Prognoserelevanz wird in beiden Fällen erfüllt.

Die Ergebnisse zu den Wirkbeziehungen in den Einzelbetrachtungen nach Marken zeigen, dass bei beiden Marken das Globalimage die stärkste Determinante der Kauf-intention ist. Allerdings unterscheiden sich die Ergebnisse hinsichtlich des BGC mit bzw. ohne leistungsbezogene Attribute. In Tabelle 37 werden die Daten der Kausalbe-ziehungen für die Automobilmarke dargestellt. Wie in Kapitel C 2.3 hergeleitet, wird für den Vergleich zweier Pfadkoeffizienten sowohl der t-Wert als auch das zugehörige 95%-Konfidenzintervall berechnet.

In der tabellarischen Darstellung werden zunächst die Daten der direkten Effekte in den Kausalbeziehungen mit dem Pfadkoeffizienten, dem t-Wert des Pfadkoeffizienten sowie der Effektstärke dargestellt. Die Kausalbeziehung, bei welcher der stärkere di-rekte Effekt vermutet wird, wird links abgebildet. Auf der rechten Seite der Tabelle sind die Daten der Differenz zwischen den Kausalbeziehungen zu finden. Hierzu gehören die Differenz der Pfadkoeffizienten sowie der t-Wert und das 95%-Konfidenzintervall dieser Differenz. Alle folgenden Daten zur Überprüfung von Hypothesen, in denen die Stärken von Kausalbeziehungen verglichen werden, werden auf diese Art dargestellt.

Kausalbeziehung 1 (BGC mit nicht-leistungs-bezogenen Attributen → Kaufintention der Automobilmarke)			Kausalbeziehung 2 (BGC mit leistungsbezogenen Attributen → Kaufintention der Automobilmarke)			Differenz		
Pfadkoeffizient β^1	t-Wert (β^1)	Effektstärke f^1	Pfadkoeffizient β^2	t-Wert (β^2)	Effektstärke f^2	$\Delta \beta^1 - \beta^2$	t-Wert $(\wedge \beta^1 - \beta^2)$	95% Konfidenzintervall
0,042	1,284	0,056	-0,015	0,389	0,054	0,056	0,944	[-0,061; 0,173]

Tabelle 37:   Vergleich der Pfadkoeffizienten (Hypothese 2a)

Quelle: Eigene Darstellung.

Aus der vorangegangenen Tabelle kann entnommen werden, dass im Fall der Automobilmarke weder der BGC mit nicht-leistungsbezogenen Attributen noch der BGC mit leistungsbezogenen Attributen eine signifikant positive Wirkung auf die Kaufintention zeigen. Auch die geringe Differenz der Wirkungsstärken ist nicht signifikant. Die Hypothese H 2a wird damit abgelehnt.

H 2a	Das Gefallen des BGC mit nicht-leistungsbezogenen Attributen hat bei Automobilmarken einen stärkeren positiven Einfluss auf die Kaufintention, als das Gefallen des BGC mit leistungsbezogenen Attributen.	abgelehnt

Es verwundert zunächst, dass in dem vorangegangen Kapitel im Fall der Automobilmarke signifikante Einflüsse des BGC mit nicht-leistungsbezogenen Attributen auf das tatsächliche Kaufverhalten festgestellt werden konnten, der Einfluss auf die dem tatsächlichen Kauf vorgelagerte Kaufintention jedoch als nicht signifikant festgestellt wird. Die Begründung hierfür ist in der Formulierung der Indikatoren zu finden. Die Kaufintention bezieht sich direkt auf den Kauf eines Automobils, während in der Formulierung der Indikatoren des tatsächlichen Kaufverhaltens auch die Vorstufen des tatsächlichen Kaufs (z.B. Einholen eines Angebots) aufgenommen wurden. Da die Wirkung des BGC auf den tatsächlichen Kauf im Sinne der juristischen Besitzübergabe nicht signifikant ist, greift die Kausalkette von Intention zum tatsächlichen Verhalten.

Die nachfolgende Tabelle 38 beinhaltet die Daten für die Wirkung der zwei Formen des BGC auf die Kaufintention im Fall der Lebensmittelmarke.

Kausalbeziehung 1 (BGC mit leistungsbezogenen Attributen → Kaufintention der Lebensmittelmarke)			Kausalbeziehung 2 (BGC mit nicht-leistungs-bezogenen Attributen → Kaufintention der Lebensmittelmarke)			Differenz		
Pfadkoef-fizient β^1	t-Wert (β^1)	Effekt-stärke f^1	Pfadkoef-fizient β^2	t-Wert (β^2)	Effekt-stärke f^2	$\Delta\,\beta^1 - \beta^2$	t-Wert $(\Delta\,\beta^1 - \beta^2)$	95% Konfi-denz-intervall
0,089	2,238	0,010	-0,350	0,753	0,000	0,124	2,016	[0,003; 0,244]

Tabelle 38:   Vergleich der Pfadkoeffizienten (Hypothese 2c)
Quelle: Eigene Darstellung.

Während bei der Automobilmarke für keine dieser Variablen ein signifikanter Einfluss auf die Kaufintention festgestellt werden kann, zeigt der BGC mit leistungsbezogenen Attributen bei der Lebensmittelmarke einen signifikant positiven Einfluss auf die Kaufintention. Hierbei sind jedoch der geringe Pfadkoeffizient und die geringe Effektstärke zu berücksichtigen. Es handelt sich folglich zwar um einen signifikanten Einfluss, der Effekt auf die Kaufintention ist jedoch sehr gering. Dennoch kann die Differenz zwischen den analysierten Pfadkoeffizienten aufgrund des t-Wertes, welcher über dem Mindestniveau von t= 1,96 liegt, und dem Konfidenzintervall, welches nicht den Wert Null umschließt, als signifikant bestätigt werden. Somit wird die Hypothese H 2c bezüglich der Lebensmittelmarke bestätigt.

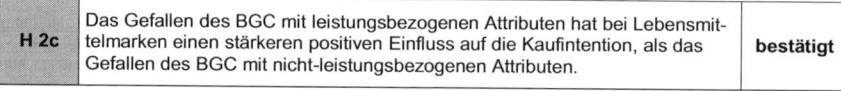

H 2c	Das Gefallen des BGC mit leistungsbezogenen Attributen hat bei Lebensmittelmarken einen stärkeren positiven Einfluss auf die Kaufintention, als das Gefallen des BGC mit nicht-leistungsbezogenen Attributen.	bestätigt

Vor dem Hintergrund der vorangegangenen Analyse der Wirkung des BGC mit leistungsbezogenen Attributen auf das tatsächliche Kaufverhalten für die Lebensmittelmarke ist der Nachweis einer signifikanten Wirkung des BGC mit leistungsbezogenen Attributen auf die Kaufintention nicht überraschend. Ebenso können die gleichen Argumente für den Vergleich der beiden Marken herangezogen werden. Somit liegt die Vermutung nahe, dass vor allem der finanzielle Aufwand beim Kauf der Produkte der Grund dafür ist, dass nur im Fall der Lebensmittelmarke eine Wirkung auf die Kaufintention nachgewiesen werden kann.

3.2.2.3 Determinanten des Globalimages

Die Operationalisierung des Globalimages wurde im Rahmen der empirischen Untersuchung in dieser Arbeit im Vergleich zu der theoretisch hergeleiteten Operationalisierung leicht angepasst. Aus diesem Grund sind die folgenden Gütemaße von besonderem Interesse. Wie der Tabelle 39 zu entnehmen ist, wird das Bestimmtheitsmaß R^2 in der Gesamtbetrachtung mit einem Wert von 0,622 gut erfüllt. Auch die Prognoserelevanz ist mit einem Wert von 0,429 zufriedenstellend. Beide Gütemaße werden auch in der Einzelbetrachtung nach Marken erfüllt (vgl. Tabelle 39, A= Automobilmarke, L= Lebensmittelmarke).

Die Determinanten des Globalimages wurden im Rahmen dieser empirischen Untersuchung ebenfalls im Vergleich zur theoretischen Herleitung angepasst. Hiernach wird das Globalimage durch den funktionalen Markennutzen, bestehend aus utilitaristischem und ökonomischem Markennutzen, sowie den symbolischen Markennutzen, bestehend aus hedonistischem und sozialem Markennutzen determiniert. Zwar sind die Kausalzusammenhänge zwischen den Markennutzen und dem Globalimage in dieser Arbeit nicht Bestandteil der Hypothesen, dennoch wurde es als sinnvoll erachtet, diese Zusammenhänge aufgrund der Anpassungen in den Operationalisierungen der Variablen zu überprüfen.

Endogenes Konstrukt	Bestimmtheitsmaß R^2	Stone-Geisser Q^2	
	> 0,19	> 0	
Globalimage	0,622 A: 0,672 L: 0,695	0,429 A: 0,473 L: 0,427	
Exogene Konstrukte	**Pfadkoeffizient**	**t-Wert**	**Effektgröße f^2**
	> 0,1	> 1,96	> 0,02
Funktionaler Markennutzen	0,295 A: 0,183 L: 0,461	9,389 A: 4,050 L: 11,464	0,519 A: 0,053 L: 0,458
Symbolischer Markennutzen	0,594 A: 0,692 L. 0,483	24,548 A: 22,303 L: 14,825	0,669 A: 0,978 L: 0,507

Tabelle 39:   **Analyse der Determinanten des Globalimages**
Quelle: Eigene Darstellung.

Aus Tabelle 39 kann entnommen werden, dass sowohl der funktionale als auch der symbolische Markennutzen in der Gesamtbetrachtung einen hochsignifikanten Einfluss auf das Globalimage zeigen. In beiden Fällen werden zudem die Anforderungen an die Pfadkoeffizienten und Effektstärken deutlich überschritten. Gleiches gilt für die

Einzelbetrachtung nach Marken. Ein Vergleich der Pfadkoeffizienten und Effektstärken zeigt, dass der symbolische Markennutzen sowohl in der Gesamt- als auch der Einzelbetrachtung nach Marken eine stärkere Wirkung auf das Globalimage hat, als der funktionale Markennutzen. Dieses Verhältnis deckt sich mit den grundsätzlichen Ergebnissen der Analysen von BECKER (2012) und STOLLE (2013).[597] Die Zusammenführung der einzelnen Markennutzen zum funktionalen und symbolischen Markennutzen aufgrund der explorativen Faktoranalyse kann somit auch in der Überprüfung der Wirkbeziehungen auf das Globalimage standhalten.

3.2.2.4 Determinanten des funktionalen und symbolischen Markennutzens

Die Analyse der Determinanten des funktionalen und symbolischen Markennutzens beginnt mit der Betrachtung der Gütemaße der Konstrukte. Hierzu wird zum einen das Bestimmtheitsmaß R^2 herangezogen (vgl. Tabelle 40). Dieses liegt in der Gesamtbetrachtung bei dem funktionalen Markennutzen bei 0,237 und bei dem symbolischen Nutzen bei 0,177. Das Bestimmtheitsmaß des funktionalen Markennutzens ist entsprechend der Kategorisierung nach CHIN (1998) als schwach zu bezeichnen. Das Bestimmtheitsmaß des symbolischen Markennutzens unterschreitet die Untergrenze der von CHIN (1998) aufgestellten Kategorisierung.[598] Ein ähnliches Bild zeigt sich im Fall der spezifischen Betrachtung der Automobilmarke. Hier liegt das Bestimmtheitsmaß des funktionalen Markennutzens bei einem Wert von 0,188 und des symbolischen Markennutzens bei 0,158. Im Fall der Lebensmittelmarke erfüllen beide Werte des Bestimmtheitsmaßes die Mindestanforderung (0,319 bzw. 0,321) und sind nach CHIN (1998) als schwach zu bezeichnen.[599]

Bei der Bewertung des Bestimmtheitsmaßes ist zu beachten, dass in dieser Forschung ausschließlich Social Media Stimuli und damit nur ein Instrument der Markenkommunikation sowie nur ein Kanal der markenbezogenen Kommunikation zwischen Nachfragern betrachtet wird. Entsprechend der Annahme von SCHLODERER/RINGLE/SARSTEDT (2009) können die Bestimmtheitsmaße daher niedriger ausfallen, da die gesamte klassische Markenkommunikation (z.B. Fernsehwerbung) und die markenbezogene Kommunikation zwischen Nachfragern außerhalb von Social Media (z.B. Word of Mouth) ausgeblendet wurden.[600] Weiterhin bestätigt NITZL (2010), dass auch kleinere Werte der Bestimmtheitsmaße akzeptiert werden können, wenn es Ziel

---

[597] Vgl. BECKER (2012), S. 184 ff; STOLLE (2013), S. 310 f.

[598] Vgl. CHIN (1998), S. 316.

[599] Vgl. ebenda.

[600] Vgl. SCHLODERER/RINGLE/SARSTEDT (2009), S. 594.

der Forschung ist, die prinzipiellen Zusammenhänge zwischen exogenen und endogenen Variablen festzustellen.[601] Folglich sollen die Bestimmtheitsmaße des funktionalen und symbolischen Markennutzens im Rahmen dieser Arbeit sowohl in der Gesamt- als auch in der Einzelbetrachtung als akzeptable Werte verstanden werden.

Neben dem Bestimmtheitsmaß wird auch das Stone-Geisser Kriterium Q^2 für die Gütebeurteilung herangezogen. Dieses überschreitet in der Gesamt- und Einzelbetrachtung sowohl bei dem funktionalen als auch bei dem symbolischen Markennutzen den Grenzwert. Damit ist eine Prognoserelevanz bei beiden Konstrukten und auf jeder Betrachtungsebene gegeben. Tabelle 40 stellt die Gütebeurteilung sowie die Analyse der Wirkungsbeziehungen auf den funktionalen und symbolischen Markennutzen für die Gesamtbetrachtung und spezifisch für die einzelnen Marken (A= Automobilmarke, L= Lebensmittelmarke) zusammenfassend dar. Diese Tabelle stellt lediglich einen Überblick dar. Im weiteren Verlauf der Hypothesenprüfung werden die entsprechenden Daten erneut dargestellt.

---

[601] Vgl. NITZL (2010), S. 33 f.

Wirkungsbeziehung auf	Pfadkoeffizient	t-Wert	f2	R2	Q2
den **funktionalen** **Markennutzen**	> 0,1	> 1,96	> 0,02	> 0,19	> 0
Gefallen des BGC mit leistungsbezogenen Attributen	0,275 A: 0,256 L: 0,258	6,378 A: 4,497 L: 3,923	0,056 A: 0,049 L: 0,053		
Gefallen des BGC mit nicht- leistungsbezogenen Attributen	0,181 A: 0,159 L: 0,164	4,291 A: 2,846 L: 2,507	0,024 A: 0,020 L: 0,019		
Gefallen des brand-related UGC	0,116 A: 0,114 L: 0,207	3,421 A: 2,482 L: 3,630	0,012 A: 0,014 L: 0,035	0,237 A: 0,188 L: 0,319	0,154 A: 0,119 L: 0,208
Gefallen des BGC gesamt	0,409 A: 0,372 L: 0,382	11,674 A: 8,364 L: 6,135	0,176 A: 0,150 L: 0,127		
Häufigkeit der persönliche Interaktion zwischen Marke und Nachfrager	-0,043 A: 0,007 L: -0,086	1,385 A: 0,168 L: 1,367	0,003 A: 0,000 L: 0,007		
Häufigkeit der markenbezogene Interaktion zwischen Nachfragern	0,047 A: 0,034 L: 0,088	1,457 A: 0,805 L: 1,971	0,005 A: 0,001 L: 0,007		
Wirkungsbeziehung auf	Pfadkoeffizient	t-Wert	f^2	R^2	Q^2
den **symbolischen** **Markennutzen**	Vorzeichen entspricht Hypothese	> 1,96	> 0,02	> 0,19	> 0
Gefallen des BGC mit leistungsbezogenen Attributen	0,244 A: 0,236 L: 0,162	5,696 A: 3,761 L: 2,936	0,043 A: 0,042 L: 0,021		
Gefallen des BGC mit nicht- leistungsbezogenen Attributen	0,125 A: 0,065 L: 0,082	2,968 A: 1,118 L: 1,488	0,011 A: 0,002 L: 0,004	0,177 A: 0,158 L: 0,321	0,105 A: 0,084 L: 0,183
Gefallen des brand-related UGC	-0,012 A: 0,115 L: 0,209	0,329 A: 3,054 L: 3,800	0,000 A: 0,012 L: 0,035		
Gefallen des BGC gesamt	0,330 A: 0,269 L: 0,221	10,780 A: 5,472 L: 4,310	0,107 A: 0,075 L: 0,043		

Häufigkeit der persönliche Interaktion zwischen Marke und Nachfrager	0,079 A: 0,049 L: 0,080	2,558 A: 1,974 L: 2,166	0,005 A: 0,002 L: 0,006	
Häufigkeit der passiven Wahrnehmung von persönlicher Interaktion zwischen der Marke und anderen Nutzern	-0,045 A: 0,016 L: 0,053	1,257 A: 0,322 L: 1,068	0,001 A: 0,000 L: 0,002	
Häufigkeit der markenbezogene Interaktion zwischen Nachfragern	0,122 A: 0,110 L: 0,224	3,429 A: 2,716 L: 3,977	0,018 A: 0,011 L: 0,041	

Tabelle 40:   **Analyse der Wirkungen der Social Media Stimuli auf den funktionalen und symbolischen Markennutzen (Gesamt- und Einzelergebnisse)**

Quelle: Eigene Darstellung.

Auffällig sind zunächst die **deutlichen Differenzen in den Bestimmtheitsmaßen** des markenspezifischen funktionalen und symbolischen Markennutzens. Für den vorliegenden Anwendungsfall bedeutet dies, dass sowohl der funktionale als auch der symbolische Markennutzen im Fall der Lebensmittelmarke stärker durch die Social Media Stimuli erklärt werden können, als bei der Automobilmarke (ΔR^2 funktionaler Markennutzen: 13,1%, ΔR^2 symbolischer Markennutzen: 16,3%). Es muss daher davon ausgegangen werden, dass im Fall der Automobilmarke eine größere Anzahl externer, neben den Social Media Stimuli wirkender Einflussfaktoren auf das Markenimage besteht, als bei der Lebensmittelmarke. Dies führt zu der Schlussfolgerung, dass die Social Media Aktivitäten bei der Lebensmittelmarke eine bedeutendere Stellung im Kommunikationsmix einnehmen, als bei der Automobilmarke.

Damit wird der Auffassung nach PROX (2011) widersprochen, welcher die Relevanz von Social Media im Mix der Markenführungsinstrumente entlang den Dimensionen Involvement und Erklärungsbedürftigkeit der Produkte zuordnet. Hiernach ist die Relevanz von Social Media bei sog. high-involvement Produkten mit einer hohen Erklärungsbedürftigkeit (z.B. Automobilbranche) hoch und bei low-involvement Produkten mit einer geringen Erklärungsbedürftigkeit (z.B. Lebensmittelbranche) niedrig.[602] An der Zuordnung der Relevanz von Social Media zu Branchen nach PROX (2011) ist zu kritisieren, dass externe Einflussfaktoren unberücksichtigt bleiben. Im konkreten Fall der zwei analysierten Marken ist bspw. die Automobilmarke weitaus präsenter als die

---

[602] Vgl. PROX (2011), S. 26 ff.

Lebensmittelmarke. Dies bezieht sich nicht nur auf die klassische Kommunikation, sondern auch auf den öffentlichen Konsum des Produktes. Zudem bedingt die Erklärungsbedürftigkeit, dass der persönliche Kontakt an Bedeutung gewinnt. In dem Online-Fragebogen im Rahmen dieser Arbeit wurde für die Automobilmarke eine Frage zu der Wichtigkeit verschiedener Kontaktpunkte mit der Marke integriert. Die deskriptive Auswertung dieser Frage anhand von Mittelwerten (vgl. Abbildung 30) hat ergeben, dass der Kontakt im Autohaus sowie auf Messen und Events für den Nachfrager eine höhere Relevanz besitzt, als der Kontakt in Social Media.

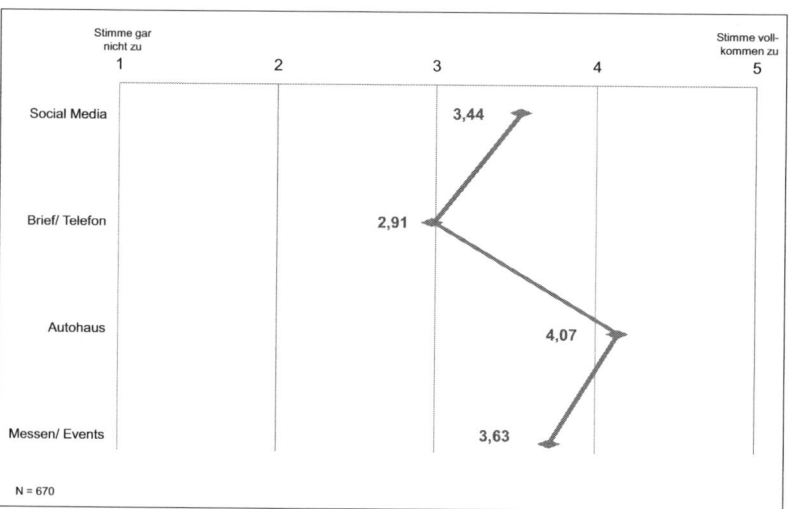

Abbildung 30:   **Relevanz der verschiedenen Kontaktpunkte zur Marke aus Nachfragersicht**
Quelle: Eigene Darstellung.

Nach Analyse der endogenen Konstrukte sollen nun die Kausalbeziehungen analysiert werden. Im Folgenden wird zunächst auf die Wirkung der passiv wahrgenommenen Social Media Stimuli eingegangen, wonach die Interaktion betrachtet wird.

3.2.2.4.1 Passiv wahrgenommene Social Media Stimuli als Determinanten des funktionalen und symbolischen Markennutzens

Bei der Analyse der passiv wahrgenommenen Social Media Stimuli als Determinanten des funktionalen und symbolischen Markenimages ist zunächst die **differenzierte Wirkung der Arten des BGC auf den funktionalen und symbolischen Markennutzen** von Interesse. Da es sich hierbei um eine aus der identitätsbasierten Markenführung abgeleitete branchenübergreifende Wirkbeziehung handelt, werden die empirischen Daten der Gesamtbetrachtung herangezogen.

Zunächst wird analysiert, ob der BGC mit leistungsbezogenen Attributen eine stärkere Wirkung auf den funktionalen Markennutzen hat, als der BGC mit nicht-leistungsbezogenen Attributen. Die zugehörigen Daten werden in Tabelle 41 dargestellt.

Kausalbeziehung 1 (BGC mit leistungsbezogenen Attributen → funktionaler Markennutzen)			Kausalbeziehung 2 (BGC mit nicht-leistungsbezogenen Attributen → funktionaler Markennutzen)			Differenz		
Pfadkoeffizient β^1	t-Wert (β^1)	Effektstärke $f^{2\,(1)}$	Pfadkoeffizient β^2	t-Wert (β^2)	Effektstärke $f^{2\,(2)}$	$\Delta\,\beta^1 - \beta^2$	t-Wert ($\Delta\,\beta^1 - \beta^2$)	95% Konfidenzintervall
0,275	6,378	0,056	0,181	4,291	0,024	**0,094**	**1,250**	**[-0,053; 0,241]**

Tabelle 41:   **Vergleich der Pfadkoeffizienten (Hypothese 1a)**
Quelle: Eigene Darstellung.

Wie der Tabelle 41 entnommen werden kann, zeigt sowohl die Wirkung des BGC mit leistungsbezogenen Attributen als auch die Wirkung des BGC mit nicht-leistungsbezogenen Attributen auf den funktionalen Markennutzen einen Pfadkoeffizienten, welcher über dem geforderten Mindestniveau von $\beta = 0{,}1$ liegt und aufgrund eines t-Wertes von $t > 1{,}96$ als signifikant bezeichnet werden kann. Ein Vergleich der Pfadkoeffizienten und der Effektstärken zeigt eine stärkere Wirkung des BGC mit leistungsbezogenen Attributen auf den funktionalen Markennutzen (Kausalbeziehung 1). Dies kann durch eine Signifikanzprüfung der Differenz der Pfadkoeffizienten von $\Delta = 0{,}094$ jedoch nicht bestätigt werden, da sowohl der t-Wert der Differenz unter dem geforderten Mindestniveau von $t \geq 1{,}96$ liegt und auch das Konfidenzintervall den Wert Null umschließt (vgl. Tabelle 41). Die Hypothese H1a muss somit abgelehnt werden.

H 1a	Das Gefallen des wahrgenommenen BGC mit leistungsbezogenen Attributen hat einen stärkeren positiven Einfluss auf den **funktionalen** Markennutzen, als das Gefallen des wahrgenommenen BGC mit nicht-leistungsbezogenen Attributen.	**abgelehnt**

Eine weitere Hypothese vergleicht die Wirkung der zwei Arten des BGC auf den symbolischen Markennutzen. Die zugehörigen Daten werden in der folgenden Tabelle dargestellt.

Kausalbeziehung 1 (BGC mit nicht-leistungsbezogenen Attributen → symbolischer Markennutzen)			Kausalbeziehung 2 (BGC mit leistungsbezogenen Attributen → symbolischer Markennutzen)			Differenz		
Pfadkoeffizient β^1	t-Wert (β^1)	Effektstärke $f^{2(1)}$	Pfadkoeffizient β^2	t-Wert (β^2)	Effektstärke $f^{2(2)}$	$\Delta\,\beta^1 - \beta^2$	t-Wert $(\Delta\,\beta^1 - \beta^2)$	95% Konfidenzintervall
0,125	2,968	0,011	0,244	5,696	0,043	-0,119	-1,542	[-0,271; 0,032]

Tabelle 42: **Vergleich der Pfadkoeffizienten (Hypothese 1b)**
Quelle: Eigene Darstellung.

Wie der Tabelle 42 entnommen werden kann, zeigen sowohl der BGC mit nicht-leistungsbezogenen Attributen als auch der BGC mit leistungsbezogenen Attributen einen Pfadkoeffizienten über dem geforderten Mindestniveau von $\beta = 0{,}1$, welcher zudem signifikant ist. Die Effektstärke des BGC mit nicht-leistungsbezogenen Attributen auf den symbolischen Markennutzen liegt unter dem geforderten Mindestniveau. Zusammen mit dem geringen Pfadkoeffizienten von $\beta^1 = 0{,}125$, muss daher von einem nur geringen Einfluss ausgegangen werden. Entsprechend der Hypothese, dass die Wirkung des BGC mit nicht-leistungsbezogenen Attributen stärker ist, als die des BGC mit leistungsbezogenen Attributen, ergibt sich eine negative Differenz der Pfadkoeffizienten von $\Delta = -0{,}119$, welche jedoch nicht signifikant ist. Folglich muss die Hypothese H1b abgelehnt werden.

H 1b	Das Gefallen des wahrgenommenen BGC mit nicht-leistungsbezogenen Attributen hat einen stärkeren positiven Einfluss auf den **symbolischen** Markennutzen, als das Gefallen des wahrgenommenen BGC mit leistungsbezogenen Attributen.	abgelehnt

Die Ablehnung der Hypothesen H 1a und H 1b überrascht. Aus Perspektive der Markenführung wurde davon ausgegangen, dass der funktionale Markennutzen stärker durch leistungsbezogene Markenattribute und der symbolische Markennutzen stärker durch nicht-leistungsbezogene Markenattribute bestimmt werden.[603]

Für den funktionalen Markennutzen kann diese Tendenz zwar unter Betrachtung der Pfadkoeffizienten und Effektstärken gefunden werden, doch hält die geringe Differenz der Wirkbeziehungen nicht der Signifikanzprüfung statt (vgl. Tabelle 41). Bei den

---

[603] Vgl. Kapitel B 1.3.

Social Media Aktivitäten beider Marken ist zu beobachten, dass mehr BGC mit leistungsbezogenen Attributen veröffentlicht wird, als BGC mit nicht-leistungsbezogenen Attributen. Dies kann dazu geführt haben, dass die Probanden trotz ausführlicher Beschreibung des BGC mit nicht-leistungsbezogenen Attributen in der Fragestellung den Unterschied zwischen beiden Arten des BGC nicht ausreichend verstanden haben. In dem Fragebogen wurde zudem zuerst die Beurteilung des BGC mit leistungsbezogenen Attributen abgefragt, was die Beurteilung des BGC mit nicht-leistungsbezogenen Attributen in der anschließenden Frage möglicherweise beeinflusst hat. Somit kann eine Erklärung in dem Studiendesign liegen.

Im Fall des symbolischen Markennutzens überrascht vor allem, dass die Wirkung des BGC mit nicht-leistungsbezogenen Attributen bereits beim Vergleich der Pfadkoeffizienten und Effektstärken als geringer zu bezeichnen ist, als die Wirkung des BGC mit leistungsbezogenen Attributen. Es kann vermutet werden, dass auch bei der Kommunikation von BGC mit leistungsbezogenen Attributen die Markenpersönlichkeit derart zum Ausdruck kommt, dass eine Wirkung auf den symbolischen Markennutzen stattfindet. Dies kann bspw. durch die Tonalität des geschriebenen Textes, Bildwelten oder die Art eines Videos geschehen. Ferner ist wie oben bereits erwähnt zu beachten, dass die Probanden möglicherweise den Unterschied zwischen dem BGC mit leistungsbezogenen Attributen und dem BGC mit nicht-leistungsbezogenen Attributen aufgrund des Studiendesigns nicht ausreichend verstanden haben. Folglich kann eine weitere mögliche Erklärung für die Ablehnung der Hypothese H 1b in dem Studiendesign gefunden werden.

Aus der theoretischen Herleitung wurde die Glaubwürdigkeit als Mediator für die Wirkung der passiv wahrgenommenen Social Media Stimuli hergeleitet. Es ist folglich denkbar, dass die geringe Wirkung des BGC mit nicht-leistungsbezogenen Attributen auf den symbolischen Markennutzen durch die Glaubwürdigkeit beeinflusst wird. Daher soll die finale Interpretation zur Wirkung des BGC mit nicht-leistungsbezogenen Attributen auf den symbolischen Markennutzen zunächst zurückgestellt und bei der Analyse der Glaubwürdigkeit als Mediator erneut aufgegriffen werden.

Neben den Wirkbeziehungen des BGC sollen weiterhin die Kausalzusammenhänge des **brand-related UGC mit den Markennutzen** analysiert werden. Es wurde bereits aus der theoretischen Perspektive hergeleitet, dass in diesem Fall eine Branchenspezifizität zu beachten ist, weshalb im Folgenden die Einzelbetrachtung der Daten entsprechend der spezifischen Marken eingenommen wird.

Zunächst soll analysiert werden, ob die nutzergenerierten Inhalte in ihrer Wirkung auf den funktionalen Markennutzen zwischen der Automobil- und Lebensmittelmarke differenzieren. Die folgende Tabelle stellt die relevanten Daten dar.

Kausalbeziehung 1 (brand-related UGC → funktionaler Markennutzen der Lebensmittelmarke)			Kausalbeziehung 2 (brand-related UGC → funktionaler Markennutzen der Automobilmarke)			Differenz		
Pfadkoef-fizient β^1	t-Wert (β^1)	Effekt-stärke $f^{2(1)}$	Pfadkoef-fizient β^2	t-Wert (β^2)	Effekt-stärke $f^{2(2)}$	$\Delta\,\beta^1 - \beta^2$	t-Wert ($\Delta\,\beta^1 - \beta^2$)	95% Konfi-denz-intervall
0,207	3,630	0,035	0,114	2,482	0,014	0,093	1,985	[0,001; 0,233]

Tabelle 43:   **Vergleich der Pfadkoeffizienten (Hypothese 4a)**
Quelle: Eigene Darstellung.

Sowohl bei der Lebensmittelmarke als auch bei der Automobilmarke zeigt der brand-related UGC eine signifikant positive Wirkung auf den funktionalen Markennutzen. Dabei sind der Pfadkoeffizient und die Effektstärke im Fall der Lebensmittelmarke deutlich stärker. Im Fall der Automobilmarke wird das Mindestniveau des Pfadkoeffizienten von $\beta = 0,1$ sogar nur knapp erreicht und die Effektstärke ist sehr gering. Diese Tendenz wird durch die Signifikanzprüfung und das Konfidenzintervall der Differenz bestätigt. Dabei überschreitet der t-Wert mit t = 1,985 das Mindestniveau und das Konfidenzintervall umschließt nicht den Wert Null. Folglich ist die Hypothese H 4a zu bestätigen.

H 4a	Das Gefallen des positiven brand-related UGC hat bei der Lebensmittelmarke eine stärkere positive Wirkung den funktionalen Markennutzen, als bei der Automobilmarke.	bestätigt

Bedingt durch die besonderen Eigenschaften der Automobilmarke im Vergleich zur Lebensmittelmarke interessiert auch der Vergleich zwischen dem brand-related UGC und dem BGC[604]. Im Fall der Automobilmarke zeigt die Kausalbeziehung vom BGC zum funktionalen Markennutzen einen starken Pfadkoeffizienten ($\beta^1 = 0,372$), der zudem signifikant ist und eine Effektstärke von $f^{2(1)}$ 0,150 aufweist. Der Pfadkoeffizient und auch die Effektstärke liegen damit höher als bei der Kausalbeziehung vom brand-related UGC zum funktionalen Markennutzen der Automobilmarke (vgl. Tabelle 44).

---

[604] Die Gesamtheit des BGC wurde als Konstrukt zweiter Ordnung in das Strukturmodell integriert.

Kausalbeziehung 1 (BGC → funktionaler Markennutzen der Automobilmarke)			Kausalbeziehung 2 (brand-related UGC → funktionaler Markennutzen der Automobilmarke)			Differenz		
Pfadkoef-fizient β^1	t-Wert (β^1)	Effekt-stärke $f^{2\,(1)}$	Pfadkoef-fizient β^2	t-Wert (β^2)	Effekt-stärke $f^{2\,(2)}$	$\Delta\,\beta^1 - \beta^2$	t-Wert $(\Delta\,\beta^1 - \beta^2)$	95% Konfi-denz-intervall
0,372	8,364	0,150	0,114	2,482	0,014	0,258	4,107	[0,135; 0,381]

Tabelle 44:   Vergleich der Pfadkoeffizienten (Hypothese 4b)
Quelle: Eigene Darstellung.

Da der t-Wert der Differenz der Pfadkoeffizienten über dem geforderten Mindestniveau liegt und sich das Konfidenzintervall ausschließlich im positiven Bereich befindet, ist die Differenz von $\Delta = 0{,}258$ zudem signifikant. Damit kann die Hypothese H4b bestätigt werden.

H 4b	Das Gefallen des BGC hat bei der Automobilmarke eine stärkere positive Wirkung auf den funktionalen Markennutzen, als das Gefallen des positiven brand-related UGC.	bestätigt

Bei der Lebensmittelmarke interessiert ebenfalls der Vergleich der Wirkung von markengenerierten Inhalten (BGC) und nutzergenerierten Inhalten (brand-related UGC) auf den funktionalen Markennutzen. Wie die Tabelle 45 zeigt, ist sowohl der Pfadkoeffizient als auch die Effektstärke des BGC stärker als die des brand-related UGC. Entsprechend der Hypothese, dass die Wirkung des brand-related UGC auf den funktionalen Markennutzen stärker ist, ergibt sich eine negative Differenz von $\Delta = -0{,}175$. Diese Differenz kann aufgrund des t-Wertes und des Konfidenzintervalls, welches ausschließlich im negativen Wertebereich liegt, als signifikant bezeichnet werden.

Kausalbeziehung 1 (brand-related UGC → funktionaler Markennutzen der Lebensmittelmarke)			Kausalbeziehung 2 (BGC → funktionaler Markennutzen der Lebensmittel)			Differenz		
Pfadkoef-fizient β^1	t-Wert (β^1)	Effekt-stärke $f^{2(1)}$	Pfadkoef-fizient β^2	t-Wert (β^2)	Effekt-stärke $f^{2(2)}$	$\Delta\,\beta^1 - \beta^2$	t-Wert $(\Delta\,\beta^1 - \beta^2)$	95% Konfi-denz-intervall
0,207	3,630	0,035	0,382	6,135	0,127	-0,175	-2,066	[-0,342; -0,009]

Tabelle 45:   **Vergleich der Pfadkoeffizienten (Hypothese 4c)**
Quelle: Eigene Darstellung.

Die Daten belegen, dass die Wirkung des BGC auf den funktionalen Markennutzen signifikant stärker ist, als die des brand-related UGC. Die Hypothese H 4c wird daher abgelehnt.

H 4c	Das Gefallen des positiven brand-related UGC hat bei der Lebensmittelmarke eine stärkere positive Wirkung auf den funktionalen Markennutzen, als das Gefallen BGC.	abgelehnt

Der Vergleich der Wirkung des brand-related UGC und des BGC auf den funktionalen Markennutzen zeigt für beide Marken deutlich, dass die Wirkung des BGC stärker ist. Für beide Marken kann festgestellt werden, dass die Hoheit über die Kommunikation der funktionalen Eigenschaften in Social Media bei der Marke selbst liegt. Mit dieser Erkenntnis kann dem häufig im Zusammenhang mit Social Media erwähnten Kontroll-verlust der Markenführung entgegengetreten werden. Allerdings ist das Wirkungsge-fälle von BGC zu brand-related UGC bei der Lebensmittelmarke deutlich schwächer ($\Delta_{Automobilmarke} = 0{,}258$, $\Delta_{Lebensmittelmarke} = 0{,}175$), weshalb dem brand-related UGC in dem Bezug auf den funktionalen Markennutzen bei der Lebensmittelmarke ein relevantes Gegengewicht zu den Aussagen der Marke in Social Media zugesprochen werden kann, als bei der Automobilmarke. Auf Basis der zwei analysierten Marken kann ver-mutet werden, dass die Hoheit einer Marke in Social Media über den funktionalen Mar-kennutzen höher ist, desto erklärungsbedürftiger das Produkt ist.

Neben der Wirkung des brand-related UGC auf den funktionalen Markennutzen im Vergleich der Marken sollen im Folgenden die Wirkbeziehungen **differenziert nach**

funktionalem und symbolischem Markennutzen analysiert werden. Zunächst werden die Kausalbeziehungen für die Automobilmarke verglichen. Tabelle 46 enthält die zugehörigen Daten.

Kausalbeziehung 1 (brand-related UGC → symbolischer Markennutzen der Automobilmarke)			Kausalbeziehung 2 (brand-related UGC → funktionaler Markennutzen der Automobilmarke)			Differenz		
Pfadkoeffizient β^1	t-Wert (β^1)	Effektstärke $f^{2(1)}$	Pfadkoeffizient β^2	t-Wert (β^2)	Effektstärke $f^{2(2)}$	$\Delta\,\beta^1 - \beta^2$	t-Wert ($\Delta\,\beta^1 - \beta^2$)	95% Konfidenzintervall
0,115	3,054	0,012	0,114	2,482	0,014	**0,001**	**0,010**	**[-0,099; -0,020]**

Tabelle 46:   **Vergleich der Pfadkoeffizienten (Hypothese 5a)**
Quelle: Eigene Darstellung.

Zwar ist der Pfadkoeffizient vom brand-related UGC im Fall der Automobilmarke zum symbolischen Markennutzen leicht stärker, als zum funktionalen Markennutzen, doch ist die Differenz mit Δ= 0,001 sehr gering. Aus dem Vergleich der Effektstärken geht die Wirkung des brand-related UGC auf den funktionalen Markennutzen als leicht stärker heraus. Diese Vergleiche ergeben folglich keine eindeutige Tendenz. Zudem kann die geringe Differenz der Pfadkoeffizienten dem Signifikanztest nicht standhalten. Die Hypothese H5a muss folglich abgelehnt werden.

H 5a	Das Gefallen des positiven brand-related UGC hat bei der Automobilmarke eine stärkere positive Wirkung auf den **symbolischen** Markennutzen, als auf den **funktionalen** Markennutzen.	**abgelehnt**

Beim Vergleich der Stärke des Kausalzusammenhangs zwischen brand-related UGC auf den symbolischen und funktionalen Markennutzen der Automobilmarke überrascht der relativ geringe Einfluss auf den symbolischen Markennutzen. Nach MÜLLER (2012) erfordert die Erfüllung des sozialen Nutzens die Kenntnis anderer Nachfrager von der symbolischen Bedeutung der Marke.[605] Mit einem Pfadkoeffizienten von β = 0,115 ist dieser Einfluss jedoch als eher gering zu bezeichnen. Eine mögliche Erklärung kann darin liegen, dass sich der symbolische Markennutzen aufgrund der empirischen Daten in der Operationalisierung aus dem sozialen und hedonistischen Markennutzen

---

[605] Vgl. MÜLLER (2012), S. 125.

konstruiert. Eine spezifische Analyse der Wirkung allein auf den sozialen Markennutzen war daher nicht möglich. In den statistischen Ergebnissen kann daher der Effekt integriert sein, dass der brand-related UGC eine geringe Wirkung auf den hedonistischen Markennutzen zeigt, weshalb die Wirkung auf den symbolischen Markennutzen – als Zusammenführung des sozialen und hedonistischen Markennutzens – geringer ausfällt.

Aus der theoretischen Überlegung wurde für die Lebensmittelmarke die Hypothese abgeleitet, dass die Wirkung des brand-related UGC auf den funktionalen Markennutzen stärker ist, als auf den symbolischen Markennutzen. Tabelle 47 beinhaltet die zugehörigen Daten.

Kausalbeziehung 1 (brand-related UGC → funktionaler Markennutzen der Lebensmittelmarke)			Kausalbeziehung 2 (brand-related UGC → symbolischer Markennutzen der Lebensmittelmarke)			Differenz		
Pfadkoef- fizient β^1	t-Wert (β^1)	Effekt- stärke $f^{2(1)}$	Pfadkoef- fizient β^2	t-Wert (β^2)	Effekt- stärke $f^{2(2)}$	$\Delta \beta^1 - \beta^2$	t-Wert ($\Delta \beta^1 - \beta^2$)	95% Konfi- denz- intervall
0,207	3,630	0,035	0,209	3,800	0,035	-0,002	-0,037	[-0,119; -0,115]

Tabelle 47:   **Vergleich der Pfadkoeffizienten (Hypothese 5b)**
Quelle: Eigene Darstellung.

Beide Kausalbeziehungen zeigen signifikant positive Pfadkoeffizienten. Die Differenz ist mit Δ= -0,002 jedoch sehr gering und zudem entgegen dem in der Hypothese vermuteten Verhältnis. Weiterhin sind die Effektstärken beider Kausalbeziehungen deckungsgleich. Die negative Differenz von Δ= -0,002 beider Pfadkoeffizienten ist zudem nicht signifikant. Folglich wird die Hypothese H5b abgelehnt.

H 5b	Das Gefallen des positiven brand-related UGC hat bei der Lebensmittelmarke eine stärkere positive Wirkung auf den **funktionalen** Markennutzen, als auf den **symbolischen** Markennutzen.	abgelehnt

Sowohl bei der Automobilmarke als auch bei der Lebensmittelmarke konnte die Differenz in der Wirkung des brand-related UGC auf den funktionalen und symbolischen Markennutzen nicht nachgewiesen werden. Da die Marke selbst keinen Einfluss auf den Inhalt des brand-related UGC hat, wurde bei der Erhebung des brand-related UGC als exogene Variable keine Unterscheidung von leistungsbezogenen und nicht-leistungsbezogenen Attributen vorgenommen. Es ist daher möglich, dass die Zusammenfassung von brand-related UGC mit leistungsbezogenen Attributen und brand-related UGC mit nicht-leistungsbezogenen Attributen die Hypothesen H 5a und H 5b beeinflusst hat.

3.2.2.4.2 Markenbezogene Interaktion als Determinante des funktionalen und symbolischen Markenimages

Im Folgenden wird zunächst die **persönliche Interaktion zwischen Marke und Nachfrager in Social Media** analysiert, wonach auf die markenbezogene Interaktion zwischen Nachfragern in Social Media eingegangen wird. Der Einfluss der persönlichen Interaktion wurde auf grundlegender theoretischer Basis des identitätsbasierten Markenmanagementansatzes hergeleitet. Es handelt sich somit um generelle und branchenübergreifende theoretische Überlegungen, weshalb kein Grund für eine markenspezifische Betrachtung der Ergebnisse besteht. Im Folgenden werden daher die Daten der Gesamtbetrachtung herangezogen. Die nachfolgende Tabelle enthält die zugehörigen Daten.

Kausalbeziehung 1 (persönliche Interaktion zwischen Marke und Nachfrager → funktionaler Markennutzen)				Kausalbeziehung 2 (persönliche Interaktion zwischen Marke und Nachfrager → symbolischer Markennutzen)			
Pfadkoeffizient β^1	t-Wert (β^1)	95% Konfidenzintervall	Effektstärke $f^{2\,(1)}$	Pfadkoeffizient β^2	t-Wert (β^2)	95% Konfidenzintervall	Effektstärke $f^{2\,(2)}$
-0,043	1,385	[-0,104; 0,018]	0,003	0,079	2,558	[0,018; 0,139]	0,005

Tabelle 48:   **Analyse der Pfadkoeffizienten (Hypothese 6a)**
Quelle: Eigene Darstellung.

Wie die Tabelle 48 darstellt, unterschreitet der Pfadkoeffizient von der persönlichen Interaktion zwischen Marke und Nachfrager in Social Media zum symbolischen Markennutzen zwar den geforderten Mindestwert von 0,1 und auch die Effektstärke ist sehr gering, jedoch kann die Kausalbeziehung als signifikant bestätigt werden. Hingegen ist die Kausalbeziehung von der persönlichen Interaktion zum funktionalen Markennutzen negativ und nicht signifikant. Die Hypothese H6a wird somit nur teilweise bestätigt.

H 6a	Je häufiger die persönliche Interaktion zwischen Marke und Nachfrager in Social Media stattfindet, desto stärker ist der positive Einfluss auf a) den **funktionalen** und b) den **symbolischen** Markennutzen.	teilweise bestätigt

In einem weiteren Schritt soll analysiert werden, ob die stärkere Wirkung der persönlichen Interaktion zwischen Marke und Nachfrager auf den symbolischen Markennutzen signifikant ist. Die folgende Tabelle enthält die entsprechenden Daten.

Kausalbeziehung 1 (persönliche Interaktion zwischen Marke und Nachfrager → symbolischer Markennutzen)			Kausalbeziehung 2 (persönliche Interaktion zwischen Marke und Nachfrager → funktionaler Markennutzen)			Differenz		
Pfadkoef-fizient β^1	t-Wert (β^1)	Effekt-stärke $f^{2\,(1)}$	Pfadkoef-fizient β^2	t-Wert (β^2)	Effekt-stärke $f^{2\,(2)}$	$\Delta\,\beta^1 - \beta^2$	t-Wert $(\Delta\,\beta^1 - \beta^2)$	95% Kofi-denz-intervall
0,079	2,558	0,005	-0,043	1,385	0,003	**0,122**	**3,688**	**[0,057; 0,187]**

Tabelle 49:   **Vergleich der Pfadkoeffizienten (Hypothese 6b)**
Quelle: Eigene Darstellung.

Aus den Daten ergibt sich eine positive Differenz von Δ= 0,122, welche zudem als signifikant bezeichnet werden kann. Folglich ist die Hypothese H6b zu bestätigen.

H 6b	Der positive Einfluss der persönlichen Interaktion zwischen Marke und Nach-frager in Social Media ist bei dem **symbolischen** Markennutzen stärker, als bei dem **funktionalen** Markennutzen.	bestätigt

Diese Ergebnisse können nur eine geringe Wirkung der persönlichen Interaktion zwischen Marke und Nachfrager in Social Media auf die Marke nachweisen. Die in Wissenschaft und Praxis oft vorherrschende Auffassung einer sehr hohen Relevanz der Interaktion kann vorläufig nicht bestätigt werden. Im weiteren Verlauf dieser Arbeit wird die Geschwindigkeit in der persönlichen Interaktion als Einflussfaktor auf die Wirkung der persönlichen Interaktion analysiert. Bevor die Wirkungszusammenhänge final interpretiert werden, soll dieser Einflussfaktor berücksichtigt werden.

Die Wirkung der **passiven Wahrnehmung von persönlicher Interaktion zwischen der Marke und anderen Nachfragern in Social Media** wurde hauptsächlich aus den

Gruppendiskussionen abgeleitet. Da es sich hier um einen grundsätzlichen Kausalzusammenhang handelt, werden die Daten der Gesamtbetrachtung herangezogen (vgl. Tabelle 50).

Kausalbeziehung (passive Wahrnehmung von persönlicher Interaktion zwischen der Marke und anderen Nachfragern → funktionaler Markennutzen)			
Pfadkoeffizient β^1	t-Wert (β)	95% Konfidenz-intervall	Effektstärke f^2
-0,045	1,257	[-0,100; 0,018]	0,001

Tabelle 50:   **Analyse der Pfadkoeffizienten (Hypothese H 7)**
Quelle: Eigene Darstellung.

Der Pfadkoeffizient dieser Wirkbeziehung unterschreitet die Mindestanforderung und ist zudem negativ. Auch die Effektstärke ist als zu gering zu bezeichnen. Zudem ist keine Signifikanz nachweisbar. Die Hypothese H 7 ist folglich abzulehnen.[606]

H 7	Je häufiger die persönliche Marke-Nachfrager-Interaktion mit anderen Nachfragern passiv wahrgenommen wird, desto stärker ist der positive Einfluss auf den **symbolischen** Markennutzen.	abgelehnt

Die Multiplikation der Wirkung von persönlicher Interaktion zwischen Marke und Nachfrager in Social Media durch die passive Wahrnehmung anderer Nutzer kann somit nicht bestätigt werden. Da im Vorherigen bereits nur eine sehr geringe Wirkung der persönlichen Interaktion, an welcher der Befragte aktiv teilgenommen hat, auf den symbolischen Markennutzen nachgewiesen werden konnte, erscheint die Ablehnung der Hypothese wenig überraschend. Bei der passiven Wahrnehmung der Interaktion ist der Befragte zudem nicht persönlich involviert. Es kann vermutet werden, dass daraus eine persönliche Distanz zu der passiv wahrgenommenen Interaktion entsteht, weshalb von dieser keine Wirkung ausgeht.

Aus Sicht der Markenführung ist zu beachten, dass die persönliche Interaktion mit Nachfragern in Social Media sehr zeitintensiv ist und damit ein hohes Maß an Personal- und Finanzressourcen erfordert. Demgegenüber steht die Tatsache, dass in der persönlichen Interaktion i.d.R. nur ein Nachfrager direkt angesprochen wird. Da eine multiplikative Wirkung dieser persönlichen Interaktion bei anderen nicht beteiligten

---

[606] Es sei zusätzlich erwähnt, dass diese Wirkbeziehung in der Einzelbetrachtung nach Marken ebenfalls nicht nachweisbar ist.

Nutzern nicht nachgewiesen werden konnte, ist die Frage nach Kosten und Nutzen der persönlichen Interaktion in Social Media durchaus kritisch zu bewerten.

Als weiterer interaktiver Social Media Stimulus wurde die **markenbezogene Interaktion zwischen Nachfragern in Social Media** hergeleitet, deren Wirkbeziehungen im Folgenden analysiert werden. Zunächst wird die Wirkung der markenbezogenen Interaktion zwischen Nachfragern auf den funktionalen Markennutzen der Lebensmittel- und Automobilmarke vergleichen. Tabelle 51 enthält die zugehörigen Daten.

Kausalbeziehung 1 (markenbezogene Interaktion zwischen Nachfragern → funktionaler Markennutzen der Lebensmittelmarke)			Kausalbeziehung 2 (markenbezogene Interaktion zwischen Nachfragern → funktionalen Markennutzen der Automobilmarke)			Differenz		
Pfadkoef-fizient β^1	t-Wert (β^1)	Effekt-stärke $f^{2(1)}$	Pfadkoef-fizient β^2	t-Wert (β^2)	Effekt-stärke $f^{2(2)}$	$\Delta\,\beta^1 - \beta^2$	t-Wert $(\Delta\,\beta^1 - \beta^2)$	95% Konfi-denz-intervall
0,088	1,971	0,007	0,034	0,805	0,001	**0,054**	**0,833**	[-0,074; 0,183]

Tabelle 51:   **Vergleich der Pfadkoeffizienten (Hypothese 8a)**
Quelle: Eigene Darstellung.

Im Fall der Automobilmarke liegt der Pfadkoeffizient von der markenbezogenen Nach-fragerinteraktion auf den **funktionalen Markennutzen** mit 0,034 unter dem geforder-ten Mindestniveau. Entsprechend ist auch die Effektstärke mit einem Wert von 0,001 sehr niedrig. Zudem ist der Wirkungszusammenhang nicht signifikant. Der Pfadkoeffi-zient von der markenbezogenen Interaktion zwischen Nachfragern zum funktionalen Markennutzen bei der Lebensmittelmarke beträgt 0,088 und ist zudem signifikant. Die Differenz der Pfadkoeffizienten von $\Delta= 0{,}055$ kann jedoch nicht als signifikant nachge-wiesen werden. Die Hypothese H 8a muss damit abgelehnt werden.

H 8a	Die Häufigkeit der markenbezogenen Interaktion zwischen Nachfragern in Social Media hat in Bezug auf die Lebensmittelmarke eine stärkere Wirkung auf den funktionalen Markennutzen, als bei der Automobilmarke.	**abgelehnt**

Die Wirkung der markenbezogenen Interaktion zwischen Nachfragern auf den **symbolischen Markennutzen** der Automobil- und Lebensmittelmarke werden in Tabelle 52 dargestellt.

Kausalbeziehung 1 (markenbezogene Interaktion zwischen Nachfragern → symbolischer Markennutzen der Automobilmarke)			Kausalbeziehung 2 (markenbezogene Interaktion zwischen Nachfragern → symbolischen Markennutzen der Lebensmittelmarke)			Differenz		
Pfadkoef-fizient β^1	t-Wert (β^1)	Effekt-stärke $f^{2\,(1)}$	Pfadkoef-fizient β^2	t-Wert (β^2)	Effekt-stärke $f^{2\,(2)}$	$\Delta\,\beta^1 - \beta^2$	t-Wert $(\Delta\,\beta^1 - \beta^2)$	95% Konfi-denz-intervall
0,110	2,716	0,011	0,224	3,977	0,041	-0,114	-2,153	[-0,217; -0,010]

Tabelle 52:   Vergleich der Pfadkoeffizienten (Hypothese 8b)
Quelle: Eigene Darstellung.

Für beide Marken kann eine signifikant positive Wirkung der markenbezogenen Interaktion zwischen Nachfragern auf den symbolischen Markennutzen festgestellt werden.
Allerdings gibt bereits der Vergleich der Pfadkoeffizienten und Effektstärken einen Hinweis darauf, dass die Wirkung entgegen der theoretisch hergeleiteten Hypothese im
Fall der Lebensmittelmarke stärker ist. Dies wird durch das Ergebnis der Signifikanzprüfung der Differenz der Pfadkoeffizienten bestätigt. Die Hypothese H8b ist daher
abzulehnen.

H 8b	Die Häufigkeit der markenbezogenen Interaktion zwischen Nachfragern in Social Media hat in Bezug auf die Automobilmarke eine stärkere Wirkung auf symbolischen Markennutzen, als bei der Lebensmittelmarke.	abgelehnt

Dass die Häufigkeit der markenbezogenen Interaktion zwischen Nachfragern entgegen der Hypothese bei der Lebensmittelmarke stärker ist, als bei der Automobilmarke,
kann mit dem durch diese Interaktion geschaffenen Zusatznutzen erklärt werden. Dieser Zusatznutzen entsteht durch die Zugehörigkeit der Nachfrager untereinander und
geht über den reinen funktionalen Nutzen hinaus. Die Automobilmarke bietet den
Nachfragern bereits aufgrund der Produkteigenschaften einen über den funktionalen
Nutzen hinausgehenden Markennutzen. So kann das Automobil bspw. Prestige ver-
mitteln und dadurch die Zugehörigkeit zu einer Gruppe signalisieren. Das Lebensmittelprodukt selbst konzentriert seine Nutzen hingegen eher auf die funktionale Kategorie, wie bspw. den guten Geschmack. Folglich ist der Zugewinn durch die Zugehörigkeit zu einer Gruppe, welche die Interaktion zwischen Nachfragern bietet, im Fall der
Lebensmittelmarke höher.

Schlussendlich soll in Bezug auf die Wirkung der markenbezogenen Interaktion zwischen Nachfragern für beide Marken analysiert werden, ob deren Wirkung auf den symbolischen Markennutzen stärker ist, als auf den funktionalen Markennutzen. Wie die Tabelle 53 zeigt, kann diese Vermutung für die Automobilmarke bestätigt werden. So sind der Pfadkoeffizient und die Effektstärke bei der Wirkung auf den symbolischen Markennutzen stärker und auch die positive Differenz der Pfadkoeffizienten mit $\Delta=$ 0,076 wird als signifikant nachgewiesen.

Kausalbeziehung 1 (markenbezogene Interaktion zwischen Nachfragern → symbolischer Markennutzen der Automobilmarke)			Kausalbeziehung 2 (markenbezogene Interaktion zwischen Nachfragern → funktionaler Markennutzen der Automobilmarke)			Differenz		
Pfadkoeffizient β^1	t-Wert (β^1)	Effektstärke $f^{2\,(1)}$	Pfadkoeffizient β^2	t-Wert (β^2)	Effektstärke $f^{2\,(2)}$	$\Delta\,\beta^1 - \beta^2$	t-Wert $(\Delta\,\beta^1 - \beta^2)$	95% Konfidenzintervall
0,110	2,716	0,011	0,034	0,805	0,001	0,076	2,107	[0,005; 0,147]

Tabelle 53:   **Vergleich der Pfadkoeffizienten (Hypothese 8c, Teil a)**
Quelle: Eigene Darstellung.

Gleiches kann für den Vergleich der Wirkbeziehungen im Fall der Lebensmittelmarke festgestellt werden (vgl. Tabelle 54).

Kausalbeziehung 1 (markenbezogene Interaktion zwischen Nachfragern → symbolischer Markennutzen der Lebensmittelmarke)			Kausalbeziehung 2 (markenbezogene Interaktion zwischen Nachfragern → funktionaler Markennutzen der Lebensmittelmarke)			Differenz		
Pfadkoeffizient β^1	t-Wert (β^1)	Effektstärke $f^{2\,(1)}$	Pfadkoeffizient β^2	t-Wert (β^2)	Effektstärke $f^{2\,(2)}$	$\Delta\,\beta^1 - \beta^2$	t-Wert $(\Delta\,\beta^1 - \beta^2)$	95% Konfidenzintervall
0,224	3,977	0,041	0,088	1,971	0,007	0,136	2,506	[0,029; 0,241]

Tabelle 54:   **Vergleich der Pfadkoeffizienten (Hypothese 8c, Teil b)**
Quelle: Eigene Darstellung.

Bereits der Vergleich der Pfadkoeffizienten als auch der Effektstärken zeigt eine stärkere Wirkung der markenbezogenen Interaktion zwischen Nachfragern auf den symbolischen, als auch den funktionalen Markennutzen. Dies wird durch die Signifikanzprüfung der Differenz der Pfadkoeffizienten bestätigt.

Da die stärkere Wirkung der markenbezogen Interaktion zwischen Nachfragern auf den symbolischen Markennutzen sowohl für die Automobil- als auch für die Lebensmittelmarke als signifikant festgestellt werden konnte, ist die Hypothese H8c zu bestätigen.

H 8c	Die Häufigkeit der markenbezogenen Interaktion zwischen Nachfragern in Social Media hat sowohl bei der Automobilmarke als auch bei der Lebensmittelmarke eine stärkere Wirkung auf den symbolischen Markennutzen, als auf den funktionalen Markennutzen.	bestätigt

Aus der Bestätigung der vorangegangenen Hypothese H 8c ergibt sich, dass die Anregung von markenbezogener Interaktion zwischen Nachfragern unabhängig von den differenzierten Markeneigenschaften als Instrument zur Stärkung des symbolischen Markennutzens angesehen werden kann.

3.2.2.5 Analyse des Gefallens des BGC als Determinante der unpersönlichen Interaktion

Aufgrund der großen Differenzen in der Häufigkeit der Nutzung der „Gefällt-mir"-Funktion, des Kommentierens und der Weiterverbreitung in Social Media wurde sich gegen eine Messung der unpersönlichen Interaktion als Multi-Item-Messung entschieden, sondern die einzelnen Formen der unpersönlichen Interaktion getrennt voneinander betrachtet. Diese wurden als endogene Konstrukte in das Forschungsmodell integriert, wobei das Gefallen des BGC als Konstrukt zweiter Ordnung die exogene Variable bildet. Tabelle 55 fasst die Ergebnisse der Analyse der Kausalzusammenhänge zusammen.

Kausalbeziehung (BGC → Häufigkeit der Nutzung der „Gefällt-mir"-Funktion)				
Pfadkoeffizient β	**t-Wert (β)**	**95% Konfidenz-in-tervall**	**R²**	**Q²**
0,344	12,114	[0,288; 0,399]	0,118	0,118
Kausalbeziehung (BGC → Häufigkeit des Kommentierens)				
Pfadkoeffizient β	**t-Wert (β)**	**95% Konfidenz-in-tervall**	**R²**	**Q²**
0,314	11,165	[0,259; 0,369]	0,098	0,099
Kausalbeziehung (BGC → Häufigkeit des Weiterleitens)				
Pfadkoeffizient β	**t-Wert (β)**	**95% Konfidenz-in-tervall**	**R²**	**Q²**
0,303	10,550	[0,246; 0,359]	0,092	0,092

Tabelle 55:   **Analyse des Gefallens des BGC als Determinante der unpersönlichen Inter-aktion zwischen Marke und Nachfrager in Social Media**

Quelle: Eigene Darstellung.

Die Ergebnisse der Analyse zeigen signifikante Einflüsse des Gefallens des BGC auf alle drei Formen der unpersönlichen Interaktion. Auch das Stone-Geisser-Kriterium wird in allen drei Fällen erfüllt. Allerdings sind die Bestimmtheitsmaße sehr gering. Auf Basis der statistischen Daten kann die Hypothese H 3 bestätigt werden.

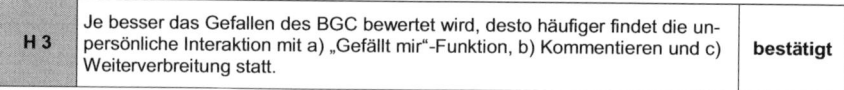

H 3	Je besser das Gefallen des BGC bewertet wird, desto häufiger findet die un-persönliche Interaktion mit a) „Gefällt mir"-Funktion, b) Kommentieren und c) Weiterverbreitung statt.	**bestätigt**

Bei der Interpretation dieser Ergebnisse sind die geringen Bestimmtheitsmaße zu be-achten. Von der Häufigkeit der Nutzung der „Gefällt-mir"-Funktion können 11,8 Pro-zent, des Kommentierens 9,8 Prozent und des Weiterleitens noch 9,2 Prozent durch das Gefallen des BGC erklärt werden. Somit existiert ein großer Einfluss von neben dem Gefallen des BGC wirkenden Variablen.

Um sich den Gründen für die geringe Erklärung der Häufigkeit der unpersönlichen Interaktion durch das Gefallen des BGC zu nähern, kann eine offene Frage des Online-Fragebogens dieser Arbeit herangezogen werden. Probanden, die ein hohes Gefallen des BGC und gleichzeitig nur eine geringe Nutzung der „Gefällt-mir"-Funktion, des Kommentierens und bzw. oder des Weiterleitens angegeben haben, wurden nach den Gründen hierfür befragt. Die häufigsten genannten Gründe bezogen auf die „Gefällt-mir"-Funktion und das Kommentieren waren das generell eher passive Nutzen von Social Media, der Datenschutz oder der fehlende Mehrwert für den Nutzer. Als Grund für das seltene Weiterleiten von BGC trotz eines hohen Gefallens wurde vor allem die Angst angegeben, das eigene Netzwerk in Social Media mit den Weiterleitungen zu belästigen (vgl. Abbildung 31).

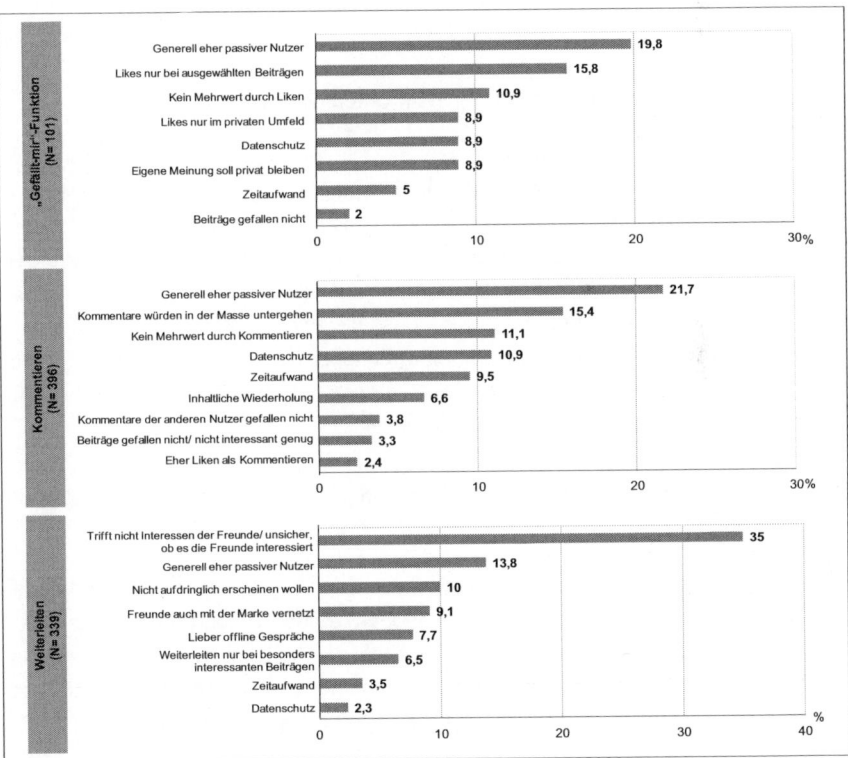

Abbildung 31: Gründe für die seltene Nutzung der unpersönlichen Interaktion trotz eines hohen Gefallens des BGC

Quelle: Eigene Darstellung.

Nahezu alle der in der offenen Frage genannten Gründe stehen in keinem Zusammenhang mit dem BGC. Hingegen ist hinter den meisten Antworten, wie bspw. dem generell eher passiven Nutzen von Social Media, Datenschutz oder der Angst aufdringlich zu erscheinen, die Persönlichkeit des Nutzers zu vermuten.

Zusammenfassend kann festgehalten werden, dass das Gefallen des BGC einen positiven Einfluss auf die Häufigkeit der Nutzung der „Gefällt-mir"-Funktion, des Kommentierens und des Weiterleitens hat. Allerdings lässt sich durch das Gefallen des BGC nur ein geringer Anteil an der Häufigkeit dieser Formen der unpersönlichen Interaktion erklären. Folglich können die Formen der unpersönlichen Interaktion in der Praxis nicht als Kennzahl für das Gefallen des BGC und damit als Grundlage für strategische Entscheidungen hinsichtlich der von der Marke in Social Media verbreiteten Inhalte dienen.

3.2.3 Analyse der moderierenden Effekte im Untersuchungsmodell

Im Folgenden werden die Wirkbeziehungen des Strukturmodells auf Moderatoreffekte überprüft. Hierzu wird der Gesamtdatensatz in entsprechend der jeweiligen Moderatorvariable differenzierende Gruppen aufgeteilt. Anschließend werden diese Gruppen getrennt voneinander analysiert. Für die Prüfung der statistischen Signifikanz wird dem Vorgehen nach HENSELER (2007) gefolgt, wonach mittels der Bootstrapping-Werte die Wahrscheinlichkeit p dafür berechnet wird, dass die zweite betrachtete Gruppe einen höheren Pfadkoeffizienten zeigt, als die erste Gruppe. Die folgenden Tabellen stellen daher jeweils die Pfadkoeffizienten der zwei Gruppen, deren Differenz sowie die Wahrscheinlichkeit p für die Differenz der Gruppen dar.

3.2.3.1 Moderierender Einfluss der unpersönlichen Interaktion zwischen Marke und Nachfrager

Aus der theoretischen Vorüberlegung wurde den Formen der unpersönlichen Interaktion zwischen Marke und Nachfrager eine moderierende Wirkung auf die Beziehung zwischen dem BGC und den Markennutzen zugesprochen. Es wurde vermutet, dass die unpersönliche Interaktion eine kognitive Auseinandersetzung mit dem BGC voraussetzt und die Kommunikationswirkung des BGC daher verstärkt wird.

Für den PLS basierten Gruppenvergleich wurde der Gesamtdatensatz pro Form der unpersönlichen Interaktion zwischen Marke und Nachfrager in Social Media in Gruppen unterteilt. Aufgrund der heterogenen Datenstruktur bei den verschiedenen Formen der unpersönlichen Interaktion zwischen Marke und Nachfrager in Social Media wurde die Gruppenaufteilung für den PLS basierten Gruppenvergleich für die Formen der unpersönlichen Interaktion spezifisch vorgenommen. Die einzelnen Gruppen wurden wie folgt gebildet: „Gefällt-mir"-Funktion: eher selten (1= „nie" – 3 „gelegentlich") 528 Probanden, eher häufig (4= „oft" – 5= „sehr oft") 486 Probanden; Kommentieren: eher selten (1= „nie" – 2 „selten") 460 Probanden, eher häufig (3= „gelegentlich" – 5= „sehr oft") 554 Probanden; online Weiterleiten: eher selten (1= „nie" – 2 „selten") 413 Probanden, eher häufig (3= „gelegentlich" – 5= „sehr oft") 601 Probanden. Die Ergebnisse der Moderatorprüfung werden in Tabelle 56 dargestellt.

Kausalbeziehung	Probanden, die eher selten die „Gefällt-mir"-Funktion nutzen	Probanden, die eher häufig die „Gefällt-mir"-Funktion nutzen	Differenz	
	Pfadkoeffizient β^1	Pfadkoeffizient β^2	$\Delta \beta^1 - \beta^2$	p
BGC → funktionaler Markennutzen	0,372	0,397	0,025	0,636
BGC → symbolischer Markennutzen	0,331	0,264	-0,067	0,144
Kausalbeziehung	Probanden, die eher selten kommentieren	Probanden, die eher häufig kommentieren	Differenz	
	Pfadkoeffizient β^1	Pfadkoeffizient β^2	$\Delta \beta^1 - \beta^2$	p
BGC → funktionaler Markennutzen	0,374	0,436	0,062	0,819
BGC → symbolischer Markennutzen	0,357	0,313	-0,044	0,236
Kausalbeziehung	Probanden, die eher selten weiterleiten	Probanden, die eher häufig weiterleiten	Differenz	
	Pfadkoeffizient β^1	Pfadkoeffizient β^2	$\Delta \beta^1 - \beta^2$	p
BGC → funktionaler Markennutzen	0,401	0,404	0,003	0,522
BGC → symbolischer Markennutzen	0,367	0,308	-0,059	0,171

Tabelle 56:   Moderierender Einfluss der unpersönlichen Interaktion zwischen Marke und Nachfrager

Quelle: Eigene Darstellung.

Die p-Werte aus Tabelle zeigen für keine der analysierten Wirkbeziehungen eine signifikante Moderatorwirkung. Zur weiteren Überprüfung der Wirkung der Formen von unpersönlicher Interaktion wurden diese in das Strukturmodell integriert und auf eine Mediatorwirkung geprüft. Hierbei konnte nur für die Häufigkeit der Nutzung der „Gefällt-mir"-Funktion eine statistisch plausible Mediation festgestellt werden, die jedoch sehr schwach ist. Bei einem Signifikanzniveau von $\alpha = 0,025$ sind die Beziehungen signifikant. Dabei ist jedoch im Fall der Wirkung auf den funktionalen Markennutzen die geringe Mediatorwirkung mit einem VAF-Wert von 0,093 und auf den symbolischen Markennutzen ein VAF-Wert von 0,156 zu verzeichnen. Unter Berücksichtigung der Spannweite des VAF-Wertes zwischen 0 (keine Mediation) und 1 (perfekte Mediation) sind beide Mediatoreffekte als äußerst gering zu bezeichnen. Von der Wirkung des Gefallens des BGC auf den funktionalen Markennutzen können somit 9,3 Prozent und auf den symbolischen Markennutzen 15,6 Prozent durch die Häufigkeit des Nutzens der „Gefällt-mir"-Funktion erklärt werden. Da somit der Einfluss der Häufigkeit der „Gefällt-mir"-Funktion auf die Wirkbeziehungen zwischen dem Gefallen des BGC und den Markennutzen nur sehr gering ist und für die übrigen zwei Formen der unpersönlichen Interaktion gar nicht nachgewiesen werden kann, wird die Hypothese H 9 abgelehnt.

H 9	Je häufiger die unpersönliche Interaktion mit a) „Gefällt-mir"-Funktion, b) Kommentieren und c) Weiterverbreitung stattfindet, desto stärker ist der positive Einfluss des Gefallens des BGC auf a) den **funktionalen** und b) den **symbolischen** Markennutzen.	**abgelehnt**

Dass die drei Formen der unpersönlichen Interaktion weder als Moderator noch als Mediator in dem Forschungsmodell nachgewiesen werden können, ist auf den ersten Blick überraschend. Es ist belegt worden, dass die aktive Reaktion der Nutzer auf den BGC die Wirkung des BGC im Sinne einer stärkeren kognitiven Auseinandersetzung mit dem Kommunikationsinhalt nicht verstärkt. Für die Wirkung auf die Markennutzen liegt die Vermutung nahe, dass die Nutzer den BGC auch kognitiv verarbeiten, wenn sie nicht aktiv in die unpersönliche Interaktion treten. Das bedeutet, dass die Nutzer sich mit den Kommunikationsinhalten in Social Media kognitiv auseinandersetzen ohne dies jedoch über die unpersönliche Interaktion auszudrücken. Das kann als Hinweis für einen hohen Anteil an passiven Nutzern gewertet werden.

Als Bestätigung dieser Vermutung kann erneut die Auswertung der offenen Frage des Online-Fragebogens herangezogen werden, welche auf die Gründe für die eher seltene Nutzung der Formen der unpersönlichen Interaktion abzielt. Die Probanden gaben an, dass sie generell eher passive Nutzer von Social Media sind, aus Gründen des Datenschutzes nicht in die unpersönliche Interaktion mit der Marke treten oder generell keinen Mehrwert in der unpersönlichen Interaktion sehen. Aus Sicht der Markenführung kann die Anzahl der „Gefällt-mir"-Angaben, Kommentare oder Weiterleitungen daher nicht als Indikator für die erfolgreiche Wirkung des BGC interpretiert werden.

3.2.3.2 Moderierender Einfluss der Geschwindigkeit in der persönlichen Interaktion zwischen Marke und Nachfrager

Die Geschwindigkeit in der persönlichen Interaktion zwischen Marke und Nachfrager wird in dieser Untersuchung als Reaktionsschnelligkeit der Marke in der persönlichen Interaktion verstanden. Da diese eine große Spanne annehmen kann[607] und die Beantwortung der Frage für den Probanden im Fragebogen nicht erschwert werden sollte, wurde die Möglichkeit zur Antwort in den Zeiteinheiten Minuten, Stunden, Tagen und Wochen bereitgestellt. Folglich müssen die Antworten der Probanden zunächst auf eine Zeiteinheit genormt werden. Hierzu wurde die Zeiteinheit Stunden gewählt.

Der Frage nach der Geschwindigkeit in der persönlichen Interaktion mit der Marke wurde in dem Fragebogen eine Filterfrage vorgeschaltet, welche nach der Häufigkeit der persönlichen Interaktion mit der Marke fragt. Wurde von den Probanden angegeben, dass diese noch nie mit der Marke persönlich interagiert haben, wurde ihnen keine Frage nach der Geschwindigkeit gestellt. Aufgrund dieser Filterung reduziert sich die verfügbare Stichprobe für diese Analyse auf 464 Probanden. In der Datenbereinigung wurden fehlerhafte Angaben der Zeiteinheiten eliminiert, sodass insgesamt 363 verwertbare Fälle verbleiben.

Für die Analyse des Moderators wurden zwei Gruppen gebildet. Aufgrund der breiten Spannweite bei der Angabe der Reaktionszeit der Marke wurde die Gruppeneinteilung anhand des Medians vorgenommen. Die erste Gruppe enthält 172 Probanden, die eine Reaktionszeit der Marke in der persönlichen Interaktion mit mehr als zwei Stunden angegeben haben. Die zweite Gruppe umfasst 191 Probanden, bei denen die Reaktionszeit der Marke geringer als zwei Stunden angegeben wurde. Tabelle 57 enthält die Ergebnisse des PLS-basierten Gruppenvergleichs.

---

[607] Die Rohdaten zeigen eine Spanne in den Antworten von 12 Minuten bis zwei Wochen.

Kausalbeziehung	Eher langsame Reaktion der Marke	Eher schnelle Reaktion der Marke	Differenz	
	Pfadkoeffizient β^1	Pfadkoeffizient β^2	$\wedge \beta^1 - \beta^2$	p
Persönliche Interaktion zwischen Marke und Nachfrager → funktionaler Markennutzen	-0,087	-0,068	-0,019	0,312
Persönliche Interaktion zwischen Marke und Nachfrager → symbolischer Markennutzen	0,062	0,059	0,003	0,237

Tabelle 57:   **Moderierender Einfluss der Geschwindigkeit in der persönlichen Interaktion zwischen Marke und Nachfrager**

Quelle: Eigene Darstellung.

Weder für die Wirkung zwischen der persönlichen Interaktion zwischen Marke und Nachfrager und dem funktionalen Markennutzen noch dem symbolischen Markennutzen kann ein signifikanter Moderatoreffekt der Reaktionsschnelligkeit der Marke festgestellt werden. Die Hypothese H 10 muss daher abgelehnt werden.

H 10	Je höher die Geschwindigkeit in der Interaktion ist, desto stärker ist der positive Einfluss auf die Wirkung der persönlichen Interaktion zwischen Marke und Nachfrager auf a) den **funktionalen** und b) den **symbolischen** Markennutzen.	abgelehnt

Der fehlende Einfluss der Geschwindigkeit in der persönlichen Interaktion kann mit den analysierten Marken erklärt werden. In den Social Media Aktivitäten beider Marken wird die Möglichkeit zur persönlichen Interaktion mit der Marke nicht explizit angeboten. Es kann vermutet werden, dass die Nutzer die schnelle Reaktion der Marke daher nicht voraussetzen und folglich nicht für die Bewertung der Marke heranziehen. Zudem wurde die Situation des Nutzers, welche zu einer persönlichen Interaktion mit der Marke geführt hat, in der Befragung nicht berücksichtigt. Es ist denkbar, dass bei einer Beschwerde eines Nutzers eine schnellere Reaktion der Marke erwartet wird, als bei einer allgemeinen Frage zu einem Produkt.

Aufgrund der völlig verschiedenen Interaktionsfälle zwischen Marke und Nutzer in Social Media lässt sich keine allgemeingültige Aussage aus den oben diskutierten Daten ableiten. Neben den in dieser Arbeit analysierten Marken, welche die Interaktion nicht explizit anbieten, betonen andere Marken die Möglichkeit zur persönlichen Interaktion. Dies ist bspw. bei der Deutschen Bahn der Fall, welche einen schnellen Service über die Social Media Plattform Twitter anbietet. Hier werden spezifische Fragen der

Nutzer direkt beantwortet. Es wird vermutet, dass in einem solchen Fall ein Einfluss der Geschwindigkeit in der persönlichen Interaktion nachweisbar ist.

3.2.3.3 Moderierender Einfluss der Markenauthentizität

Im Folgenden wird die Moderatorwirkung der Markenauthentizität auf die Wirkbeziehungen von persönlicher Interaktion zwischen Marke und Nachfrager in Social Media und dem BGC mit nicht-leistungsbezogenen Attributen und auf die Markennutzen analysiert. Auf Grundlage der theoretischen Überlegungen wird davon ausgegangen, dass die jeweilige Wirkbeziehung bei als hoch eingeschätzter Markenauthentizität verstärkt wird.

Der Gesamtdatensatz wurde in zwei Gruppen gegliedert, wovon 548 Probanden die Markenauthentizität als eher niedrig (1= stimme gar nicht zu" bis 3= stimme teilweise zu") und 466 Probanden diese als eher hoch (4= „stimme zu" bis 5="stimme vollkommen zu") eingeschätzt haben. Die Ergebnisse des Gruppenvergleichs werden in Tabelle 58 dargestellt.

Kausalbeziehung	Probanden, die die Marke als eher nicht authentisch empfinden	Probanden, die die Marke als eher authentisch empfinden	Differenz	
	Pfadkoeffizient β^1	Pfadkoeffizient β^2	$\Delta \beta^1 - \beta^2$	p
Persönliche Interaktion zwischen Marke und Nachfrager → funktionaler Markennutzen	-0,103	0,003	0,106	0,967
Persönliche Interaktion zwischen Marke und Nachfrager → symbolischer Markennutzen	0,043	0,128	0,085	0,910
BGC mit nicht-leistungsbezogenen Attributen → symbolischer Markennutzen	0,051	0,134	0,083	0,923

Tabelle 58:   **Moderierender Einfluss der Markenauthentizität**
Quelle: Eigene Darstellung.

Da die p-Werte bei allen der drei Kausalbeziehungen über der Mindestanforderung von p > 0,90 liegen, werden die moderierenden Wirkungen der Markenauthentizität als signifikant bestätigt. Folglich können die Hypothesen H 11a und H 11b bestätigt werden.

H 11a	Je höher die Markenauthentizität bewertet wird, desto stärker ist der positive Einfluss der persönlichen Marke-Nachfrager-Interaktion auf a) den **funktionalen** und b) den **symbolischen** Markennutzen.	bestätigt
H 11b	Je höher die Markenauthentizität bewertet wird, desto stärker ist der positive Einfluss des BGC mit nicht-leistungsbezogenen Attributen auf den **symbolischen** Markennutzen.	bestätigt

Den bestätigten Hypothesen folgend besteht in dem authentischen Verhalten einer Marke in Social Media ein relevanter Stellhebel für den Erfolg der Markenführung in Social Media. Entsprechend der von SCHALLEHN (2012) erarbeiteten Determinanten der Markenauthentizität sollten sich Marken in Social Media zum einen konsistent zu allen anderen Markenkontaktpunkten verhalten. Durch eine konsequente Ausrichtung der Kommunikationsmaßnahmen an der Markenidentität kann eine solche Konsistenz gewährleistet werden. Hierdurch kommt vor allem den Mitarbeitern, welche die Aktivitäten der Marke in Social Media strategisch und operativ lenken, eine entscheidende Rolle zu. Nur wenn diese Mitarbeiter durch eine interne Markenführung die Markenidentität kennen und verstehen kann ein authentisches Verhalten der Marke in Social Media erreicht werden.

3.2.4 Analyse der Glaubwürdigkeit als mediierender Effekt im Untersuchungsmodell

Als mediierender Effekt wird die Glaubwürdigkeit in das Untersuchungsmodell integriert. Entsprechend den Erkenntnissen der Attitude-toward-the-Ad Forschung kann davon ausgegangen werden, dass das Werbegefallen eine positive Stimmung auslöst und damit sowohl die Einstellung gegenüber der Marke als auch die Einschätzung der Glaubwürdigkeit positiv beeinflusst werden.[608] Folglich besteht eine Korrelation zwischen dem Werbegefallen der Social Media Stimuli und deren Glaubwürdigkeit, weswegen eine Berücksichtigung der Glaubwürdigkeit als Moderator in dem Forschungsmodell ausgeschlossen wird. Tabelle 59 stellt die Ergebnisse der Analyse der mediierenden Effekte der Glaubwürdigkeit dar.

---

[608] Vgl. BAUMGARTH (2003), S. 205 f.

Kausalbeziehung	Direkte Kausal- beziehung	Indirekte Kausalbeziehung		Mediation		
	Pfadkoeffi- zient β^direkt	Pfadkoef- fizient β^a	Pfadko- effizient β^b	β^a· β^b	t-Werte	VAF
BGC mit leistungsbe- zogenen Attributen → funktionaler Marken- nutzen	0,275	0,670	0,273	0,183	6,218	0,399
BGC mit nicht-leis- tungsbezogenen Attri- buten → symbolischer Markennutzen	0,125	0,727	0,200	0,145	4,679	0,537

Tabelle 59:   **Analyse der mediierenden Wirkung der Glaubwürdigkeit des BGC mit bzw. ohne leistungsbezogene Attribute auf den funktionalen und symbolischen Markennutzen**

Quelle: Eigene Darstellung.

Sowohl für die Wirkung des BGC mit leistungsbezogenen Attributen auf den funktionalen Markennutzen als auch für die Wirkung des BGC mit nicht-leistungsbezogenen Attributen auf den symbolischen Markennutzen kann ein mediierender Effekt der Glaubwürdigkeit festgestellt werden. Die t-Werte überschreiten dabei deutlich die Anforderung von $t \geq 1,96$. Die Stärke des Mediatoreffektes ist aufgrund des höheren VAF-Wertes bei der Kausalbeziehung vom BGC mit nicht-leistungsbezogenen Attributen zum symbolischen Markennutzen als höher zu interpretieren. Die Hypothesen H 12a und H 12b können bestätigt werden.

H 12a	Je höher die Glaubwürdigkeit des BGC mit leistungsbezogenen Attributen wahrgenommen wird, desto stärker ist der positive Einfluss des BGC mit leistungsbezogenen Attributen auf den **funktionalen** Markennutzen.	bestätigt
H 12b	Je höher die Glaubwürdigkeit des BGC mit nicht-leistungsbezogenen Attributen wahrgenommen wird, desto stärker ist der Einfluss des BGC mit nicht-leistungsbezogenen Attributen auf den **symbolischen** Markennutzen.	bestätigt

Da in der Einzelbetrachtung nach Marken keine signifikante Wirkung des BGC mit nicht-leistungsbezogenen Attributen auf den symbolischen Markennutzen nachgewiesen werden konnte, soll diese Wirkbeziehung unter Berücksichtigung der Glaubwürdigkeit als Mediator zusätzlich auch auf Markenebene betrachtet werden. Wie die folgende Tabelle zeigt, stellt die Glaubwürdigkeit bei beiden Marken eine starke Mediatorvariable dar (vgl. Tabelle 60).

Kausalbeziehung	Direkte Kausalbeziehung	Indirekte Kausalbeziehung		Mediation		
	Pfadkoeffizient β^{direkt}	Pfadkoeffizient β^a	Pfadkoeffizient β^b	$\beta^a \cdot \beta^b$	t-Werte	VAF
BGC mit nicht-leistungsbezogenen Attributen → symbolischer Markennutzen der Automobilmarke	0,065	0,608	0,227	0,138	4,498	0,680
BGC mit nicht-leistungsbezogenen Attributen → symbolischer Markennutzen der Lebensmittelmarke	0,082	0,849	0,218	0,185	2,684	0,694

Tabelle 60:   **Analyse der mediierenden Wirkung der Glaubwürdigkeit des BGC mit nicht-leistungsbezogenen Attribute auf den symbolischen Markennutzen in der Einzelbetrachtung nach Marken**

Quelle: Eigene Darstellung.

Aufgrund der t-Werte der Mediation und der hohen VAF-Werte kann für beide Marken ein starker Mediatoreffekt der Glaubwürdigkeit des BGC mit nicht-leistungsbezogenen Attributen auf die Kausalbeziehung zwischen BGC mit nicht-leistungsbezogenen Attributen und dem symbolischen Markennutzen nachgewiesen werden. Zudem ermöglicht erst das Einbeziehen der Glaubwürdigkeit das Nachweisen eines signifikanten Pfades von dem Gefallen des BGC mit nicht-leistungsbezogenen Attributen auf den symbolischen Markennutzen.

Der Glaubwürdigkeit kann aufgrund der dargestellten Ergebnisse eine entscheidende Relevanz für die Markenführung in Social Media zugesprochen werden. Wie die Daten zeigen, bezieht sich diese Relevanz vor allem auf den BGC mit nicht-leistungsbezogenen Attributen, da dieser erst unter Berücksichtigung der Glaubwürdigkeit eine signifikante Wirkung auf den symbolischen Markennutzen zeigt. Zusammenfassend kann festgestellt werden, dass Marken die Wirkung ihrer Social Media Aktivitäten auf die Markennutzen steigern können, wenn stets eine hohe Glaubwürdigkeit des BGC gewährleistet wird.

D   Schlussbetrachtung und Ausblick

1   Zusammenfassung der Untersuchungsergebnisse

Ausgangspunkt dieser Arbeit war die Erkenntnis, dass Social Media eine hohe Relevanz für die Markenführung besitzt. Trotz dieser hohen Relevanz fehlt es der Markenführung an ausreichenden Kenntnissen über die Wirkung verschiedener Markenführungsinstrumente in Social Media.

Die Darstellung der aktuellen Herausforderungen der Markenführung in Kapitel A verdeutlicht die hohe Relevanz von Social Media für Marken. Dennoch fehlt es den Unternehmen bisher an ausreichenden Erkenntnissen über den effektiven Einsatz von Social Media im Hinblick auf spezifische Ziele der Markenführung. Dies begründet sich nicht zuletzt dadurch, dass die wissenschaftliche Forschung bisher vor allem Einzelaspekte der Markenführung in Social Media betrachtet hat. Hierzu gehören bspw. die Wirkung von nutzergenerierten Inhalten oder der Interaktion zwischen Marke und Nachfrager. Dadurch ist eine vergleichende Analyse der Wirkung verschiedener Markenführungsinstrumente in Social Media aufgrund der fehlenden gemeinsamen Datenbasis bisher nicht in ausreichendem Umfang möglich. Zudem wird das Thema Social Media bislang eher unstrukturiert betrachtet. Neben der uneinheitlichen Verwendung von Definition und Begriffen gehört hierzu auch, dass keine Konzeptionalisierung der Markenführungsinstrumente in Social Media existiert. Ferner wird die Branchenspezifität in den Ansätzen zur Analyse der Wirkung von Social Media auf Marken vernachlässigt.

Aufgrund dieser Überlegungen bestand das zentrale Ziel dieser Arbeit darin, die Wirkung verschiedener Markenführungsinstrumente in Social Media auf die Marke zu analysieren und zu vergleichen. Daraus wurden zu Beginn der Arbeit folgende Forschungsfragen abgeleitet:

1) Welche Instrumente stehen der Markenführung in Social Media zur Verfügung?
2) Welche differenzierten Wirkungsweisen und –stärken zeigen die einzelnen Instrumente auf die Marke?
3) Besitzen die Ergebnisse eine branchenübergreifende Gültigkeit?

Zur Beantwortung der ersten Forschungsfrage wurden in Kapitel B zunächst relevante Begriffe definiert, um auf dieser Basis Instrumente der Markenführung in Social Media abzuleiten. Die in der Literatur bisher bekannte Differenzierung in brand generated content, brand-related user generated content und Interaktion wurde in dieser Arbeit tiefer spezifiziert. Zentral ist hierbei zum einen die **Differenzierung des brand generated content (BGC)** entsprechend des Inhaltes in BGC mit leistungsbezogenen Attributen und BGC mit nicht-leistungsbezogenen Attributen. Zu Ersterem zählen bspw. Informationen zu Produkteigenschaften oder Bilder des Produktes, wohingegen die Kommunikation über Sponsoring als Beispiel für den BGC mit nicht-leistungsbezogenen Attributen gilt. Mit dieser Differenzierung des BGC wird nicht nur ein direkter Bezug zur Theorie der Markenführung hergestellt, sondern auch die aktuelle Praxis der Marken in Social Media aufgegriffen. Weiterhin wurde die **Interaktion** in dieser Arbeit **spezifischer betrachtet**, als in der aktuellen Forschung. Es wurde zwischen der persönlichen und unpersönlichen Interaktion zwischen Marke und Nachfrager sowie der markenbezogenen Interaktion zwischen Nachfragern differenziert. Empirisch belegt werden konnte, dass diese dreistufige Sichtweise auf die Interaktion in Social Media für eine inhaltlich korrekte Abbildung der Wirkungsweise der Interaktion notwendig ist. Zusammenfassend wurden die folgenden sechs Instrumente der Markenführung in Social Media identifiziert:

- BGC mit leistungsbezogenen Attributen
- BGC mit nicht-leistungsbezogenen Attributen
- Brand-related UGC
- Persönliche Interaktion zwischen Marke und Nachfrager
- Unpersönliche Interaktion zwischen Marke und Nachfrager
- Markenbezogene Interaktion zwischen Nachfragern

Da diese sechs Instrumente der Markenführung in Social Media aus der theoretischen Grundlage zum identitätsbasierten Markenmanagement abgeleitet wurden, stellen diese **eine in der Wissenschaft erstmals erarbeitete ganzheitliche Abbildung des Markenmanagements in Social Media** dar.

In Kapitel C wurde die empirische Analyse der Wirkung dieser Instrumente der Markenführung in Social Media auf die Zielgrößen der Markenführung durchgeführt. Um dabei stets die branchenübergreifende Übertragbarkeit der Ergebnisse zu überprüfen, wurden eine Automobil- und eine Lebensmittelmarke als Untersuchungsobjekte verwendet. Diese Marken unterscheiden sich in ihren Eigenschaften hinsichtlich des Kaufentscheidungsprozesses, Involvements und Erklärungsbedürftigkeit der Produkte, sodass eine große Spannbreite in der Unterschiedlichkeit der Marken erreicht wurde.

Bei der empirischen Analyse stand zunächst das **tatsächliche Kaufverhalten** im Mittelpunkt. Dabei wurde das tatsächliche Kaufverhalten nicht nur als Kauf im Sinne der juristischen Besitzübergabe verstanden, sondern zusätzliche Handlungen definiert,

welche dem tatsächlichen Kauf dienen. Diese Handlungen umfassen bei der Automobilmarke bspw. das Durchführen einer Probefahrt und bei der Lebensmittelmarke die
aktive Suche nach einem Produkt dieser Marke in einer Kaufstätte. Auf diese Weise
kann der Effekt von der Online-Umgebung Social Media auf tatsächliche Handlungen
in der Offline-Umgebung der Nachfrager erhoben werden. Sowohl für die Automobil-
als auch für die Lebensmittelmarke konnten **direkte Einflüsse des BGC auf Handlungen des tatsächlichen Kaufverhaltens nachgewiesen werden**.

Auffällig waren dabei die **Unterschiede zwischen den Marken**. Bei der Lebensmittelmarke konnte ein größerer Anteil des tatsächlichen Kaufverhaltens durch den BGC
erklärt werden und auch die Wirkbeziehungen waren im Fall der Lebensmittelmarke
stärker, als bei der Automobilmarke. Zudem konnte bei der Lebensmittelmarke ein Einfluss des BGC auf den tatsächlichen Kauf i.S. einer juristischen Besitzübergabe nachgewiesen werden. Dagegen war bei der Automobilmarke zwar der Einfluss auf das
Einholen eines Angebots und das Durchführen einer Probefahrt nachweisbar, jedoch
nicht die Wirkung auf den Kauf i.S. der juristischen Besitzübergabe. Entsprechend dieser Ergebnisse war der direkte Einfluss des BGC auf die **Kaufintention** nur im Fall der
Lebensmittelmarke nachweisbar.

Die Begründung dieser Ergebnisse ist in den Markeneigenschaften zu finden. Während der Kaufprozess bei der Automobilmarke aufgrund der hohen Produktkomplexität
und des hohen finanziellen Aufwands extensiv ist, gestaltet sich der Kaufprozess bei
der Lebensmittelmarke aufgrund der geringen Komplexität und des geringen finanziellen Aufwands habituell. Folglich kann der tatsächliche Kauf des Lebensmittelproduktes eher durch Social Media angeregt werden, da weniger externe Einflussgrößen auf
die Kaufentscheidung wirken.

Bei der Analyse der Wirkung von Social Media auf den **funktionalen und symbolischen Markennutzen wurden für beide Marken Wirkbeziehungen nachgewiesen**.
Dabei wurden jedoch **starke Differenzen zwischen den Marken** festgestellt. Zunächst sind deutliche Unterschiede in den Bestimmtheitsmaßen des funktionalen und
symbolischen Markennutzens hervorzuheben. Demnach kann sowohl von dem funktionalen als auch dem symbolischen Markennutzen der Lebensmittelmarke ein deutlich
größerer Anteil durch die Social Media Stimuli erklärt werden, als bei der Automobil-
marke ($\Delta_{\text{funktionaler Markennutzen}}$ = 0,131, $\Delta_{\text{symbolischer Markennutzen}}$ = 0,163) . Folglich besitzt
Social Media im Fall der Lebensmittelmarke eine bedeutendere Stellung in der Mar-
kenkommunikation, als bei der Automobilmarke.

Im weiteren Verlauf der empirischen Analyse wurden die definierten Instrumente der
Markenführung in Social Media hinsichtlich deren Wirkung auf den funktionalen und

symbolischen Markennutzen untersucht. In der Gesamtbetrachtung über beide Marken konnte eine positive Wirkung des **BGC mit leistungsbezogenen Attributen** auf den funktionalen Markennutzen und des BGC mit nicht-leistungsbezogenen **Attributen** auf den symbolischen Markennutzen nachgewiesen werden.

Die aus der wissenschaftlichen Theorie abgeleitete Vermutung, dass der funktionale Markennutzen stärker durch den BGC mit leistungsbezogenen Attributen und der symbolische Markennutzen stärker durch den BGC mit nicht-leistungsbezogenen Attributen beeinflusst wird, konnte nicht belegt werden. Im Fall des funktionalen Markennutzens ist die geringe Differenz der Wirkbeziehungen hervorzuheben. So liegt der Pfadkoeffizient der Wirkung des BGC mit leistungsbezogenen Attributen bei $\beta= 0,275$ und der Pfadkoeffizient der Wirkung des BGC mit nicht-leistungsbezogenen Attributen auf den funktionalen Markennutzen bei $\beta= 0,181$ ($\Delta= 0,094$).

Hinsichtlich der Wirkung auf den symbolischen Markennutzen waren die Ergebnisse überraschend. Dabei zeigt der BGC mit leistungsbezogenen Attributen eine starke Wirkung auf den symbolischen Markennutzen ($\beta= 0,244$), wohingegen die Wirkung des BGC mit nicht-leistungsbezogenen Attributen auf den symbolischen Markennutzen nur sehr schwach nachweisbar ist ($\beta= 0,125$). Dabei ist jedoch zu beachten, dass von der Glaubwürdigkeit des BGC mit nicht-leistungsbezogenen Attributen eine starke Mediatorwirkung auf die Wirkbeziehung zwischen BGC mit nicht-leistungsbezogenen Attributen und dem symbolischen Markennutzen ausgeht. Auf die Bedeutung der Glaubwürdigkeit für die Markenführung in Social Media wird im weiteren Verlauf dieses Kapitels vertiefend eingegangen.

Der **brand-related UGC** zeigt sowohl bei der Automobil- als auch bei der Lebensmittelmarke eine positive Wirkung auf den funktionalen und symbolischen Markennutzen. Für beide Marken ist hervorzuheben, dass die Stärken der Wirkungen des brand-related UGC auf den funktionalen und symbolischen Markennutzen auf einem nahezu gleichhohen Niveau liegen ($\Delta_{Automobilmarke}= 0,001$, $\Delta_{Lebensmittelmarke}= 0,002$). Für die Wirkung auf den funktionalen Markennutzen konnte belegt werden, dass diese im Fall der Lebensmittelmarke stärker ist, als bei der Automobilmarke. Eine Erklärung hierfür kann in der Komplexität beider Produkte gefunden werden. Während die funktionalen Eigenschaften eines Automobils auf Fakten, wie bspw. der Motorleistung oder dem Verbrauch, basieren, kann der Geschmack eines Lebensmittels nicht über belegbare Fakten durch die Marke kommuniziert werden. Daher erscheint an dieser Stelle der Rückgriff auf Meinungen anderer Verbraucher zu dem Geschmack sinnvoll. Zudem kann vermutet werden, dass den Nachfragern in Bezug auf die Automobilmarke aufgrund der hohen Produktkomplexität eine geringere Fachkompetenz zugesprochen wird, wodurch die inhaltliche Richtigkeit der Aussagen angezweifelt werden könnte.

Der **Vergleich der Wirkung von brand-related UGC und dem BGC** auf den funktionalen Markennutzen konnte belegen, dass die Wirkung des BGC stärker ist ($\Delta_{Automobilmarke}$ 0,258, $\Delta_{Lebensmittelmarke}$ 0,175). Dieses Ergebnis gilt sowohl für die Automobil- als auch für die Lebensmittelmarke. Mit dieser Erkenntnis kann dem häufig im Zusammenhang mit Social Media erwähnten **Kontrollverlust** der Markenführung entgegengetreten werden, da die Marke den funktionalen Markennutzen mit der von ihr selbst veröffentlichten Inhalten in Social Media stärker beeinflussen kann. In der Einzelbetrachtung nach Marken zeigte sich jedoch ein deutlich schwächeres Wirkungsgefälle vom BGC zum brand-related UGC im Fall der Lebensmittelmarke. Somit haben zwar beide Marken die Hoheit über den funktionalen Markennutzen, doch kann dem brand-related UGC im Fall der Lebensmittelmarke ein stärkeres Gegengewicht zum BGC zugesprochen werden, als bei der Automobilmarke.

Überraschend waren die Ergebnisse zu der **persönlichen Interaktion zwischen Marke und Nachfrager in Social Media**. Diese wird in der aktuellen wissenschaftlichen Literatur als zentrales Unterscheidungskriterium von Social Media zu anderen Medien herausgestellt. Die Interaktion mit den Nachfragern wird häufig als das Erfolgsgeheimnis der Markenführung in Social Media deklariert. In dieser Arbeit konnte für die persönliche Interaktion zwischen Marke und Nachfrager in Social Media für beide Marken nur eine Wirkung auf den symbolischen Markennutzen nachgewiesen werden. Allerdings ist diese Wirkung lediglich als sehr schwach zu belegen ($\beta_{Automobilmarke}$= 0,049, $\beta_{Lebensmittelmarke}$= 0,080). Die vermutete Multiplikation der Wirkung von persönlicher Interaktion durch die passive Wahrnehmung durch andere Nutzer konnte nicht belegt werden. Da folglich nur eine geringe Wirkung der persönlichen Interaktion mit nur einem Nachfrager nachgewiesen wurde, kann die hohe Relevanz der persönlichen Interaktion mit Nachfragern für die Markenführung in Social Media in dieser Arbeit vorläufig nicht bestätigt werden.

Dabei ist zu beachten, dass die in dieser Arbeit analysierten Marken, die keinen **Kundenservice in Social Media** anbieten. Dagegen gibt es Marken, wie bspw. die Deutsche Bahn AG oder die Deutsche Telekom AG, welche Social Media Accounts spezifisch für Serviceanfragen anbieten. Die Deutsche Bahn AG nutzt hierfür einen Account bei der Social Media Plattform Twitter, welcher ausschließlich dem Beantworten von Kundenanfragen dient. Gleiches gilt für die Deutsche Telekom AG, welche sowohl auf der Social Media Plattform Twitter als auch bei Facebook einen Account ausschließlich für Serviceanfragen nutzt. Da derartige Social Media Aktivitäten in dieser Arbeit nicht analysiert wurden, müssen diese von der oben getroffenen Aussage zur geringen Wirkung der persönlichen Interaktion zwischen Marke und Nachfrager vorläufig ausgeschlossen werden.

Die **markenbezogene Interaktion zwischen Nachfragern in Social Media** zeigt bei der Lebensmittelmarke sowohl auf den funktionalen als auch auf den symbolischen Markennutzen eine positive Wirkung. Bei der Automobilmarke kann eine positive Wirkung nur auf den symbolischen Markennutzen nachgewiesen werden. Für beide Marken wurde empirisch belegt, dass die Wirkung der markenbezogenen Interaktion auf den symbolischen Markennutzen stärker ist, als auf den funktionalen Markennutzen. Diese stärkere Wirkung der markenbezogenen Interaktion zwischen Nachfragern auf den symbolischen Markennutzen beider Marken kann mit dem durch die Interaktion geschaffenen Zusatznutzen erklärt werden. Dieser Zusatznutzen entsteht durch das Zugehörigkeitsgefühl der Nachfrager untereinander und geht über den reinen funktionalen Markennutzen hinaus.

Dem **BGC** wird in der Praxis häufig eine Wirkung auf die drei Formen der **unpersönlichen Interaktion**, zu welcher die „Gefällt-mir"-Funktion, das Kommentieren und das Weiterleiten zählt, unterstellt. Da die Formen der unpersönlichen Interaktion in der Praxis daher oft als Indikatoren für das Gefallen des BGC herangezogen und auf dieser Basis strategische Entscheidungen hinsichtlich der Social Media Aktivitäten einer Marke getroffen werden, wurden diese Kausalbeziehungen ebenfalls in der vorliegenden Arbeit analysiert. Zwar konnte dabei ein Einfluss des Gefallens des BGC auf die „Gefällt-mir"-Funktion, das Kommentieren und das Weiterleiten festgestellt werden, doch war der Erklärungsanteil des Gefallens des BGC bei allen drei Formen der unpersönlichen Interaktion äußerst gering ($R^2_{\text{„Gefällt mir"-Funktion}} = 0,118$, $R^2_{\text{Kommentieren}} = 0,098$, $R^2_{\text{Weiterleiten}} = 0,092$). Folglich bestehen weitere neben dem BGC wirkende Faktoren, welche die Häufigkeit der unpersönlichen Interaktion beeinflussen. Diese Arbeit hat erste Hinweise darauf gegeben, dass es sich bei diesen Faktoren vor allem um die Persönlichkeit des Nutzers handelt. Als häufigster Grund dafür, dass trotz eines hohen Gefallens des BGC nicht in die unpersönliche Interaktion getreten wurde, ist das generell eher passive Nutzen von Social Media genannt worden. Es kann vermutet werden, dass dies mit den persönlichen Eigenschaften des Nutzers, wie z.B. der Aufgeschlossenheit oder dem Mitteilungsbedürfnis, zusammenhängt. Für die Häufigkeit der unpersönlichen Interaktion kann zusammenfassend festgehalten werden, **dass diese keine Indikatoren für das Gefallen des BGC darstellen**.

Um die Wirkungsweisen der Markenführungsinstrumente in Social Media vollständig zu betrachten, wurden weiterhin moderierende und mediierende Wirkungen analysiert.

Die Gruppenvergleichsanalysen bestätigen die Existenz relevanter Einflussfaktoren. Der theoretischen Grundlage folgend konnte gezeigt werden, dass die **Markenauthentizität** einen entscheidenden Einfluss auf die Wirkung der persönlichen Interaktion zwischen Marke und Nachfrager sowie des BGC mit nicht-leistungsbezogenen Attributen auf den funktionalen und symbolischen Markennutzen ausübt. Somit ist das authentische Verhalten der Marke in Social Media **ein relevanter Stellhebel für den Erfolg der Markenführung in Social Media.**

Die **Glaubwürdigkeit** wurde als Mediator in das Forschungsmodell integriert. Dabei wurde sowohl die Glaubwürdigkeit des BGC mit leistungsbezogenen als auch mit nicht-leistungsbezogenen Attributen analysiert. Für beide Wirkbeziehungen konnte eine starke Mediatorwirkung belegt werden. Bei dem BGC mit nicht-leistungsbezogenen Attributen ist die Mediatorwirkung der Glaubwürdigkeit stärker, als bei dem BGC mit leistungsbezogenen Attributen. Der Glaubwürdigkeit des BGC kommt damit eine entscheidende Relevanz für den Erfolg einer Marke in Social Media zu.

Weiterhin wurde die **unpersönliche Interaktion** in Form der Häufigkeit der Nutzung der „Gefällt-mir"-Funktion, des Kommentierens und des Weiterleistens als Einflussfaktoren auf die Wirkungen von Social Media auf die Marke analysiert. Die Vermutung, dass das aktive Reagieren auf den BGC dessen Wirkung auf die Markennutzen verstärkt, konnte nicht belegt werden. Für die **Reaktionsschnelligkeit der Marke** in der persönlichen Interaktion mit dem Nachfrager konnte ebenfalls keine moderierende Wirkung belegt werden. Die Vermutung, dass die persönliche Interaktion zwischen Marke und Nachfrager stets eine schnelle Reaktion der Marke erfordert, ist damit nicht nachgewiesen worden. Auch hier gilt, dass Social Media Accounts, welche zur Beantwortung von Kundenanfragen genutzt werden, von der Aussage zur moderierenden Wirkung der Reaktionsschnelligkeit in der persönlichen Interaktion zwischen Marke und Nachfrager vorläufig ausgeschlossen werden.

2 Implikationen für die Praxis der Markenführung in Social Media

Für die praktische Umsetzung der Markenführung in Social Media können aus der vorliegenden Arbeit zahlreiche Implikationen gewonnen werden. Eine zentrale Stellung hat die Analyse zweier gänzlich unterschiedlicher Marken eingenommen.

Zur Analyse wurden in dieser Arbeit eine Automobil- und eine Lebensmittelmarke gewählt. Die Automobilmarke repräsentiert ein komplexes Produkt, welchem eine hohe Erklärungsbedürftigkeit zukommt. Daneben ist der Kauf eines Automobils durch einen hohen finanziellen Aufwand und einen extensiven Kaufentscheidungsprozess gekennzeichnet. Im Gegensatz dazu ist die Lebensmittelmarke wenig komplex und besitzt nur

eine sehr geringe Erklärungsbedürftigkeit. Zudem ist der Kauf mit nur geringen finanziellen Aufwendungen verbunden und der Kaufentscheidungsprozess als habituell zu
bezeichnen. Die Analysen dieser Arbeit haben gezeigt, dass die Wirkung von Social
Media auf das tatsächliche Kaufverhalten sowie auf den funktionalen und symbolischen Markennutzen deutlich in deren Stärke differenziert. Zudem wurde belegt, dass
der brand-related UGC im Fall der Lebensmittelmarke stärker auf den funktionalen
Markennutzen wirkt, als im Fall der Automobilmarke. Daher lautet die **zentrale Implikation für die Praxis, dass stets branchenspezifische Besonderheiten bei der
Markenführung in Social Media zu berücksichtigen sind.**

In dieser Arbeit konnte zudem belegt werden, dass Social Media ein wirkungsvolles
Instrument der Markenführung ist. Sowohl marken- als auch nutzergenerierte Inhalte
haben eine positive Wirkung auf den funktionalen und symbolischen Markennutzen
sowie auf das tatsächliche Kaufverhalten gezeigt. Somit konnte empirisch belegt werden, dass **Social Media ein wirkungsvolles Instrument für die Markenführung ist
und dabei nicht nur das Markenimage sondern auch das tatsächliche Kaufverhalten positiv beeinflusst wird.**

Die branchenspezifischen Unterschiede der Wirkung von Social Media sind dabei hervorzuheben. So konnte bei der Lebensmittelmarke ein deutlich höherer Anteil der Markennutzen durch Social Media erklärt werden, als bei der Automobilmarke. Folglich
bestehen bei der Automobilmarke mehrere neben Social Media wirkende Einflussfaktoren auf die Markennutzen, als bei der Lebensmittelmarke. Zu beachten ist dabei,
dass die Automobilmarke ein öffentlich genutztes Produkt ist und auch in den klassischen Medien weitaus präsenter ist, als die Lebensmittelmarke. Somit bietet die Marke
selbst bereits zahlreiche neben Social Media wirkende Einflussfaktoren auf die Markennutzen. Es lässt sich schlussfolgern, dass **Social Media bei weniger öffentlich
genutzten und in klassischen Medien weniger präsenten Marken eine stärkere
Wirkung zeigt und damit eine höhere Relevanz in der Markenkommunikation einnimmt.**

Neben der Betrachtung der Wirkung von Social Media auf die vorökonomischen Größen des funktionalen und symbolischen Markennutzens wurde auch das **tatsächliche
Kaufverhalten** in die markenspezifische Betrachtung einbezogen. Das tatsächliche
Kaufverhalten wurde dabei nicht auf den Kauf i.S. der juristischen Besitzübergabe beschränkt, sondern auch tatsächliche Handlungen, die dem Kauf vorgelagert sind, berücksichtigt. Ziel dieser breiteren Definition des Kaufverhaltens war die Überprüfung,
ob Social Media in der Lage ist, die Nutzer entlang des Kaufprozesses von einem reinen Interessenten zu einem tatsächlichen Käufer weiter zu qualifizieren. Dabei ist zu

beachten, dass nur für die Lebensmittelmarke eine direkte Wirkung des BGC auf den tatsächlichen Kauf i.S. einer juristischen Besitzübergabe belegt werden konnte. Für die Automobilmarke wurde zwar eine Wirkung des BGC auf die ersten Phasen des Kaufprozesses belegt, nicht aber für den tatsächlichen Kauf. **Folglich kann für weniger komplexe und niedrigpreisige Marken festgehalten werden, dass der gesamte Kaufprozess durch Social Media angeregt werden kann.**

Aus diesem Grund kann es als sinnvoll betrachtet werden, dass diese Marken **proaktiv ihre Produkte in Social Media anpreisen.** Hierzu zählen bspw. Veröffentlichungen in Social Media, die direkt die Vorteile der Produkte herausstellen oder als konkreter Kaufvorschlag formuliert sind. Zwei Beispiele für die Umsetzung des proaktiven Anregens von Abverkäufen durch Social Media zeigen die Marken Dr. Oetker und Adidas auf Facebook (vgl. Abbildung 32).

Abbildung 32:   **Beispiele für das proaktive Anpreisen der Produkte bei Facebook**
Quelle: Facebook-Fanpages der Marken Dr. Oetker und Adidas.

Da der tatsächliche Kauf i.S. der juristischen Besitzübergabe von komplexen und eher hochpreisigen Produkten nicht direkt durch Social Media angeregt werden kann, sollte der Fokus der verkäuferischen Nutzung von Social Media eher auf den **direkten Bezug zu den dem tatsächlichen Kauf vorgelagerten Stufen des Kaufentscheidungsprozesses in die Social Media Aktivitäten gelegt werden.** Hierzu gehören bspw. Weiterleitungen zu der Homepage, auf welcher weitere Produktinformationen zur Verfügung gestellt werden, eine Telefonnummer zu einer Service-Hotline und Informationen über direkte Vertriebswege bzw. Händler. Letztere nehmen eine besondere Stellung ein, da in dieser Arbeit für die Automobilmarke dokumentiert werden konnte, dass der persönliche Kontakt zu den Händlern für die Nachfrager wichtiger ist, als der Kontakt zu der Marke in Social Media. Ein Beispiel für die Weiterleitung des Nutzers von Social Media zu dem persönlichen Kontakt vor Ort stellt die Präsenz der Versicherungsmarke Allianz bei Facebook dar. Unter der Rubrik „Allianz vor Ort" werden die Kontaktdaten zu Versicherungsvertretern bereitgestellt. Hierdurch wird dem Nutzer die Aufnahme des persönlichen Kontaktes erleichtert und somit die Weiterqualifizierung des Nutzers als Interessent an dem Produkt der Marke begünstigt (vgl. Abbildung 33), da der Nutzer direkt zu den Stufen des Kaufprozesses weitergeleitet wird, die nicht durch Social Media bedient werden können.

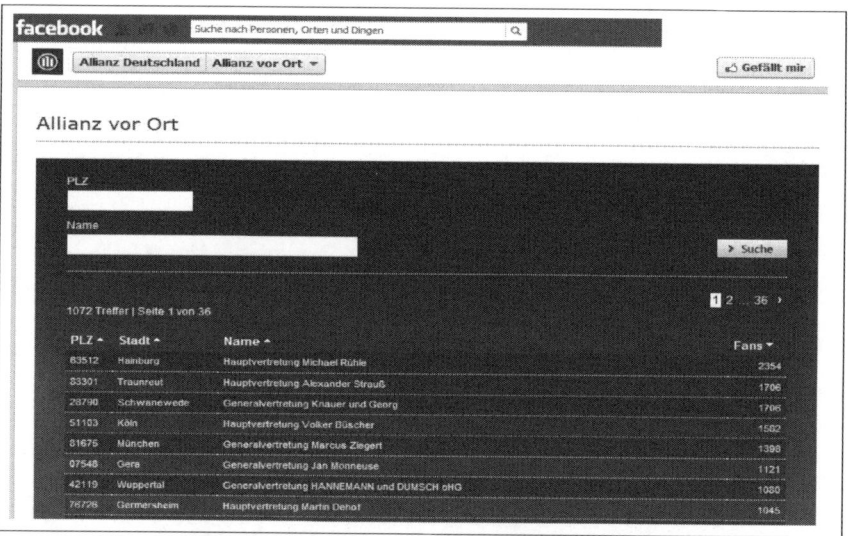

Abbildung 33:   **Beispiel für das Weiterleiten des Nutzers von Facebook zu dem persönlichen Kontakt mit der Marke**

Quelle: Facebook-Fanpage der Marke Allianz.

Für den **Einsatz der zur Verfügung stehenden Markenführungsinstrumente in Social Media** hinsichtlich spezifischer Markenziele können aus der vorliegenden Arbeit ebenfalls zahlreiche Implikationen gewonnen werden.

In Bezug auf die Wirkung des **brand-related UGC** konnte die größte Differenz zwischen der Automobil- und Lebensmittelmarke festgestellt werden. Während dieser im Fall der Automobilmarke auf den funktionalen und symbolischen Markennutzen eine eher verhaltende Wirkung zeigt, wird der funktionale und symbolische Markennutzen der Lebensmittelmarke stärker durch den brand-related UGC beeinflusst. Aufgrund der Eigenschaften der analysierten Marken lässt sich **für die Praxis ableiten, dass die**

Wirkung des brand-related UGC bei komplexen Produkten weniger Wirkung zeigt, als bei Produkten mit einer geringen Komplexität.

Folglich können insbesondere Marken mit einer geringen Produktkomplexität den brand-related UGC nutzen, um ihre Marke in Social Media zu stärken. Sie sind daher aufgefordert, den brand-related UGC aktiv anzuregen. Dies kann beispielsweise mittels Fragestellungen der Marke geschehen, auf welche die Nutzer einen Kommentar schreiben. In diesem Fall können die Kommentare auch von anderen Nutzern eingesehen werden. Eine weitere Möglichkeit zeigt die Marke Asics auf Facebook. Nutzer können die Produkte der Marke bewerten, wobei diese Produktbewertungen von allen anderen Nutzern einsehbar sind (vgl. Abbildung 34).

Abbildung 34:   **Beispiel für das Anregen von brand-related UGC**
Quelle: Facebook-Fanpage der Marke Asics.

Eine weitere Empfehlung für eher weniger komplexe Marken umfasst das **Aufsetzen einer Brand Community**. Aufgrund der inhaltlichen Ausrichtung von Brand Communities kann die Interaktion zwischen Nachfragern stärker ausgebaut werden, als in sozialen Netzwerken. Somit wird der emotionale Zusatznutzen, welcher durch die Interaktion mit anderen Nachfragern aufgebaut wird, effektiver genutzt. Erfolgreiche Beispiele von Brand Communities sind u.a. DELL Idea Strom oder My Starbucks Idea.

Bei Marken mit Produkten, die insbesondere öffentlich genutzt werden und damit der symbolische Markennutzen an Relevanz gewinnt, ist der brand-related UGC vor allem im Hinblick auf den symbolischen Markennutzen relevant. Durch gezieltes Anregen eines eher emotionalen brand-related UGC kann der symbolische Markennutzen aufgeladen werden. Daher sollten die Nutzer in Social Media aktiv durch die Marke ange-

regt werden, einen solchen emotionalen brand-related UGC zu kommunizieren. Ge-
eignete Beispiele hierfür liefert u.a. die Marke BMW. Wie Abbildung 35 zeigt haben die
Fans der Marke mit zahlreichen Kommentaren auf die Frage reagiert, welche zum
Großteil emotionale Antworten beinhaltet haben.

Abbildung 35:   Beispiel für das Anregen von brand-related UGC
Quelle: Facebook-Fanpage der Marke BMW.

Aus dem Vergleich der Wirkung von brand-related UGC und BGC ging für beide Marken hervor, dass der BGC in Bezug auf den funktionalen Markennutzen eine wesent-
lich stärkere Wirkung zeigt, als der brand-related UGC. Obwohl die Dominanz des
BGC bei der Lebensmittelmarke schwächer ist, als bei der Automobilmarke, kann für
beide Marken festgehalten werden, dass **die Marke in Social Media die Hoheit über
den funktionalen Markennutzen innehat.** Somit kann dem oft im Zusammenhang
mit Social Media genannte Kontrollverlust entgegengetreten werden. Für die Praxis
der Markenführung in Social Media bedeutet dies, dass **die Marke den über sie veröffentlichten brand-related UGC stets beobachten sollte und ggf. direkt auf den
brand-related UGC reagieren sollte.**

Dies gilt insbesondere dann, wenn von Nutzern negative Bewertungen über die Marke
in Social Media veröffentlicht werden. In dieser Situation sollte eine Marke inhaltlich
falsche Kommentare richtig stellen. Da in dieser Arbeit belegt wurde, dass der BGC
eine stärkere Wirkung zeigt, als der brand-related UGC, kann von einer Abschwächung des negativen Effekts auf weitere Nutzer ausgegangen werden. Ein Beispiel
zeigt die folgende Abbildung. Hier hat die Marke Telekom auf eine Veröffentlichung
einer Nutzerin auf Facebook reagiert und den Inhalt richtig gestellt (vgl. Abbildung 36).

Abbildung 36: **Beispiel für das Reagieren der Marke auf brand-related UGC**
Quelle: Facebook-Fanpage der Deutsche Telekom AG.

Die Interaktion wurde in dieser Arbeit als persönliche und unpersönliche Interaktion zwischen Marke und Nachfrager sowie markenbezogene Interaktion zwischen Nachfragern betrachtet. Die Sinnhaftigkeit der Differenzierung in persönliche und unpersönliche Interaktion zwischen Marke und Nachfrager wurde in dieser Arbeit empirische belegt. Daher lautet die Empfehlung an die Praxis, diese Differenzierung in der Markenführung in Social Media zu berücksichtigen. Für die **persönliche Interaktion zwischen Marke und Nachfrager** konnte nur eine sehr geringe Relevanz belegt werden. Der Einfluss auf den funktionalen Markennutzen ist gar nicht nachweisbar und der Einfluss auf den symbolischen Markennutzen ist äußerst gering. Somit kann für die in dieser Arbeit analysierten Marken belegt werden, dass allein der persönliche Kontakt zu einer Marke in Social Media keine entscheidende Wirkung auf die Marke zeigt. **Als Implikation für die Praxis kann damit festgehalten werden, dass die persönliche Interaktion mit den Nutzern i.d.R. keine zentrale Stellung in der Ausgestaltung der Social Media Aktivitäten einnehmen sollte.**

Operativ bedeutet dies, dass Marken die Möglichkeit zur persönlichen Interaktion in Social Media nicht grundsätzlich aktiv nutzen sollten. Das folgende Beispiel der Marke BMW steht repräsentativ für zahlreiche Marken, die proaktiv in die persönliche Interaktion mit Nutzern treten (vgl. Abbildung 37).

Abbildung 37:   **Beispiel für die proaktive persönliche Interaktion zwischen Marke und Nachfrager**

Quelle: Facebook-Fanpage der Marke BMW.

Wie die Analyse in dieser Arbeit gezeigt hat, ist von dieser Form der persönlichen Interaktion zwischen Marke und Nachfrager keine bedeutende Wirkung auf das Markenimage anzunehmen.

Zudem ist für die persönliche Interaktion zwischen Marke und Nachfrager als Implikation festzuhalten, dass die **Reaktionsgeschwindigkeit keinen nachweisbaren Einfluss auf die Wirkung zwischen der persönlichen Interaktion zwischen Marke und Nachfrager und dem funktionalen sowie symbolischen Markennutzen zeigt.** Dabei ist zu betonen, dass in dieser Arbeit Marken analysiert wurden, welche die persönliche Interaktion nicht zum Zweck von Kundenanfragen explizit anbieten. Zudem finden bei beiden Marken nur äußerst selten Beschwerden, welche über Social Media an die Marken herangetragen werden, statt. Somit kann die oben genannte Implikation zunächst nur einschränkend gelten. Dass sich die Relevanz der Reaktionszeit bei Social Media Aktivitäten, welche explizit die Beantwortung von Kundenanfragen anbieten, und bei Beschwerden erhöht, wird vermutet, kann mit den in dieser Arbeit erhobenen Daten jedoch nicht empirisch belegt werden.

Die **unpersönliche Interaktion**, zu welcher die „Gefällt-mir"-Funktion, das Kommentieren und Weiterleiten zählen, nimmt ebenfalls eine untergeordnete Rolle ein. Von keiner der Formen der unpersönlichen Interaktion geht ein positiver Einfluss auf die Wirkung des BGC aus. Zudem wurde festgestellt, dass die Formen der unpersönlichen Interaktion keinen Rückschluss auf das Gefallen des BGC zulassen. Die Anzahl der „Gefällt-mir"-Angaben, Kommentare oder Weiterleitungen können damit nicht als Indikator für das Gefallen des BGC herangezogen werden. **Eine Implikation für die Kontrolle der Social Media Aktivitäten von Marken lautet daher, dass die Formen der unpersönlichen Interaktion entgegen der weitverbreiteten Meinung keine geeigneten Kennzahlen darstellen.**

Marken sollten ihre Kommunikationsstrategie in Social Media folglich nicht an der Häufigkeit der unpersönlichen Interaktion ausrichten. Weist bspw. eine Veröffentlichung bei Facebook weniger „Gefällt mir"-Angaben auf, als eine andere Veröffentlichung, kann daraus nicht automatisch geschlossen werden, welche Veröffentlichung die stärkere Wirkung auf das Markenimage zeigt oder welche Veröffentlichung den Nutzern besser gefällt. Die Ausrichtung der Kommunikationsstrategie sollte folglich auf klassischer Marktforschung basieren und nicht auf der Häufigkeit der Formen der unpersönlichen Interaktion.

In Bezug auf die unpersönliche Interaktion ist jedoch zu beachten, dass diese eine notwendige Bedingung für die Sichtbarkeit des BGC auf Facebook darstellen. Facebook verwendet den sog. Facebook Edge Rank, welcher über das Anzeigen der Beiträge unterschiedlicher Absender auf den privaten Seiten der Facebook-Nutzer entscheidet. Je häufiger ein Nutzer mit einem Absender interagiert, desto größer wird die Wahrscheinlichkeit, dass die Botschaften angezeigt werden. Dabei werden Kommentare stärker gewichtet, als die „Gefällt-mir"-Angaben. Erhält eine Marke auf ihre Veröffentlichungen nur sehr wenige „Gefällt mir"-Angaben und Kommentare steigt die Wahrscheinlichkeit, dass ihre Veröffentlichungen nicht im Newsfeed der Fans bei Facebook angezeigt werden. Folglich nehmen die Formen der unpersönlichen Interaktion zwar nicht hinsichtlich der Wirkung auf das Markenimage eine wichtige Rolle ein, jedoch auf die Sichtbarkeit der Kommunikationsbotschaften. **Die Implikation für die Praxis lautet daher, ein Mindestmaß an unpersönlicher Interaktion auf Facebook zu initiieren, um die Sichtbarkeit aller Kommunikationsbotschaften sicherzustellen.**

Wie hoch dieses Mindestmaß im Einzelfall ist, hängt von den Aktivitäten der Marke und den Gegebenheiten der Nutzer ab. Jede Marke sollte somit stets die Reichweite ihrer Social Media Aktivitäten analysieren und ggf. die Anregung von unpersönlicher Interaktion zur Erhöhung der Reichweite einsetzen. Beispiele dafür, wie eine solche unpersönliche Interaktion angeregt werden kann, sind in Abbildung 38 dargestellt.

Durch einfache Fragestellungen werden die Nutzer aufgefordert, den Beitrag der Marke zu kommentieren.

Abbildung 38:   **Beispiele für das Anregen unpersönlicher Interaktion**
Quelle: Facebook-Fanpages der Marken NIVEA und Audi.

Als entscheidender Stellhebel für den Erfolg der Markenführung in Social Media konnte die **Markenauthentizität** belegt werden. In dieser Arbeit wurde die Markenauthentizität auf den Anwendungsfall Social Media bezogen und somit der Fit zwischen dem Markenauftritt in Social Media und dem Verhalten der Marke außerhalb von Social Media betrachtet. Für die Wirkbeziehung zwischen persönlicher Interaktion zwischen Marke und Nachfrager sowie dem BGC mit nicht-leistungsbezogenen Attributen und dem symbolischen Markennutzen wurde eine Moderatorwirkung der Markenauthentizität festgestellt. **Dem authentischen Verhalten der Marke in Social Media muss daher eine zentrale Bedeutung bei der Markenführung in Social Media eingeräumt werden.**

Nach SCHALLEHN (2012) besteht die Markenauthentizität aus den Konstrukten Konsistenz, Kontinuität und Individualität, wobei letztere eine eher untergeordnete Rolle einnimmt.[609] Zur Vermittlung von Konsistenz wird es als entscheidend angesehen, dass **alle Markenaktivitäten in Social Media sich in eine integrierte Kommunikation eingliedern.** Ziel der integrierten Kommunikation ist die Vermittlung eines in sich stimmigen und konsistenten Erscheinungsbildes von der Marke. Hierzu zählt die formale

---

[609] Vgl. SCHALLEHN (2012), S. 168.

Integration, welche die einheitlichen Gestaltungsprinzipien umfasst, die zeitliche Integration, wodurch sich die Kommunikationsbotschaften gegenseitig unterstützen sollen sowie eine Kontinuität innerhalb des Kommunikationsinstruments gewährleistet wird, und die inhaltliche Integration. Letztere bildet den Schwerpunkt der integrierten Kommunikation und beinhaltet die thematische Abstimmung der Kommunikationsinstrumente.[610]

Für die Umsetzung der Konsistenz in Social Media kommt den für Social Media verantwortlichen Mitarbeitern eine entscheidende Relevanz zu. Nur wenn diese die Identität der Marke verinnerlicht haben, können sie entsprechend der Identität der Marke handeln. Hieraus resultiert schlussendlich eine Konsistenz zwischen Markennutzenversprechen und Markenverhalten. Ein Instrument zur Erreichung dieser Übereinstimmung ist die interne Markenführung. Diese wird definiert als „die unternehmerische Verankerung der Marke und ihrer Identität bei den Mitarbeitern mit dem Ziel der Erzeugung eines mit der Markenidentität und dem Markennutzenversprechen konformen Verhaltens der Mitarbeiter"[611]. Unter Berücksichtigung der Tatsache, dass immer mehr Unternehmen die operative Pflege der Social Media Aktivitäten an unternehmensexterne Agenturen ausgliedern, kommt der internen Markenführung eine noch höhere Bedeutung zu und muss sich auch auf diese unternehmensexternen Agenturen beziehen. **Als Implikation kann festgehalten werden, dass ein markenkonformes Verhalten aller in Social Media im Namen der Marke aktiven Mitarbeiter durch das Instrument interne Markenführung sichergestellt werden muss.**

Bei der Vermittlung der zeitverlaufsbezogenen Kontinuität nimmt die Vermittlung der **Markenhistorie eine zentrale Rolle** ein. SCHALLEHN (2012) konstatiert, dass die Marke durch die Vermittlung der Markenhistorie kommunikativ gerahmt wird, wodurch dem Nachfrager ein authentifizierender Interpretationsrahmen für die Marke zur Verfügung gestellt wird.[612]

Ein gutes Beispiel für die Vermittlung der Markenhistorie in Social Media stellt die Automobilmarke MINI dar. Auf der Social Media Plattform Pinterest, auf welcher vor allem Bilder und Videos geteilt werden können, hat die Marke MINI eine Rubrik eingerichtet, welche ausschließlich die klassischen Modelle der Marke MINI enthält (vgl. Abbildung 39).

---

[610] Vgl. MEFFERT/BURMANN/KIRCHGEORG (2012), S. 610.
[611] PIEHLER (2011), S. 39.
[612] Vgl. SCHALLEHN (2012), S. 173.

Abbildung 39:   Beispiele für die Vermittlung der Markenhistorie
Quelle: Pinterest-Account der Marke MINI.

Zudem hat die Marke MINI bei Facebook ihre gesamte Historie in die sog. timeline[613] integriert. Diese beginnt im Jahr 1959 mit der Fertigstellung des ersten Automobils der Marke MINI. Die Marken Kühne und Nivea kommunizieren ihre Markenhistorie zwar nicht so umfangreich, wie die Marke MINI, dennoch sind die bei Facebook veröffentlichten Bilder von historischen Logos oder Verpackungsdesigns als weitere Möglichkeiten der Vermittlung der Markenhistorie in Social Media zu nennen.

Ein weiterer relevanter Stellhebel für den Erfolg der Markenführung in Social Media stellt die **Glaubwürdigkeit** der durch die Marke kommunizierten Botschaften dar. Sowohl für die Wirkung zwischen BGC mit leistungsbezogenen Attributen und dem funktionalen Markennutzen als auch zwischen dem BGC mit nicht-leistungsbezogenen Attributen und dem symbolischen Markennutzen wurde ein starker Einfluss der Glaubwürdigkeit belegt. Die Glaubwürdigkeit der Kommunikationsbotschaften einer Marke wird entscheidend von der Authentizität im Verhalten der Marke beeinflusst. **Somit wird die Bedeutung der Markenauthentizität als Erfolgsfaktor für die Markenführung in Social Media zusätzlich aufgeladen.**

Dem Zusammenspiel von Authentizität und Glaubwürdigkeit kommt insbesondere im Hinblick auf sog. **Shitstorms** eine schützende Funktion für die Marke zu. Der Begriff Shitstorm bezeichnet das Vorgehen, bei dem zahlreiche Nutzer in Social Media öffentlich Kritik an einer Marke, einem Konzern, einem Produkt oder einer Person üben.

---

[613] Die timeline bei Facebook stellt alle Beiträge des Nutzers in chronologischer Reihenfolge dar.

Gelingt es der Marke in dieser Situation authentisch zu reagieren, wird den Aussagen der Marke mehr Glaubwürdigkeit zugesprochen, wodurch die Gefahr durch den Shitstorm für die Marke gemildert werden kann.

3 Implikationen für die weiterführende Forschung

In dieser Arbeit wurde ein Modell zur Messung der Relevanz verschiedener Social Media Stimuli für die Markenführung erarbeitet und empirisch validiert. Zusätzlich wurden verschiedene Determinanten für die Wirkbeziehungen in diesem Modell identifiziert und empirisch überprüft. Da die bisherigen Forschungen die verschiedenen Wirkungen von Social Media auf die Marke nur partiell betrachtet haben, stellt dieses Modell nach Kenntnis der Autorin die bisher umfassendste Betrachtung der Wirkung von Social Media auf die Marke dar. Es wurde somit wissenschaftliche Grundlagenarbeit geleistet, welche Anknüpfungspunkte für die weitere Forschung bietet.

Hierzu gehört zunächst die **Überprüfung des Modells**. Dieses sollte anhand einer umfassenden Menge von Marken unterschiedlicher Branchen evaluiert werden. Zwar wurden in dieser Arbeit zwei Marken gewählt, welche die Extrempunkte auf der Skala der Relevanz von Social Media für die Markenführung repräsentieren, doch ist die Allgemeingültigkeit der empirischen Ergebnisse damit nicht für alle Marken gegeben. Ferner bedingt die Wahl der analysierten Marken, dass Vergleiche zwischen zwei Branchen stattgefunden haben. Es steht noch aus zu überprüfen, ob die Ergebnisse bei mehreren Marken einer gleichen Branche homogen sind.

Eine in der Wissenschaft viel diskutierte Frage ist, ob das bestehende Markenimage der Grund für das Vernetzten der Nutzer mit einer Marke in Social Media ist. Hieran schließt sich die Frage an, wie stark die **Leistungsfähigkeit von Social Media** zur positiven Verstärkung des Markenimages sein kann. Für den BGC kann festgehalten werden, dass die Marken in Social Media aufgrund der Eigenschaften des Mediums die Möglichkeit haben, gänzlich andere Inhalte zu kommunizieren, als in den klassischen Medien. Bspw. können technische Produkteigenschaften eines erklärungsbedürftigen Produktes durch ein Video dargestellt werden. Eine ausführliche Beschreibung der Produkteigenschaften wäre in gleicher Intensität in einem TV-Spot nicht möglich. Ferner werden aufgrund der geringeren Kosten sehr viel spezifischere Kommunikationsbotschaften veröffentlicht, welche in gleicher Form ebenfalls in der klassischen Kommunikation i.d.R. nicht möglich sind. Trotz dieser Vorüberlegungen steht ein ganzheitlicher Vergleich der generellen Leistungsfähigkeit von Social Media in Bezug auf das Markenimage im Vergleich mit den klassischen Werbeformen noch aus. Die Arbeit

nach ARNHOLD (2010) hat zu diesem Themenbereich zwar bereits erste Hinweise ge-
liefert, jedoch wurde dabei der Schwerpunkt auf die Analyse der nutzergenerierten Inhalte gelegt. Die weiterführende Forschung zur vollständigen Analyse der Wirkung von
markenbezogenen Social Media Aktivitäten im Vergleich zu klassischen Kommunika-
tionsformen sollte daher die Forschungsergebnisse dieser Arbeit und die von ARNHOLD
(2010) zum Startpunkt wählen.

Da es sich bei dem hier analysierten Modell um wissenschaftliche Grundlagenarbeit
handelt, ergeben sich zahlreiche Anknüpfungspunkte zur tieferen Betrachtung spezifischer Teilbereiche.

Hierzu gehört die **differenzierte Wirkung unterschiedlicher Inhalte des BGC**. In der
empirischen Erhebung wurde der BGC in BGC mit leistungsbezogenen Attributen und
BGC mit nicht-leistungsbezogenen Attributen differenziert. Dabei wurde den Probanden zwar der Unterschied zwischen diesen zwei Arten des BGC erklärt und mit Bei-
spielen aufgezeigt, doch birgt dieses Forschungsdesign die Gefahr des falschen Verständnisses durch die Probanden. Sinnvoll wäre eine qualitative Forschung oder die
Durchführung als Experiment.

Ferner sollte die differenzierte Betrachtung über diese zwei übergeordneten Arten von
BGC erweitert werden. Es ist denkbar, dass eine tiefergehende Differenzierung dieser
Inhalte einen weiteren Erklärungsbeitrag zur Wirkung des BGC liefern kann. Der BGC
mit leistungsbezogenen Attributen sollte bspw. weitergehend in Veröffentlichungen der
Marke, in welcher funktionale Produkteigenschaften konkret beschrieben werden (z.B.
die Funktionalität eines Automobilmotors), und Veröffentlichungen von Fotos des Produktes differenziert werden.

Aufgrund der Forschungserkenntnisse zur Wirkung passiv wahrgenommener Kommu-
nikationsstimuli wurde für diese das Werbegefallen als maßgeblicher Einflussfaktor erhoben. Dadurch konnte die Frage nach der **optimalen Häufigkeit der Kommunikation von BGC** durch die Marke in Social Media nicht beantwortet werden. Da dies eine
relevante Planungsgröße für die Markenführung in Social Media ist, sollte die weitere
Forschung auf diese Fragestellung eingehen. Zu beantworten ist diese Frage dahingehend, bis zu welcher Frequenz von Veröffentlichungen ein Mehrwert hinsichtlich der
Wirkung auf die Marke ausgeht und ab welcher Frequenz eine Reaktanz auf Nutzer-
seite eintritt.

Äquivalent zu der tiefergehenden Betrachtung der Inhalte des BGC steht dies auch für
den **brand-related UGC** aus. Zur tiefergehenden Analyse der Wirkung auf die Marke

wäre auch hier eine Differenzierung in leistungsbezogenen und nicht-leistungsbezogenen brand-related UGC relevant. Hierzu gehört vor allem die Analyse von nutzergenerierten Produktbewertungen bzw. –empfehlungen in Abhängigkeit von der Komplexität der Produkte. Ferner wurde in der Wissenschaft bisher nicht erforscht, ob und in welcher Intensität die Anzahl der Fans, Follower oder Abonnenten eine Wirkung auf die Marke zeigen. Es ist denkbar, dass eine hohe Anzahl eine positive Wirkung auf die Markenwahrnehmung durch die Nutzer zeigt. Gleiches gilt für die Anzahl der „Gefällt-mir"-Angaben, Kommentare und Weiterleitungen. Auch hier steht die Beantwortung der Frage aus, ob die Wahrnehmung hoher Anzahlen durch den Nutzer eine positive Wirkung auf die Markenwahrnehmung zeigt.

Die **markenbezogene Interaktion in Social Media** sollte in der weitergehenden Forschung einen Schwerpunkt einnehmen. Die aktuellen Forschungsergebnisse zeigen sehr heterogene Erkenntnisse zur Relevanz der Interaktion in Social Media. Ein Grund hierfür könnte die bisher in der Forschung allgemein betrachtete Interaktion sein. Die in dieser Arbeit belegte Differenzierung in persönliche und unpersönliche Interaktion zwischen Marke und Nachfrager sollte dabei die Grundlage für weitere Forschungen bilden.

Bezüglich der **persönlichen Interaktion zwischen Marken und Nachfrager** steht vor allem die Erwartungshaltung des Nachfragers im Mittelpunkt des Interesses. Die Forschung konnte partiell bereits belegen, dass Nachfrager oft nur wenig an dieser Interaktion interessiert sind und die Marke in Social Media eher passiv wahrnehmen. Eine Überprüfung der Erwartungshaltung des Nutzers auf die Wirkung der persönlichen Interaktion in Social Media steht bisher in der Forschung noch aus. Zudem konnte in dieser Arbeit nicht vollständig abgebildet werden, warum Nutzer das Medium Social Media, welches durch zahlreiche interaktive Möglichkeiten gekennzeichnet ist, in einer so hohen Anzahl eher passiv nutzen. Bei der weiteren Forschung zur persönlichen Interaktion zwischen Marke und Nachfrager sollten auch solche Social Media Aktivitäten explizit berücksichtigt werden, die eine Interaktion explizit anbieten (z.B. der Account der Deutschen Bahn AG bei Twitter).

Im Zusammenhang mit der persönlichen Interaktion in Social Media zwischen Marke und Nachfrager konnte diese Arbeit keinen Einfluss der **Reaktionsgeschwindigkeit der Marke** belegen. Da die Gründe hierfür aber in den Social Media Aktivitäten der zwei analysierten Marken sowie einem als linear unterstellten Kausalzusammenhang liegen könnten, bedarf dieses Thema einer weitergehenden Forschung.

Als Formen der **unpersönlichen Interaktion zwischen Marke und Nachfrager** in Social Media konnten in dieser Arbeit die „Gefällt-mir"-Funktion, das Kommentieren und Weiterleiten von BGC identifiziert werden. Zwar werden diese in der Praxis häufig als Social Media Kennzahlen verwendet, doch konnte die notwendige Aussagefähigkeit über den Erfolg der Social Media Aktivitäten für keine dieser Formen der unpersönlichen Interaktion in Social Media belegt werden. Aufgrund der Auswertung von offenen Fragen, welche im Rahmen dieser Arbeit erhoben wurden, besteht die dringende Vermutung, dass die Nutzung der „Gefällt-mir"-Funktion, das Kommentieren und Weiterleiten von der Persönlichkeit des Nutzers und dessen Einstellung gegenüber Social Media abhängt. Eine Überprüfung dieser Vermutung sollte Gegenstand der weiterführenden Forschung sein.

An dem Vorangegangenen schließt sich an, dass noch immer ein hoher Forschungsbedarf hinsichtlich einer **Erfolgsmessung der Social Media Aktivitäten** von Marken besteht. Bisher konnte die Forschung kein geeignetes Modell aus Kennzahlen liefern, welches Marken zur Kontrolle ihrer Social Media Aktivitäten einsetzen können.

Die **interaktiven Social Media Stimuli**, zu welchen die persönliche Interaktion zwischen Marke und Nachfrager, die unpersönliche Interaktion zwischen Marke und Nachfrager sowie die markenbezogene Interaktion zwischen Nachfragern zählen, wurde in dieser Arbeit **unter Verwendung der Häufigkeit operationalisiert**. Somit bestand der Inhalt der Hypothesen stets in der Aussage „Je häufiger interagiert wird, desto stärker ist der Kausalzusammenhang". Die Operationalisierung der Interaktion unter Berücksichtigung der Häufigkeit wurde aus aktueller Interaktionsforschung abgeleitet. Dennoch ist es denkbar, dass der unterstellte lineare Zusammenhang zwischen der Häufigkeit der Interaktion und der Wirkung auf die Marke eine zu enge Vorgehensweise in der Forschung darstellt. Weiterführende Forschungsarbeiten zur Wirkung von Interaktion in Social Media auf Marken wird daher empfohlen, einen nichtlinearen Zusammenhang zwischen diesen Modellkonstrukten zu analysieren.

Als **endogene Konstrukte** wurden in dieser Arbeit der funktionale und symbolische Markennutzen, das Globalimage sowie die Kaufintention und das tatsächliche Kaufverhalten definiert. Zwar eignen sich diese endogenen Konstrukte gut für die hier geleistete Grundlagenforschung, doch sollte vor allem eine Erweiterung um die Marke-Kunden-Beziehung stattfinden. Die in der Wissenschaft oft als emotional deklarierten Beziehungen zu Marken aufgrund des Kontaktes in Social Media können hierdurch tiefergehend betrachtet werden.

Vor allem im Fall der Automobilmarke konnte diese Arbeit belegen, dass es sinnvoll ist, nicht nur das tatsächliche Kaufverhalten i.S. der juristischen Besitzübergabe in Forschungen zum Thema Social Media zu berücksichtigen, sondern auch die dem Kauf vorgeschalteten Stufen des Kaufprozesses zu betrachten. Es wurde belegt, dass der branchenspezifische Kaufprozess in den ersten Stufen durch Social Media positiv beeinflusst wurde. Eine tiefergehende Betrachtung der **Leistungsfähigkeit von Social Media in Bezug auf das tatsächliche Kaufverhalten** steht in der Forschung jedoch noch aus. In Abhängigkeit des finanziellen Aufwands bei dem Kauf eines Produktes wären hier vor allem Analysen über einen längeren Zeitraum sinnvoll.

Unabhängig von dem Themenbereich Social Media ist für die weitere Forschung auch das Thema der **Definition von Markennutzen** zu nennen. In dieser Arbeit konnte die differenzierte Betrachtungsebene der Markennutzen nicht beibehalten werden, da in der empirischen Analyse eine Zusammenführung zum funktionalen und symbolischen Markennutzen stattgefunden hat. In der Forschung zum identitätsbasierten Markenmanagement sollte die differenzierte Betrachtung der einzelnen Markennutzen daher überprüft werden.

Anhang

Anhang A: Fragebogen zur Automobilmarke

Sehr geehrter Teilnehmer,

vielen Dank, dass Sie an dieser Studie zum Thema Social Media teilnehmen! Unter allen Teilnehmern wird eine hochwertige [Marke] Reisetasche mit Trolleyfunktion und ein Amazon-Gutschein im Wert von 50 Euro verlost.

In dieser Befragung geht es um das Thema **Social Media**. Unter Social Media werden hier alle Web 2.0 Anwendungen, wie z.B. Facebook, YouTube, Twitter, Google+, Blogs, Foren und Produktbewertungsseiten verstanden. Die „normale" Internetseite zählt nach diesem Verständnis nicht zu Social Media.

Insgesamt wird der Fragebogen **12 bis 15 Minuten** Ihrer Zeit in Anspruch nehmen. Bei den Fragen und Aussagen gibt es kein „richtig" oder „falsch". Es zählt ausschließlich Ihre persönliche Meinung und Einschätzung!

Diese Befragung findet im Rahmen einer Forschungsarbeit der Universität Bremen statt und ist **selbstverständlich anonym**. Ihre Angaben und persönliche Daten werden **streng vertraulich** behandelt, nicht an Dritte weitergegeben und nach der Auswertung gelöscht.

1. **Wie häufig nutzen Sie die folgenden Social Media Angebote?** Bitte geben Sie die Häufigkeit auf einer Skala von „nie" bis „mehrmals täglich" an.

	nie	weniger als 1 Mal pro Monat	mehr-mals pro Mo-nat	1 Mal pro Wo-che	mehr-mals pro Wo-che	1 Mal täglich	mehr-mals täglich
Facebook	☐	☐	☐	☐	☐	☐	☐
YouTube	☐	☐	☐	☐	☐	☐	☐
Twitter	☐	☐	☐	☐	☐	☐	☐
Google+	☐	☐	☐	☐	☐	☐	☐
Blogs	☐	☐	☐	☐	☐	☐	☐
Foren	☐	☐	☐	☐	☐	☐	☐
Produktbewertungsseiten	☐	☐	☐	☐	☐	☐	☐
Sonstige, nämlich:_____	☐	☐	☐	☐	☐	☐	☐

2. **Mit wie vielen Marken bzw. Personen sind Sie bei Facebook vernetzt?** Bitte geben Sie die Anzahl als Ziffer in das jeweilige Feld ein. Falls Sie sich über die genaue Anzahl nicht sicher sind, geben Sie bitte eine ungefähre Anzahl an.

	Anzahl **Personen**, mit denen Sie vernetzt sind	Anzahl **Marken**, mit denen Sie vernetzt sind
Facebook	____	____
YouTube	____	____
Twitter	____	____
Google+	____	____

3. **Sind Sie Fan einer oder mehrerer der folgenden Automobilmarken auf Facebook?** Mehrfachantworten möglich.
   - ❑ [Marke]
   - ❑ [Marke]
   - ❑ [Marke]
   - ❑ [Marke]
   - ❑ [Marke]
   - ❑ keine Automobilmarken
   - ❑ Sonstige, nämlich:_____

4. **Sind Sie Abonnent des YouTube Kanals einer oder mehrerer der folgenden Automobilmarken?** Mehrfachantworten möglich.
   - ❑ [Marke]
   - ❑ [Marke]
   - ❑ [Marke]
   - ❑ [Marke]
   - ❑ [Marke]
   - ❑ keine Automobilmarken
   - ❑ Sonstige, nämlich:_____

5. **Beschäftigen Sie sich mit einer oder mehrerer der folgenden Automobilmarken in Blogs oder Foren?** Mehrfachantworten möglich.
   - ❑ [Marke]
   - ❑ [Marke]
   - ❑ [Marke]
   - ❑ [Marke]
   - ❑ [Marke]
   - ❑ keine Automobilmarken
   - ❑ Sonstige, nämlich:_____

6. **Wie häufig führen Sie die folgenden Aktivitäten auf Facebook in Bezug auf die Marke [Marke] durch?** Bitte geben sie auf einer Skala von „nie" bis „sehr oft" an, wie häufig Sie die folgenden Aktivitäten durchführen.

	nie	selten	gele-gentlich	oft	sehr oft	k.A.
Beiträge der Marke [Marke] bei Facebook lesen/ ansehen	❑	❑	❑	❑	❑	❑
Beiträge der Marke [Marke] bei Facebook „liken"	❑	❑	❑	❑	❑	❑
Beiträge der Marke [Marke] bei Facebook kommentieren	❑	❑	❑	❑	❑	❑
Beiträge der Marke [Marke] bei Facebook an meine Freunde weiterleiten (online)	❑	❑	❑	❑	❑	❑
Meinen Freunden/ Bekannten von Beiträgen der Marke [Marke] erzählen (offline)	❑	❑	❑	❑	❑	❑
Eigene Beiträge (Text, Fotos etc.) auf der Fanpage der Marke [Marke] veröffentlichen	❑	❑	❑	❑	❑	❑

7. Bitte nennen Sie Gründe, warum sie die Beiträge der Marke [Marke] bei Facebook eher selten...

liken	
kommentieren	
weiterleiten	

8. Wo nehmen Sie die Beiträge der Marke [Marke] auf Facebook hauptsächlich wahr?

ausschließlich im Newsfeed	eher im Newsfeed	sowohl im News-feed als auch auf der Fanpage	eher auf der Fanpage	ausschließlich auf der Fanpage
☐	☐	☐	☐	☐

9. Wie häufig führen Sie die folgenden Aktivitäten auf Facebook in Bezug auf die Marke [Marke] durch? Bitte geben sie auf einer Skala von „nie" bis „sehr oft" an, wie häufig Sie die folgenden Aktivitäten durchführen.

	nie	selten	gele-gentlich	oft	sehr oft	k.A.
Videos der Marke [Marke] bei YouTube bewerten („Gefällt mir")	☐	☐	☐	☐	☐	☐
Meinen Freunden/ Bekannten von Videos der Marke [Marke] auf YouTube außerhalb von Social Media erzählen (offline)	☐	☐	☐	☐	☐	☐
Videos der Marke [Marke] bei YouTube ansehen	☐	☐	☐	☐	☐	☐
Den Kanal der Marke [Marke] bei YouTube kommentieren (Kanalkommentare)	☐	☐	☐	☐	☐	☐
Videos der Marke [Marke] bei YouTube kommentieren (Videokommentare)	☐	☐	☐	☐	☐	☐
Videos der Marke [Marke] bei YouTube an meine Freunde weiterleiten (online)	☐	☐	☐	☐	☐	☐

10. Im Folgenden geht es um die Beurteilung von Beiträgen der Marke [Marke] in Social Media. Bitte denken Sie an Beiträge der Marke [Marke], die in direktem Zusammenhang mit den Produkten stehen. Dies können z.B. Texte, Videos und Fotos zu technischen Details, Innovationen und neuen Modellen auf Facebook oder YouTube sein. **Inwiefern stimmen Sie den folgenden Aussagen zu?** Bitte geben sie auf einer Skala von „stimme gar nicht zu" bis „stimme vollkommen zu" an, wie sehr Sie den folgenden Aussagen zustimmen.

	stimme gar nicht zu	stimme wenig zu	stimme teil- weise zu	stimme über- wie- gend zu	stimme voll- kom- men zu	k.A.
Ich mag die Beiträge überhaupt nicht.	☐	☐	☐	☐	☐	☐
Die Beiträge sind ansprechend.	☐	☐	☐	☐	☐	☐
Die Beiträge sind verlockend.	☐	☐	☐	☐	☐	☐
Die Beiträge sind interessant.	☐	☐	☐	☐	☐	☐
Die Beiträge sind schlecht/ verbesserungs- würdig.	☐	☐	☐	☐	☐	☐
Die Beiträge sind glaubwürdig.	☐	☐	☐	☐	☐	☐
Die Beiträge sind zuverlässig.	☐	☐	☐	☐	☐	☐
Die Beiträge sind realistisch.	☐	☐	☐	☐	☐	☐

11. Bitte denken Sie nun an Beiträge der Marke [Marke], die in keinem direkten Zusammenhang mit den Produkten stehen. Dies können z.B. Texte, Videos und Fotos zu Veranstaltungen oder Nutzerempfehlungen auf Facebook oder YouTube sein. **Inwiefern stimmen Sie den folgenden Aussagen zu?** Bitte geben sie auf einer Skala von „stimme gar nicht zu" bis „stimme vollkommen zu" an, wie sehr Sie den folgenden Aussagen zustimmen.

	stimme gar nicht zu	stimme wenig zu	stimme teil- weise zu	stimme über- wie- gend zu	stimme voll- kom- men zu	k.A.
Ich mag die Beiträge überhaupt nicht.	☐	☐	☐	☐	☐	☐
Die Beiträge sind ansprechend.	☐	☐	☐	☐	☐	☐
Die Beiträge sind verlockend.	☐	☐	☐	☐	☐	☐
Die Beiträge sind interessant.	☐	☐	☐	☐	☐	☐
Die Beiträge sind schlecht/ verbesserungs- würdig.	☐	☐	☐	☐	☐	☐
Die Beiträge sind glaubwürdig.	☐	☐	☐	☐	☐	☐
Die Beiträge sind zuverlässig.	☐	☐	☐	☐	☐	☐
Die Beiträge sind realistisch.	☐	☐	☐	☐	☐	☐

12. Inwiefern treffen Ihrer Meinung nach die folgenden Aussagen zu dem Verhalten der Marke [Marke] bei Facebook zu? Bitte geben sie auf einer Skala von „stimme gar nicht zu" bis „stimme vollkommen zu" an, wie sehr Sie den folgenden Aussagen zustimmen.

	stimme gar nicht zu	stimme wenig zu	stimme teil-weise zu	stimme über-wie-gend zu	stimme voll-kom-men zu	k.A.
Die Marke [Marke] hat ihre eigene Philosophie, nach der sie ihr Verhalten in Social Media ausrichtet.	☐	☐	☐	☐	☐	☐
Die Marke [Marke] weiß genau, wofür sie steht und verhält sich in Social Media so, wie es zu ihrem Wesen und Charakter passt.	☐	☐	☐	☐	☐	☐
Die Marke [Marke] verstellt sich in ihrem Verhalten in Social Media nicht, sondern ist ganz sie selbst.	☐	☐	☐	☐	☐	☐
Die Marke [Marke] versucht sich nicht bei ihrem Publikum in Social Media einzu-schmeicheln, sondern zeigt Selbstbewusst-sein.	☐	☐	☐	☐	☐	☐

13. Bitte begründen Sie, warum Sie den zuvor genannten Aussagen eher nicht zustimmen.

_____

_____

14. **Jetzt geht es um andere Nutzer in Social Media, die sich zu der Marke [Marke] äußern. Wie häufig führen Sie die folgenden Aktivitäten durch?** Bitte geben sie auf einer Skala von „nie" bis „sehr oft" an, wie häufig Sie die folgenden Aktivtäten durchführen.

	nie	selten	gele-gentlich	oft	sehr oft	k.A.
Beiträge anderer Nutzer zu der Marke [Marke] lesen	☐	☐	☐	☐	☐	☐
Beiträgen anderer Nutzer zu der Marke [Marke] kommentieren	☐	☐	☐	☐	☐	☐
Beiträge anderer Nutzer zu der Marke [Marke] an meine Freunde weiterleiten (online)	☐	☐	☐	☐	☐	☐
Meinen Freunden/ Bekannten von Beiträgen anderer Nutzer zu der Marke [Marke] erzählen (offline)	☐	☐	☐	☐	☐	☐
Selbst aktiv nach Meinungen anderer Personen über die Marke [Marke] in Foren und/ oder Blogs suchen	☐	☐	☐	☐	☐	☐
Mit anderen Nutzern in Social Media über die Marke [Marke] sprechen/ mich austauschen	☐	☐	☐	☐	☐	☐

15. **Inwiefern treffen die folgenden Aussagen auf die Meinungen, die Sie von anderen Nutzern in Social Media zu der Marke [Marke] wahrgenommen haben, zu?** Bitte geben sie auf einer Skala von „stimme gar nicht zu" bis „stimme vollkommen zu" an, wie sehr Sie den folgenden Aussagen zustimmen.

	stimme gar nicht zu	stimme wenig zu	stimme teil-weise zu	stimme über-wie-gend zu	stimme voll-kom-men zu	k.A.
Die Meinungen und Beiträge, die ich von anderen Nutzern zu der Marke [Marke] wahrgenommen habe, waren stets positiv für die Marke [Marke].	☐	☐	☐	☐	☐	☐
Die Meinungen und Beiträge, die ich von anderen Nutzern zu der Marke [Marke] wahrgenommen habe, stammen meist von Personen, die ich persönlich kenne.	☐	☐	☐	☐	☐	☐

16. **Im Folgenden geht es um die Beurteilung der Beiträge von anderen Nutzern in Social Media zu der Marke [Marke]. Inwiefern stimmen sie den folgenden Aussagen zu?** Bitte geben sie auf einer Skala von „stimme gar nicht zu" bis „stimme vollkommen zu" an, wie sehr Sie den folgenden Aussagen zustimmen.

	stimme gar nicht zu	stimme wenig zu	stimme teil-weise zu	stimme über-wie-gend zu	stimme voll-kom-men zu	k.A.
Ich mag die Beiträge überhaupt nicht.	☐	☐	☐	☐	☐	☐
Die Beiträge sind ansprechend.	☐	☐	☐	☐	☐	☐
Die Beiträge sind verlockend.	☐	☐	☐	☐	☐	☐
Die Beiträge sind interessant.	☐	☐	☐	☐	☐	☐
Die Beiträge sind schlecht/ verbesserungs-würdig.	☐	☐	☐	☐	☐	☐
Die Beiträge sind glaubwürdig.	☐	☐	☐	☐	☐	☐
Die Beiträge sind zuverlässig.	☐	☐	☐	☐	☐	☐
Die Beiträge sind realistisch.	☐	☐	☐	☐	☐	☐

17. **Wie wichtig ist Ihnen der persönliche Kontakt zu der Marke [Marke] in Social Media und außerhalb von Social Media?** Bitte geben sie auf einer Skala von „stimme gar nicht zu" bis „stimme vollkommen zu" an, wie sehr Sie den folgenden Aussagen zustimmen.

	stimme gar nicht zu	stimme wenig zu	stimme teil-weise zu	stimme über-wie-gend zu	stimme voll-kom-men zu	k.A.
Der persönliche Kontakt zu der Marke [Marke] in Social Media ist mir sehr wichtig.	☐	☐	☐	☐	☐	☐
Der persönliche Kontakt zu der Marke [Marke] auf Messen/ Events ist mir sehr wichtig.	☐	☐	☐	☐	☐	☐
Der persönliche Kontakt zu der Marke [Marke] über Brief und Telefon ist mir sehr wichtig.	☐	☐	☐	☐	☐	☐
Der persönliche Kontakt zu der Marke [Marke] in einem Autohaus ist mir sehr wich-tig.	☐	☐	☐	☐	☐	☐

18. **Wie oft hatten Sie selbst bisher persönlichen Kontakt zu der Marke [Marke] durch einen individuellen Mitarbeiter in Social Media? Dies kann z.B. das schreiben einer Nachricht oder Frage an [Marke] oder die Reaktion von [Marke] auf einen Ihrer Posts etc. sein.** Bitte geben Sie die Häufigkeit auf einer Skala von „nie" bis „sehr oft" an.

nie	selten	gelegentlich	oft	sehr oft	k.A.
☐	☐	☐	☐	☐	☐

19. **Wie oft haben Sie bisher einen persönlichen Kontakt zwischen der Marke [Marke] und einem anderen Nutzer durch einen individuellen Mitarbeiter in Social Media wahrgenommen?** Bitte geben Sie die Häufigkeit auf einer Skala von „nie" bis „sehr oft" an.

nie	selten	gelegentlich	oft	sehr oft	k.A.
☐	☐	☐	☐	☐	☐

20. **Wie schnell hat die Marke [Marke] in dem persönlichen Kontakt mit Ihnen reagiert?** Bitte geben Sie die durchschnittliche Zeit, die die Marke [Marke] in dem persönlichen Kontakt mit Ihnen für eine Reaktion gebraucht hat, in das jeweilige Feld ein. Bsp.: Für die Zeitangabe von 30 Minuten geben Sie bitte die Zahl 30 in das Minuten-Feld ein, für die Zeitangabe von 6 Tagen geben Sie bitte die Zahl 6 in das Tage-Feld ein.

_____ Minuten
_____ Stunden
_____ Tage
_____ Wochen

21. **Waren Sie mit der Reaktionszeit der Marke [Marke] in der persönlichen Interaktion mit Ihnen zufrieden?**

gar nicht zufrieden	wenig zufrieden	teilweise zufrieden	überwiegend zufrieden	vollkommen zufrieden	k.A.
☐	☐	☐	☐	☐	☐

22. **Im Folgenden geht es um Werbemaßnahmen der Marke [Marke] außerhalb von Social Media. Wie häufig nehmen Sie die folgenden Werbeformen der Marke [Marke] wahr?** Bitte geben Sie die Häufigkeit auf einer Skala von „nie" bis „sehr oft" an.

	nie	selten	gelegentlich	oft	sehr oft	k.A.
Printanzeigen in Zeitschriften, Zeitungen oder Magazinen der Marke [Marke]	☐	☐	☐	☐	☐	☐
Radio-Werbung der Marke [Marke]	☐	☐	☐	☐	☐	☐
Anzeigen im Internet der Marke [Marke]	☐	☐	☐	☐	☐	☐
Plakat-Werbung der Marke [Marke]	☐	☐	☐	☐	☐	☐
TV-Werbung der Marke [Marke]	☐	☐	☐	☐	☐	☐

23. Bei den folgenden Fragen geht es um Ihre persönliche Beurteilung der Marke [Marke]. In-wiefern stimmen Sie den folgenden Aussagen zu? Bitte geben sie auf einer Skala von „stimme gar nicht zu" bis „stimme vollkommen zu" an, wie sehr Sie den folgenden Aussagen zustimmen.

	stimme gar nicht zu	stimme wenig zu	stimme teil-weise zu	stimme über-wie-gend zu	stimme voll-kom-men zu	k.A.
Die Marke [Marke] würde mir helfen mich akzeptiert zu fühlen.	☐	☐	☐	☐	☐	☐
Die Marke [Marke] würde seinem Eigentü-mer soziale Anerkennung geben.	☐	☐	☐	☐	☐	☐
Die Produkte der Marke [Marke] sind zuver-lässig.	☐	☐	☐	☐	☐	☐
Die Produkte der Marke [Marke] haben ex-zellente Eigenschaften.	☐	☐	☐	☐	☐	☐
Die Produkte der Marke [Marke] haben eine gute Qualität.	☐	☐	☐	☐	☐	☐
Die Marke [Marke] würde einen guten Ein-druck auf andere Personen machen.	☐	☐	☐	☐	☐	☐
Die Produkte der Marke [Marke] haben ein gutes Preis-Leistungs-Verhältnis.	☐	☐	☐	☐	☐	☐
Mit der Marke [Marke] habe/n ich oder Freunde sehr gute Erfahrungen gemacht	☐	☐	☐	☐	☐	☐
Mit der Marke [Marke] kann ich mich voll identifizieren	☐	☐	☐	☐	☐	☐

24. Inwiefern stimmen Sie den folgenden Aussagen zu? Bitte geben sie auf einer Skala von „stimme gar nicht zu" bis „stimme vollkommen zu" an, wie sehr Sie den folgenden Aussagen zu-stimmen.

	stimme gar nicht zu	stimme wenig zu	stimme teil-weise zu	stimme über-wie-gend zu	stimme voll-kom-men zu	k.A.
Die Marke [Marke] würde mich glücklich ma-chen, wenn ich sie verwende.	☐	☐	☐	☐	☐	☐
Die Marke [Marke] ist meiner Meinung nach eine sehr gute Lebensmittelmarke.	☐	☐	☐	☐	☐	☐
Ich mag die Marke [Marke] sehr.	☐	☐	☐	☐	☐	☐
Ich mag das Aussehen der Produkte der Marke [Marke].	☐	☐	☐	☐	☐	☐
Die Marke [Marke] würde mich gut fühlen lassen, wenn ich sie verwende.	☐	☐	☐	☐	☐	☐
Die Marke [Marke] ist für mich persönlich insgesamt sehr attraktiv.	☐	☐	☐	☐	☐	☐
Die Marke [Marke] würde mir Spaß machen, wenn ich sie verwende.	☐	☐	☐	☐	☐	☐
Die Marke [Marke] passt gut zu mir.	☐	☐	☐	☐	☐	☐

25. Inwiefern stimmen Sie den folgenden Aussagen zu der Marke [Marke] zu? Bitte geben sie auf einer Skala von „stimme gar nicht zu" bis „stimme vollkommen zu" an, wie sehr Sie den folgenden Aussagen zustimmen.

	stimme gar nicht zu	stimme wenig zu	stimme teil-weise zu	stimme über-wie-gend zu	stimme voll-kom-men zu	k.A.
Ich werde ein Produkt der Marke [Marke] kaufen.	☐	☐	☐	☐	☐	☐
Die Wahrscheinlichkeit, dass ich ein Produkt der Marke [Marke] kaufe, ist sehr hoch.	☐	☐	☐	☐	☐	☐
Ich vertraue der Marke [Marke], dass sie einlöst, was sie verspricht.	☐	☐	☐	☐	☐	☐
Ich fühle mich wohl dabei, mich auf die Marke [Marke] zu verlassen.	☐	☐	☐	☐	☐	☐
Ich würde die Marke [Marke] meinen Freun-den/ Bekannten empfehlen.	☐	☐	☐	☐	☐	☐
Es ist sehr wahrscheinlich, dass mich ge-genüber Anderen positiv über die Marke [Marke] äußern werde.	☐	☐	☐	☐	☐	☐
Ich vertraue der Marke [Marke].	☐	☐	☐	☐	☐	☐
Die Marke [Marke] würde ich ernsthaft bei der Kaufentscheidung in Erwägung ziehen.	☐	☐	☐	☐	☐	☐
Wenn einer meiner Freunde/ Bekannten ein Auto kaufen möchte, würde ich die Marke [Marke] empfehlen.	☐	☐	☐	☐	☐	☐
Die Marke [Marke] würde ich gerne besit-zen.	☐	☐	☐	☐	☐	☐
Von der Marke [Marke] habe ich einen guten Eindruck.	☐	☐	☐	☐	☐	☐

26. Haben Sie in den letzten 12 Monaten eine der folgenden Aktivitäten ausgeführt? Bitte beant-worten Sie die Frage mit „Ja" oder „Nein".

	Ja	Nein	k.A.
… eine Broschüre über ein Auto der Marke [Marke] eingeholt	☐	☐	☐
… ein Verkaufsgespräch mit einem Händler der Marke [Marke] geführt	☐	☐	☐
… eine Probefahrt mit einem Auto der Marke [Marke] gemacht	☐	☐	☐
… ein Auto der Marke [Marke] gekauft	☐	☐	☐
… den Auto-Konfigurator auf www.[Marke].de genutzt	☐	☐	☐
… ein Angebot für ein Auto der Marke [Marke] eingeholt	☐	☐	☐

27. Seit wann sind Sie bereits Fan der Marke [Marke] bei Facebook? Bitte geben Sie die Anzahl der Monate an. Wenn Sie sich über die genaue Anzahl nicht sicher sind, geben Sie bitte eine ungefähre Anzahl an.

Anzahl der Monate_____

28. Warum sind Sie Fan der Marke [Marke] bei Facebook geworden? Bitte geben Sie auf einer Skala von „stimme gar nicht zu" bis „stimme vollkommen zu" an, wie sehr Sie den folgenden Aussagen zustimmen.

Ich bin Fan der Marke [Marke] bei Facebook,…	stimme gar nicht zu	stimme wenig zu	stimme teil-weise zu	stimme über-wie-gend zu	stimme voll-kom-men zu	k.A.
… weil ich die Marke [Marke] sehr mag.	☐	☐	☐	☐	☐	☐
… damit andere sehen, dass ich die Marke [Marke] gut finde.	☐	☐	☐	☐	☐	☐
… um Dinge über die Marke [Marke] zu erfahren, die ich noch nicht wusste.	☐	☐	☐	☐	☐	☐
… da ich gerne Kontakt zu anderen Fans der Marke [Marke] haben möchte.	☐	☐	☐	☐	☐	☐
… weil es Spaß macht Beiträge der Marke [Marke] zu lesen/ anzusehen.	☐	☐	☐	☐	☐	☐
… weil ich mehr über das Unternehmen [Unternehmen] erfahren möchte.	☐	☐	☐	☐	☐	☐
… weil ich gerne persönlichen Kontakt zu der Marke [Marke] haben möchte.	☐	☐	☐	☐	☐	☐
… da ich plane ein Auto der Marke [Marke] zu kaufen.	☐	☐	☐	☐	☐	☐

29. Im Folgenden geht es um mögliche Veränderungen der Facebook-Aktivitäten der Marke [Marke]. Wie bewerten Sie die folgenden Aussagen? Bitte geben Sie auf einer Skala von „Stimme gar nicht zu" bis „Stimme vollkommen zu" an, wie sehr Sie den folgenden Aussagen zustimmen.

Ich würde es gut finden, wenn auf der Facebook-Fanpage der Marke [Marke],…	stimme gar nicht zu	stimme wenig zu	stimme teil-weise zu	stimme über-wie-gend zu	stimme voll-kom-men zu	k.A.
… mehr Insider-Informationen (z.B. Modellentwicklung) veröffentlicht werden würden.	☐	☐	☐	☐	☐	☐
… eine Probefahrt angefragt werden könnte.	☐	☐	☐	☐	☐	☐
… mehr Fotos zu der Marke [Marke] veröffentlicht werden würden.	☐	☐	☐	☐	☐	☐
… mehr Gewinnspiele stattfinden würden.	☐	☐	☐	☐	☐	☐
… mehr Videos zu der Marke [Marke] veröffentlicht werden würden.	☐	☐	☐	☐	☐	☐
… mehr Informationen über Innovationen veröffentlicht werden würden.	☐	☐	☐	☐	☐	☐
… ein Verkaufsgespräch mit einem Händler der Marke [Marke] vereinbart werden könnte.	☐	☐	☐	☐	☐	☐
… ein Auto-Konfigurator bereitgestellt werden würde.	☐	☐	☐	☐	☐	☐
… Produktbroschüren zum Download bereitgestellt werden würden.	☐	☐	☐	☐	☐	☐
… Service-Anliegen geklärt werden könnten.	☐	☐	☐	☐	☐	☐

30. Inwiefern wären Sie bereit, Ihre persönliche Adresse über Facebook an die Marke [Marke] für die folgenden Aktionen preiszugeben? Selbstverständlich wäre dabei die alleinige Verwendung Ihrer Adresse durch die Marke [Marke] gewährleistet? Bitte geben Sie auf einer Skala von „stimme gar nicht zu" bis „stimme vollkommen zu" an, wie sehr Sie den folgenden Aussagen zustimmen.

Ich wäre bereit, der Marke [Marke] meine persönliche Adresse bei der folgenden Aktion preiszugeben	stimme gar nicht zu	stimme wenig zu	stimme teil-weise zu	stimme über-wie-gend zu	stimme voll-kom-men zu	k.A.
Teilnahme an Gewinnspielen	☐	☐	☐	☐	☐	☐
Anfrage einer Probefahrt	☐	☐	☐	☐	☐	☐
Download von Produktbroschüren	☐	☐	☐	☐	☐	☐
Teilnahme an Spezialaktionen zu Markteinführungen von neuen Modellen	☐	☐	☐	☐	☐	☐
Terminvereinbarung für ein Verkaufsgespräch mit einem Händler	☐	☐	☐	☐	☐	☐

31. Besitzen Sie zur Zeit ein Auto?
☐ Ja   ☐ Nein   ☐ k.A.

32. Bitte geben Sie die Marke Ihres hauptsächlich gefahrenen Fahrzeugs an.
☐ [Marke]
☐ [Marke]
☐ [Marke]
☐ [Marke]
☐ [Marke]
☐ Sonstige, nämlich:_____

33. Planen Sie in nächster Zeit ein Auto zu kaufen bzw. zu leasen?
☐ Ja, ich plane in den nächsten 6 Monaten einen Neuwagen zu kaufen/leasen.
☐ Ja, ich plane in den nächsten 12 Monaten einen Neuwagen zu kaufen/leasen.
☐ Ja, ich plane einen Neuwagen zu kaufen/leasen, aber der Zeitpunkt steht noch nicht fest.
☐ Ja, ich plane in den nächsten 6 Monaten einen Gebrauchtwagen zu kaufen/leasen.

☐ Ja, ich plane in den nächsten 12 Monaten einen Gebrauchtwagen zu kaufen/leasen.

☐ Ja, ich plane einen Gebrauchtwagen zu kaufen/leasen, aber der Zeitpunkt steht noch nicht fest.
☐ Nein
☐ k.A.

Zum Schluss möchten wir Ihnen noch einige Fragen zu Ihrer Person stellen. Diese Informationen dienen ausschließlich der statistischen Auswertung und werden streng vertraulich behandelt. Die Anonymität der Befragung wird dadurch nicht eingeschränkt.

34. Bitte geben Sie Ihr Alter an.
_____ Jahre

35. Bitte geben Sie Ihr Geschlecht an.
☐ Männlich   ☐ Weiblich   ☐ k.A.

36. Welchen Bildungsabschluss haben Sie? Bitte geben Sie nur Ihren höchsten Bildungsabschluss an.

❑ Volks-/ Hauptschule ohne Berufsausbildung
❑ Volks-/ Hauptschule mit Berufsausbildung
❑ Mittlere Reife, weiterführende Schule ohne Abitur
❑ Abitur/ Hochschulreife
❑ Hochschulabschluss
❑ keinen Abschluss
❑ k.A.

37. Wie hoch ist Ihr monatliches Haushaltsnettoeinkommen?

❑ bis 1.500 Euro   ❑ 1.501-2.500 Euro   ❑ 2.501-3.500 Euro ❑ 3.501-4.500 Euro
❑ 4.501-5.500 Euro ❑ 5.501-6.500 Euro   ❑ 6.501-7.500 Euro ❑ 7.501-8.500 Euro
❑ 8.501-9.500 Euro ❑ 9.501-10.500 Euro   ❑ 10.501 Euro und mehr   ❑ k.A.

38. Welchen Beruf üben Sie aus?

❑ Freiberufler/(in)/ Selbstständige(r)
❑ Leitende(r) Angestellter(in)
❑ Angestellte(r)
❑ Angestellte(r) im öffentlichen Dienst/ Beamter/ Beamtin
❑ Hausfrau/ Hausmann
❑ Student(in)
❑ Beamter/ Beamtin
❑ arbeitslos
❑ sonstiges, und zwar: _____
❑ k.A.

Vielen Dank, dass Sie sich die Zeit genommen haben, an dieser Befragung teilzunehmen! Ihre Daten wurden gespeichert.

Möchten Sie an der Verlosung der [Marke] Reisetasche mit Trolleyfunktion und des Amazon-Gutscheins im Wert von 50 Euro teilnehmen?

❑ Ja   ❑ Nein

Anhang B: Fragebogen zur Lebensmittelmarke

Sehr geehrter Teilnehmer,

vielen Dank, dass Sie an dieser Studie zum Thema Social Media teilnehmen! Unter allen Teilnehmern werden 20 [Marke] Produktpakete verlost. Die Gewinner werden am 06. August per Email benachrichtigt.

In dieser Befragung geht es um das Thema **Social Media**. Unter Social Media werden hier alle Web 2.0 Anwendungen, wie z.B. Facebook, YouTube, Twitter, Google+, Blogs, Foren und Produktbewertungsseiten verstanden. Die „normale" Internetseite zählt nach diesem Verständnis nicht zu Social Media.

Insgesamt wird der Fragebogen **7 bis 10 Minuten** Ihrer Zeit in Anspruch nehmen. Bei den Fragen und Aussagen gibt es kein „richtig" oder „falsch". Es zählt ausschließlich Ihre persönliche Meinung und Einschätzung!

Diese Befragung findet im Rahmen einer Forschungsarbeit der Universität Bremen statt und ist **selbstverständlich anonym**. Ihre Angaben und persönliche Daten werden **streng vertraulich** behandelt, nicht an Dritte weitergegeben und nach der Auswertung gelöscht.

1. **Wie häufig nutzen Sie Facebook?** Bitte geben Sie die Häufigkeit auf einer Skala von „nie" bis „mehrmals täglich" an.

nie	weniger als 1 Mal pro Monat	mehrmals pro Monat	1 Mal pro Woche	mehrmals pro Woche	1 Mal täglich	mehrmals täglich
☐	☐	☐	☐	☐	☐	☐

2. **Mit wie vielen Marken bzw. Personen sind Sie bei Facebook vernetzt?** Bitte geben Sie die Anzahl als Ziffer in das jeweilige Feld ein. Falls Sie sich über die genaue Anzahl nicht sicher sind, geben Sie bitte eine ungefähre Anzahl an.

	Anzahl **Personen**, mit denen Sie vernetzt sind	Anzahl **Marken**, mit denen Sie vernetzt sind
Facebook	___	___

3. **Sind Sie Fan einer oder mehrerer der folgenden Lebensmittelmarken auf Facebook?** Mehrfachantworten möglich.
☐ [Marke]
☐ [Marke]
☐ [Marke]
☐ [Marke]
☐ [Marke]
☐ keine weiteren Lebensmittelmarken außer [Marke]
☐ Sonstige, nämlich:_____

4. **Wie häufig führen Sie die folgenden Aktivitäten auf Facebook in Bezug auf die Marke [Marke] durch?** Bitte geben sie auf einer Skala von „nie" bis „sehr oft" an, wie häufig Sie die folgenden Aktivitäten durchführen.

	nie	selten	gele-gentlich	oft	sehr oft	k.A.
Beiträge der Marke [Marke] bei Facebook lesen/ ansehen	☐	☐	☐	☐	☐	☐
Beiträge der Marke [Marke] bei Facebook „liken".	☐	☐	☐	☐	☐	☐
Beiträge der Marke [Marke] bei Facebook kommentieren.	☐	☐	☐	☐	☐	☐
Beiträge der Marke [Marke] bei Facebook an meine Freunde weiterleiten (online).	☐	☐	☐	☐	☐	☐
Meinen Freunden/ Bekannten von Beiträgen der Marke [Marke] erzählen (offline).	☐	☐	☐	☐	☐	☐
Eigene Beiträge (Text, Fotos etc.) auf der Fanpage der Marke [Marke] veröffentlichen.	☐	☐	☐	☐	☐	☐

5. **Bitte nennen Sie Gründe, warum sie die Beiträge der Marke [Marke] bei Facebook eher selten...**

liken	
kommentieren	
weiterleiten	

6. **Wo nehmen Sie die Beiträge der Marke [Marke] auf Facebook hauptsächlich wahr?**

ausschließlich im Newsfeed	eher im Newsfeed	sowohl im Newsfeed als auch auf der Fanpage	eher auf der Fanpage	ausschließlich auf der Fanpage
☐	☐	☐	☐	☐

7.   Im Folgenden geht es um die Beurteilung von Beiträgen der Marke [Marke] bei Facebook. Bitte denken Sie an Beiträge der Marke [Marke], die in direktem Zusammenhang mit den Produkten stehen. Dies können z.B. Texte, Videos und Fotos zu neuen Produkten oder Rezeptideen bei Facebook sein. Inwiefern stimmen Sie den folgenden Aussagen zu? Bitte geben sie auf einer Skala von „stimme gar nicht zu" bis „stimme vollkommen zu" an, wie sehr Sie den folgenden Aussagen zustimmen.

	stimme gar nicht zu	stimme wenig zu	stimme teil- weise zu	stimme über- wie- gend zu	stimme voll- kom- men zu	k.A.
Ich mag die Beiträge überhaupt nicht.	☐	☐	☐	☐	☐	☐
Die Beiträge sind ansprechend.	☐	☐	☐	☐	☐	☐
Die Beiträge sind verlockend.	☐	☐	☐	☐	☐	☐
Die Beiträge sind interessant.	☐	☐	☐	☐	☐	☐
Die Beiträge sind schlecht/ verbesserungs- würdig.	☐	☐	☐	☐	☐	☐
Die Beiträge sind glaubwürdig.	☐	☐	☐	☐	☐	☐
Die Beiträge sind zuverlässig.	☐	☐	☐	☐	☐	☐
Die Beiträge sind realistisch.	☐	☐	☐	☐	☐	☐

8.   Bitte denken Sie nun an Beiträge der Marke [Marke], die in keinem direkten Zusammenhang mit den Produkten stehen. Dies können z.B. Texte, Videos und Fotos zu der Fussball EM oder Gewinnspiele bei Facebook sein. Inwiefern stimmen Sie den folgenden Aussagen zu? Bitte geben sie auf einer Skala von „stimme gar nicht zu" bis „stimme vollkommen zu" an, wie sehr Sie den folgenden Aussagen zustimmen.

	stimme gar nicht zu	stimme wenig zu	stimme teil- weise zu	stimme über- wie- gend zu	stimme voll- kom- men zu	k.A.
Ich mag die Beiträge überhaupt nicht.	☐	☐	☐	☐	☐	☐
Die Beiträge sind ansprechend.	☐	☐	☐	☐	☐	☐
Die Beiträge sind verlockend.	☐	☐	☐	☐	☐	☐
Die Beiträge sind interessant.	☐	☐	☐	☐	☐	☐
Die Beiträge sind schlecht/ verbesserungs- würdig.	☐	☐	☐	☐	☐	☐
Die Beiträge sind glaubwürdig.	☐	☐	☐	☐	☐	☐
Die Beiträge sind zuverlässig.	☐	☐	☐	☐	☐	☐
Die Beiträge sind realistisch.	☐	☐	☐	☐	☐	☐

9. Inwiefern treffen Ihrer Meinung nach die folgenden Aussagen zu dem Verhalten der Marke [Marke] bei Facebook zu? Bitte geben sie auf einer Skala von „stimme gar nicht zu" bis „stimme vollkommen zu" an, wie sehr Sie den folgenden Aussagen zustimmen.

	stimme gar nicht zu	stimme wenig zu	stimme teil- weise zu	stimme über- wie- gend zu	stimme voll- kom- men zu	k.A.
Die Marke [Marke] hat ihre eigene Philoso- phie, nach der sie ihr Verhalten in Social Me- dia ausrichtet.	☐	☐	☐	☐	☐	☐
Die Marke [Marke] weiß genau, wofür sie steht und verhält sich in Social Media so, wie es zu ihrem Wesen und Charakter passt.	☐	☐	☐	☐	☐	☐
Die Marke [Marke] verstellt sich in ihrem Ver- halten in Social Media nicht, sondern ist ganz sie selbst.	☐	☐	☐	☐	☐	☐
Die Marke [Marke] versucht sich nicht bei ih- rem Publikum in Social Media einzuschmei- cheln, sondern zeigt Selbstbewusstsein.	☐	☐	☐	☐	☐	☐

10. Bitte begründen Sie, warum Sie den zuvor genannten Aussagen eher nicht zustimmen.

_____

_____

11. Jetzt geht es um andere Nutzer in Social Media, die sich zu der Marke [Marke] äußern. Wie häufig führen Sie die folgenden Aktivitäten durch? Bitte geben sie auf einer Skala von „nie" bis „sehr oft" an, wie häufig Sie die folgenden Aktivtäten durchführen.

	nie	selten	gele- gentlich	oft	sehr oft	k.A.
Beiträge anderer Nutzer zu der Marke [Marke] lesen.	☐	☐	☐	☐	☐	☐
Beiträgen anderer Nutzer zu der Marke [Marke] kommentieren.	☐	☐	☐	☐	☐	☐
Beiträge anderer Nutzer zu der Marke [Marke] an meine Freunde weiterleiten (on- line).	☐	☐	☐	☐	☐	☐
Meinen Freunden/ Bekannten von Beiträgen anderer Nutzer zu der Marke [Marke] erzäh- len (offline).	☐	☐	☐	☐	☐	☐
Selbst aktiv nach Meinungen anderer Perso- nen über die Marke [Marke] in Foren und/ o- der Blogs suchen.	☐	☐	☐	☐	☐	☐
Mit anderen Nutzern in Social Media über die Marke [Marke] sprechen/ mich austau- schen.	☐	☐	☐	☐	☐	☐

12. **Inwiefern treffen die folgenden Aussagen auf die Meinungen, die Sie von anderen Nutzern in Social Media zu der Marke [Marke] wahrgenommen haben, zu?** Bitte geben sie auf einer Skala von „stimme gar nicht zu" bis „stimme vollkommen zu" an, wie sehr Sie den folgenden Aussagen zustimmen.

	stimme gar nicht zu	stimme wenig zu	stimme teilweise zu	stimme überwiegend zu	stimme vollkommen zu	k.A.
Die Meinungen und Beiträge, die ich von anderen Nutzern zu der Marke [Marke] wahrgenommen habe, waren stets positiv für die Marke [Marke].	☐	☐	☐	☐	☐	☐
Die Meinungen und Beiträge, die ich von anderen Nutzern zu der Marke [Marke] wahrgenommen habe, stammen meist von Personen, die ich persönlich kenne.	☐	☐	☐	☐	☐	☐

13. **Im Folgenden geht es um die Beurteilung der Beiträge von anderen Nutzern in Social Media zu der Marke [Marke]. Inwiefern stimmen sie den folgenden Aussagen zu?** Bitte geben sie auf einer Skala von „stimme gar nicht zu" bis „stimme vollkommen zu" an, wie sehr Sie den folgenden Aussagen zustimmen.

	stimme gar nicht zu	stimme wenig zu	stimme teilweise zu	stimme überwiegend zu	stimme vollkommen zu	k.A.
Ich mag die Beiträge überhaupt nicht.	☐	☐	☐	☐	☐	☐
Die Beiträge sind ansprechend.	☐	☐	☐	☐	☐	☐
Die Beiträge sind verlockend.	☐	☐	☐	☐	☐	☐
Die Beiträge sind interessant.	☐	☐	☐	☐	☐	☐
Die Beiträge sind schlecht/ verbesserungswürdig.	☐	☐	☐	☐	☐	☐
Die Beiträge sind glaubwürdig.	☐	☐	☐	☐	☐	☐
Die Beiträge sind zuverlässig.	☐	☐	☐	☐	☐	☐
Die Beiträge sind realistisch.	☐	☐	☐	☐	☐	☐

14. **Wie oft hatten Sie selbst bisher persönlichen Kontakt zu der Marke [Marke] durch einen individuellen Mitarbeiter in Social Media?** Dies kann z.B. das schreiben einer Nachricht oder Frage an [Marke] oder die Reaktion von [Marke] auf einen Ihrer Posts etc. sein. Bitte geben Sie die Häufigkeit auf einer Skala von „nie" bis „sehr oft" an.

nie	selten	gelegentlich	oft	sehr oft	k.A.
☐	☐	☐	☐	☐	☐

15. **Wie oft haben Sie bisher einen persönlichen Kontakt zwischen der Marke [Marke] und einem anderen Nutzer durch einen individuellen Mitarbeiter in Social Media wahrgenommen?** Bitte geben Sie die Häufigkeit auf einer Skala von „nie" bis „sehr oft" an.

nie	selten	gelegentlich	oft	sehr oft	k.A.
☐	☐	☐	☐	☐	☐

16. **Wie schnell hat die Marke [Marke] in dem persönlichen Kontakt mit Ihnen reagiert?** Bitte
geben Sie die durchschnittliche Zeit, die die Marke [Marke] in dem persönlichen Kontakt mit Ihnen
für eine Reaktion gebraucht hat, in das jeweilige Feld ein. Bsp.: Für die Zeitangabe von 30 Minuten
geben Sie bitte die Zahl 30 in das Minuten-Feld ein, für die Zeitangabe von 6 Tagen geben Sie bitte
die Zahl 6 in das Tage-Feld ein.

_____ Minuten
_____ Stunden
_____ Tage
_____ Wochen

17. **Waren Sie mit der Reaktionszeit der Marke [Marke] in der persönlichen Interaktion mit Ihnen
zufrieden?**

gar nicht zufrie-den	wenig zufrieden	teilweise zufrie-den	überwiegend zufrieden	vollkommen zu-frieden	k.A.
☐	☐	☐	☐	☐	☐

18. **Im Folgenden geht es um Werbemaßnahmen der Marke [Marke]außerhalb von Social Media.
Wie häufig nehmen Sie die folgenden Werbeformen der Marke [Marke] wahr?** Bitte geben Sie
die Häufigkeit auf einer Skala von „nie" bis „sehr oft" an.

	nie	selten	gelegent-lich	oft	sehr oft	k.A.
Printanzeigen in Zeitschriften, Zeitungen oder Magazinen der Marke [Marke]	☐	☐	☐	☐	☐	☐
Radio-Werbung der Marke [Marke]	☐	☐	☐	☐	☐	☐
Anzeigen im Internet der Marke [Marke]	☐	☐	☐	☐	☐	☐
Plakat-Werbung der Marke [Marke]	☐	☐	☐	☐	☐	☐
TV-Werbung der Marke [Marke]	☐	☐	☐	☐	☐	☐

19. Bei den folgenden Fragen geht es um Ihre persönliche Beurteilung der Marke [Marke]. Inwiefern stimmen Sie den folgenden Aussagen zu? Bitte geben sie auf einer Skala von „stimme gar nicht zu" bis „stimme vollkommen zu" an, wie sehr Sie den folgenden Aussagen zustimmen.

	stimme gar nicht zu	stimme wenig zu	stimme teilweise zu	stimme überwiegend zu	stimme vollkommen zu	k.A.
Die Marke [Marke] würde mir helfen mich akzeptiert zu fühlen.	☐	☐	☐	☐	☐	☐
Die Marke [Marke] würde seinem Eigentümer soziale Anerkennung geben.	☐	☐	☐	☐	☐	☐
Die Produkte der Marke [Marke] sind zuverlässig.	☐	☐	☐	☐	☐	☐
Die Produkte der Marke [Marke] haben exzellente Eigenschaften.	☐	☐	☐	☐	☐	☐
Die Produkte der Marke [Marke] haben eine gute Qualität.	☐	☐	☐	☐	☐	☐
Die Marke [Marke] würde einen guten Eindruck auf andere Personen machen.	☐	☐	☐	☐	☐	☐
Die Produkte der Marke [Marke] haben ein gutes Preis-Leistungs-Verhältnis.	☐	☐	☐	☐	☐	☐

20. Inwiefern stimmen Sie den folgenden Aussagen zu? Bitte geben sie auf einer Skala von „stimme gar nicht zu" bis „stimme vollkommen zu" an, wie sehr Sie den folgenden Aussagen zustimmen.

	stimme gar nicht zu	stimme wenig zu	stimme teilweise zu	stimme überwiegend zu	stimme vollkommen zu	k.A.
Die Marke [Marke] würde mich glücklich machen, wenn ich sie verwende.	☐	☐	☐	☐	☐	☐
Die Marke [Marke] ist meiner Meinung nach eine sehr gute Lebensmittelmarke.	☐	☐	☐	☐	☐	☐
Ich mag die Marke [Marke] sehr.	☐	☐	☐	☐	☐	☐
Ich mag das Aussehen der Produkte der Marke [Marke].	☐	☐	☐	☐	☐	☐
Die Marke [Marke] würde mich gut fühlen lassen, wenn ich sie verwende.	☐	☐	☐	☐	☐	☐
Die Marke [Marke] ist für mich persönlich insgesamt sehr attraktiv.	☐	☐	☐	☐	☐	☐
Die Marke [Marke] würde mir Spaß machen, wenn ich sie verwende.	☐	☐	☐	☐	☐	☐

21. Inwiefern stimmen Sie den folgenden Aussagen zu der Marke [Marke] zu? Bitte geben sie auf einer Skala von „stimme gar nicht zu" bis „stimme vollkommen zu" an, wie sehr Sie den folgenden Aussagen zustimmen.

	stimme gar nicht zu	stimme wenig zu	stimme teil- weise zu	stimme über- wie- gend zu	stimme voll- kom- men zu	k.A.
Ich werde ein Produkt der Marke [Marke] kaufen.	☐	☐	☐	☐	☐	☐
Die Wahrscheinlichkeit, dass ich ein Produkt der Marke [Marke] kaufe, ist sehr hoch.	☐	☐	☐	☐	☐	☐
Ich vertraue der Marke [Marke], dass sie einlöst, was sie verspricht.	☐	☐	☐	☐	☐	☐
Ich fühle mich wohl dabei, mich auf die Marke [Marke] zu verlassen.	☐	☐	☐	☐	☐	☐
Ich würde die Marke [Marke] meinen Freun- den/ Bekannten empfehlen.	☐	☐	☐	☐	☐	☐
Es ist sehr wahrscheinlich, dass mich ge- genüber Anderen positiv über die Marke [Marke] äußern werde.	☐	☐	☐	☐	☐	☐
Ich vertraue der Marke [Marke].	☐	☐	☐	☐	☐	☐
Die Marke [Marke] würde ich ernsthaft bei der Kaufentscheidung in Erwägung ziehen.	☐	☐	☐	☐	☐	☐
Wenn einer meiner Freunde/ Bekannten ein Lebensmittelprodukt kaufen möchte, würde ich die Marke [Marke] empfehlen.	☐	☐	☐	☐	☐	☐

22. Haben Sie in den letzten 12 Monaten eine der folgenden Aktivitäten ausgeführt? Bitte beant- worten Sie die Frage mit „Ja" oder „Nein".

	Ja	Nein	k.A.
… ein Produkt/ Produkte der Marke [Marke] im Geschäft mit ver- gleichbaren Produkten verglichen.	☐	☐	☐
… aktiv im Geschäft nach Produkten der Marke [Marke] gesucht.	☐	☐	☐
… ein Produkt der Marke [Marke] gekauft.	☐	☐	☐

23. Seit wann sind Sie bereits Fan der Marke [Marke] bei Facebook? Bitte geben Sie die Anzahl der Monate an. Wenn Sie sich über die genaue Anzahl nicht sicher sind, geben Sie bitte eine ungefähre Anzahl an.

Anzahl der Monate_____

24. Warum sind Sie Fan der Marke [Marke] bei Facebook geworden? Bitte geben Sie auf einer Skala von „stimme gar nicht zu" bis „stimme vollkommen zu" an, wie sehr Sie den folgenden Aussagen zustimmen.

Ich bin Fan der Marke [Marke] bei Facebook,…	stimme gar nicht zu	stimme wenig zu	stimme teilweise zu	stimme überwiegend zu	stimme vollkommen zu	k.A.
… um meine persönliche Meinung zu der Marke [Marke] zu sagen.	☐	☐	☐	☐	☐	☐
… weil ich die Marke [Marke] sehr mag.	☐	☐	☐	☐	☐	☐
… damit andere sehen, dass ich die Marke [Marke] gut finde.	☐	☐	☐	☐	☐	☐
… um finanzielle Vorteile zu erhalten.	☐	☐	☐	☐	☐	☐
… um Dinge über die Marke [Marke] zu erfahren, die ich noch nicht wusste.	☐	☐	☐	☐	☐	☐
… da ich gerne Kontakt zu anderen Fans der Marke [Marke] haben möchte.	☐	☐	☐	☐	☐	☐
… weil es Spaß macht Beiträge der Marke [Marke] zu lesen/ anzusehen.	☐	☐	☐	☐	☐	☐
… weil ich mehr über das Unternehmen [Unternehmen] erfahren möchte.	☐	☐	☐	☐	☐	☐
… weil ich gerne persönlichen Kontakt zu der Marke [Marke] haben möchte.	☐	☐	☐	☐	☐	☐

25. Im Folgenden geht es um mögliche Veränderungen der Facebook-Aktivitäten der Marke [Marke]. Wie bewerten Sie die folgenden Aussagen? Bitte geben Sie auf einer Skala von „stimme gar nicht zu" bis „stimme vollkommen zu" an, wie sehr Sie den folgenden Aussagen zustimmen.

Ich würde es gut finden, wenn auf der Facebook-Fanpage der Marke [Marke],…	stimme gar nicht zu	stimme wenig zu	stimme teilweise zu	stimme überwiegend zu	stimme vollkommen zu	k.A.
… mehr Rezeptideen veröffentlicht werden würden.	☐	☐	☐	☐	☐	☐
… mehr Ernährungstipps bereitgestellt werden würden.	☐	☐	☐	☐	☐	☐
… mehr Fotos veröffentlicht werden würden.	☐	☐	☐	☐	☐	☐
… mehr Informationen zu den Produkten veröffentlicht werden würden.	☐	☐	☐	☐	☐	☐
… mehr Videos veröffentlicht werden würden.	☐	☐	☐	☐	☐	☐
… mehr Informationen zu der Marke [Marke] veröffentlicht werden würden.	☐	☐	☐	☐	☐	☐
… sonstiges, nämlich:_____	☐	☐	☐	☐	☐	☐

Zum Schluss möchten wir Ihnen noch einige Fragen zu Ihrer Person stellen. Diese Informationen dienen ausschließlich der statistischen Auswertung und werden streng vertraulich behandelt. Die Anonymität der Befragung wird dadurch nicht eingeschränkt.

26. Bitte geben Sie Ihr Alter an.
_____ Jahre

27. Bitte geben Sie Ihr Geschlecht an.
❏ Männlich   ❏ Weiblich   ❏ k.A.

28. Welchen Bildungsabschluss haben Sie? Bitte geben Sie nur Ihren höchsten Bildungsabschluss an.
❏ Volks-/ Hauptschule ohne Berufsausbildung
❏ Volks-/ Hauptschule mit Berufsausbildung
❏ Mittlere Reife, weiterführende Schule ohne Abitur
❏ Abitur/ Hochschulreife
❏ Hochschulabschluss
❏ keinen Abschluss
❏ k.A.

29. Wie hoch ist Ihr monatliches Haushaltsnettoeinkommen?
❏ bis 1.500 Euro   ❏ 1.501-2.500 Euro   ❏ 2.501-3.500 Euro   ❏ 3.501-4.500 Euro
❏ 4.501-5.500 Euro   ❏ 5.501-6.500 Euro   ❏ 6.501-7.500 Euro   ❏ 7.501-8.500 Euro
❏ 8.501-9.500 Euro   ❏ 9.501-10.500 Euro   ❏ 10.501 Euro und mehr   ❏ k.A.

30. Welchen Beruf üben Sie aus?
❏ Freiberufler/(in)/ Selbstständige(r)
❏ Leitende(r) Angestellter(in)
❏ Angestellte(r)
❏ Angestellte(r) im öffentlichen Dienst/ Beamter/ Beamtin
❏ Hausfrau/ Hausmann
❏ Student(in)
❏ Beamter/ Beamtin
❏ arbeitslos
❏ sonstiges, und zwar: _____
❏ k.A.

Vielen Dank, dass Sie sich die Zeit genommen haben, an dieser Befragung teilzunehmen! Ihre Daten wurden gespeichert.
Möchten Sie an der Verlosung der 20 Produktpakete der Marke [Marke] teilnehmen?
❏ Ja   ❏ Nein

Literaturverzeichnis

AAKER, D. A./JOACHIMSTHALER, E. (2000): Brand Leadership, New York.

AAKER, D. A. (1996): Building strong brands, New York.

AAKER, J. L. (1997): Dimensions of Brand Personality, in: Journal of Marketing Research, Jg. 34 (8), S. 347-356.

AAKER, J. L. (2005): Dimensionen der Markenpersönlichkeit, in: ESCH, F. (Hrsg.), Moderne Markenführung – Grundlagen – Innovative Ansätze – Praktische Umsetzungen, 4. Aufl., Wiesbaden, S. 165-176.

ALBA, J./LYNCH, J./WEIZ, B./HANISZEWSKI, C. (1997): Interactive home shopping: comsumer, retailer, and manufacturer incentives to participate in electronic marketplaces, in: Journal of Marketing, Jg. 61 (3), S. 38-53.

ALBY, T. (2007), Web 2.0: Konzepte, Anwendungen, Technologien, München.

ALEXA - THE WEB INFORMATION COMPANY (2011): Top Sites in Germany, http://www.alexa.com/topsites/countries;0/DE (aufgerufen am: 02.11.2011).

ALGESHEIMER, R./HERRMANN, A./DIMPFEL, M. (2004): Konsumenteninteraktionen - Relevanz und Implikationen, in: BAUER, H. H./RÖSGER, J./NEUMANN, M. M. (Hrsg.), Konsumentenverhalten im Internet, München, S. 173-188.

ALGESHEIMER, R./HERRMANN, A. (2005): Brand Communities - Grundidee, Konzept und empirische Befunde, in: ESCH, F. (Hrsg.), Moderne Markenführung - Grundlagen-Innovative Ansätze-Praktische Umsetzungen, 4. vollst. überarb. und erw. Aufl., Wiesbaden, S. 747-764.

ANGRIGNON, T. (2006): Web 2.0 - Strategies and Lessons for Business Leaders, http://changethis.com/manifesto/25.05.Web2.0/pdf/25.05.Web2.0.pdf (abgerufen am 19.08.2011).

ARNDT, J. (1967): Role of Product-Related Conversations in the Diffusion of a New Product, in: Journal of Marketing Research, Jg. 4 (3), S. 291-295.

ARNHOLD, U. (2010): User generated branding, Wiesbaden.

ASENDORPF, J. (2004): Psychologie der Persönlichkeit, 3. Aufl.; Berlin.

AZOULAY, A./KAPFERER, J. (2003): Do brand personality scales really measure brand personality, in: Journal of brand management, Jg. 11 (2), S. 143-155.

BACKHAUS, K./BLECHSCHMIDT, B. (2009): Fehlende Werte und Datenqualität - Eine Simulationsstudie am Beispiel der Kausalanalyse, in: Die Betriebswirtschaft, Jg. 69 (2), S. 265-287.

BACKHAUS, K./ERICHSON, B./PLINKE, W./WEIBER, R. (2008): Multivariate Analysemethoden, 12., vollst. überarb. Aufl., Berlin [u.a.].

BARON, R. M./KENNY, D. A. (1986): The moderator-mediator variable distinction in social psychological research: conceptual, strategic, and statistical considerations, in: Journal of Personality and Social Psychology, Jg. 51 (6), S. 1173-1182.

BANAJI, M. R.; PRENTICE, D. A. (1994): The self in social context, in: Annual Review of Psychology, Nr. 45, S. 297 – 332.

BATRA, R./RAY, M. L. (1985): How Advertising Works at Contact, in: ALWITT, L. F./MITCH-ELL, A. (Hrsg.), Psychological Processes and Advertising Effects: Theory, Research and Application, Hillsdale, NJ., S. 13-43.

BATRA; R. A.; AHTOLA, O. T. (1990): Measuring the hedonic and utilitarian sources of consumer attitudes, in: Marketing Letters, Jg. 2, S. 150-170.

BATTEN & COMPANY (2009): Brand Parity Studie 2009.

BAUER, C. A. (2011): User Generated Content, Berlin [u.a.].

BAUER, H. H./GROßE-LEEGE, D./BRYANT, M. D. (2008): Erlebnisorientiertes Marketing-management im Internet - Ansatzpunkte und Problemfelder am Beispiel von (virtu-ellen) Brand Communities, in: BAUER, H. H./GROßE-LEEGE, D./RÖSGER, J. (Hrsg.), In-teractive Marketing im Web 2.0+, 2. Aufl., München, S. 113-126.

BAUER, H. H./MÄDER, R./WAGNER, S. N. (2006): Übereinstimmung von Marken- und Konsumentenpersönlichkeit als Determinante des Kaufverhaltens – Eine Metaana-lyse der Selbstkongruenzforschung, in: Zeitschrift für betriebswirtschaftliche For-schung, Jg. 58, S. 838-863.

BAUER, H./MÄDER, R./FISCHER, C. (2004): Effektive Gestaltung von Online-Markenkom-munikation, in: BAUER, H./RÖSGER, J./NEUMANN, M. (Hrsg.), Konsumentenverhalten im Internet, München, S. 275-296.

BAUMGARTH, C./SCHMIDT, M. (2008): Persönliche Kommunikation und Marke, in: HER-MANNS, A./RINGLE, T./VAN OVERLOOP, P. C. (Hrsg.), Handbuch Markenkommunika-tion, München, S. 247-264.

BAUMGARTH, C. (2003): Wirkungen des Co-Brandings, Wiesbaden.

BECKER, C. (2012): Einfluss der räumlichen Markenherkunft auf das Markenimage-Kausalanalytische Untersuchung am Beispiel Indiens, Wiesbaden.

BEHRENS, G. (1976): Werbewirkungsanalyse, Opladen.

BENDER, G. (2008): Kundengewinnung und -bindung im Web 2.0, in: HASS. B.; WALSH,/WALSH, G./KILIAN, T. (Hrsg.), Web 2.0: Neue Perspektiven für Marketing und Medien, Berlin [u.a.], S. 173-190.

BENTELE, G. (1988): Der Faktor Glaubwürdigkeit: Forschungsergebnisse und Fragen für die Sozialisationsperspektive, in: Publizistik, Jg. 33 (4), S. 406-426.

BEREKOVEN, L./ECKERT, W./ELLENRIEDER, P. (2009): Marktforschung, 12. Aufl., Wies-baden.

BERTHON, P.R./PITT, L.F./PLANGGER, K./SHAPIRO, D. (2012): Marketing Meets Web 2.0, Social Media, And Creative Consumers: Implications For International Marketing Strategy. Business Horizons, Jg. 55 (3), S. 261 – 271.

BIELEFELD, K.W. (2012): Consumer Neuroscience: Neurowissenschaftliche Grundlagen für den Markenerfolg, Wiesbaden.

BLALOCK, H. M. (1982): Conceptualization and Measurement in the Social Science, Beverly Hills.

BÖHLER, H. (2004): Marktforschung, Stuttgart.

BOHMANN, T. (2010): Nachhaltige Markendifferenzierung von Commodities: Besonderheiten und Ansatzpunkte im Rahmen der identitätsbasierten Markenführung, Wiesbaden.

BOHNER, G. (2003): Einstellungen, in: STROEBE, W./JONAS, K. H. M. (Hrsg.), Sozialpsychologie. Eine Einführung, 4., überarb. und erw. Aufl., Berlin [u.a.], S. 265-318.

BONGARTZ, M. (2002): Markenführung im Internet - Verhaltenstypen - Einflussfaktoren - Erfolgswirkungen, Wiesbaden.

BORTZ, J. (2005): Statistik für Human- und Sozialwissenschaftler, 6. Aufl., Heidelberg.

BOWER, G. H. (1983): Affect and cognition, in: Philosophical Transactions of the Royal Society, Series B, Nr. 302, S. 387 – 403.

BRAUNSTEIN, C. (2001): Einstellungsforschung und Kundenbindung, Wiesbaden.

BROSIUS, F. (2011): SPSS 19, Heidelberg [u.a.].

BROWN, S./STAYMAN, D. (1992): Antecedents and Consequences of Attitude Toward the Ad: A Meta-Analysis, in: Journal of Consumer Research, Jg. 19 (1), S. 34-51.

BRUHN, M./SCHWARZ, J./SCHÄFER, D. B./AHLERS, G. M. (2011): Wie Social Media im Vergleich zur klassischen Marketingkommunikation die Marke stärken, Marketing Review St. Gallen, Jg. 28 (2), S. 40 – 46.

BRUHN, M. (2010): Kommunikationspolitik, 6. vollst. überarb. und erw. Aufl., München.

BRUTTEL, O. (2012): ACTA 2012: Kommunikationspotentiale sozialer Netzwerke, http://de.slideshare.net/hemartin/acta2012-kommunikationspotentiale-sozialer-netzwerke (abgerufen am 16.11.2012).

BÜHNER, M. (2006): Einführung in die Test- und Fragebogenkonstruktion, 2. Aufl., München.

BURGOLD, F./SONNENBURG, S./VOß, M. (2009): Masse macht Marke: Die Bedeutung von Web 2.0 für die Markenführung, in: SONNENBURG, S. (Hrsg.), Swarm Branding - Markenführung im Zeitalter von Web 2.0, Wiesbaden, S. 9-18.

BURMANN, C./ARNHOLD, U./BECKER, C. (2010): User Generated Branding - Wie Marken vom kreativen Potential der Nutzer profitieren, in: AMMERSDORFFER, D./BAUHUBER, F./EGGER, R./OELLRICH, J. (Hrsg.), Social Web im Tourismus, Berlin, Heidelberg, S. 347-362.

BURMANN, C./ARNHOLD, U. (2008): User generated branding, Berlin [u.a.].

BURMANN, C./BLINDA, L./NITSCHKE, A. (2003): Konzeptionelle Grundlagen des identitätsbasierten Markenmanagements, in: BURMANN, C. (Hrsg.), LiM Arbeitspapier Nr. 1 des Lehrstuhls für innovatives Markenmanagement (LiM), Universität Bremen, Bremen.

BURMANN, C./BOCH, S. (2003): Implikationen neuroökonomischer Forschungsergebnisse für die identitätsbasierte Führung von FMCG-Premiummarken, in: BURMANN, C. (Hrsg.), LiM Arbeitspapier Nr. 42 des Lehrstuhls für innovatives Markenmanagement (LiM), Universität Bremen, Bremen.

BURMANN, C./EILERS, D./HEMMANN, F. (2010): Bedeutung der Brand Experience für die Markenführung im Internet, in: BURMANN, C. (Hrsg.), Arbeitspapier Nr. 46 des Lehrstuhls für innovatives Markenmanagement (LiM), Universität Bremen, Bremen.

BURMANN, C./HALASZOVICH, T./HEMMANN, F. (2012): Markenmanagement - Identitätsorientierte Markenführung und praktische Umsetzung, Wiesbaden.

BURMANN, C./HEMMANN, F./EILERS, D./KLEINE-KALMER, B. (2012): Authentizität in der Interaktion als zentraler Erfolgsfaktor der Markenführung in Social Media, in: SCHULTEN, M./MERTENS, A./HORX, A. (Hrsg.), Social Branding: Strategien - Praxisbeispiele - Perspektiven, Wiesbaden, S. 129-146.

BURMANN, C./MEFFERT, H./FEDDERSEN, C. (2007): Identitätsbasierte Markenführung, in: FLORACK, A./SCARABIS, M./PRIMOSCH, E. (Hrsg.), Psychologie der Markenführung, München, S. 3-30.

BURMANN, C./MEFFERT, H. (2005a): Theoretisches Grundkonzept der identitätsorientierten Markenführung, in: MEFFERT, H./BURMANN, C./KOERS, M. (Hrsg.), Markenmanagement – Identitätsorientierte Markenführung und praktische Umsetzung, 2. Aufl., Wiesbaden, S. 37-72.

BURMANN, C./MEFFERT, H. (2005b): Managementkonzept der identitätsorientierten Markenführung, in: MEFFERT, H./BURMANN, C./KOERS, M. (Hrsg.), Markenmanagement – Identitätsorientierte Markenführung und praktische Umsetzung, 2. Aufl., Wiesbaden, S. 73-114.

BURMANN, C./SCHALLEHN, M. (2010): Konzeptionalisierung von Marken-Authentizität, in: BURMANN, C. (Hrsg.), Arbeitspapier Nr. 44 des Lehrstuhls für innovatives Markenmanagement (LiM), Universität Bremen, Bremen.

BURMANN, C./STOLLE, W. (2007): Markenimage - Konzeptualisierung eines komplexen mehrdimensionalen Konstrukts, in: BURMANN, C. (Hrsg.), Arbeitspapier Nr. 28 des Lehrstuhls für innovatives Markenmanagement (LiM), Universität Bremen, Bremen.

BURMANN, C./STOLLE, W. (2008): Globale Markenführung in heterogenen Märkten - Moderierte Wirkbeziehungen in der internationalen Markenimageperzeption im Bereich der Automobilindustrie, in: BURMANN, C. (Hrsg.), Arbeitspapier Nr. 29 des Lehrstuhls für innovatives Markenmanagement (LiM), Universität Bremen, Bremen.

BURMANN, C. (2005): Interne und externe Kommunikation in Ad-hoc Krisen, in: BURMANN, C. / FREILING, J. / HÜLSMANN, M. (Hrsg.), Management von Ad-hoc-Krisen: Grundlagen, Strategien, Erfolgsfaktoren, Wiesbaden, S. 461-479.

CACIOPPO, J. T./PETTY, R. E. (1985): Central and Peripheral Routes to Persuasion: The Role of Message Repetition, in: ALWITT, L. F./MITCHELL, A. A. (Hrsg.), Psychological Processes and Advertising Effects: Theory, Research and Application, Hillsdale: NJ., S. 91-111.

CHADWICK MARTIN BAILEY (2011): 10 Quick Facts You Should Know About Consumers Behavior on Facebook, http://www.brandchannel.com/images/papers /530_ chadwick_martin_bailey_ppt_fb_consumer_behavior_0911.pdf   (abgerufen   am: 05.06.2012).

CARTE, C. A./RUSSEL, C. J. (2003): In Pursuit of Moderation: Nine Common Errors and their Solutions, in: MIS Quarterly, Jg. 27 (3), S. 479-501.

CHEN, Q./GRIFFITH, D. A./SHEN, F. (2005): The effects of interactivity on cross-channel communication effectiveness, in: Journal of Interactive Advertising, Jg. 5 (2), S. 19 - 28.

CHIN, W. W./NEWSTEDT, P. R. (1999): Structural Equation Modeling Analysis with Small Samples Using Partial Least Squares, in: HOYLE, R. (Hrsg.), Statistical Strategies for Small Samples, Thousand Oaks, S. 307-341.

CHIN, W. W./TODD, P. A. (1995): On the Use, Usefulness, and Ease of Use of Structural Equation Modeling in MIS Research: A Note of Caution, in: Management Information Systems Quarterly, Jg. 19 (2), S. 237-246.

CHIN, W./MARCOLIN, B. L./NEWSTEDT, P. R. (2003): A partial least squares latent variable modeling approach for measuring interaction effects: results from a Monte Carlo simulation study and an electronic-mail emotion/adaption study, in: Information Systems Research, Jg. 14 (2), S. 189-217.

CHIN, W. (1998): The partial least square approach to structural equation modelling, in: MARCOULIDES, G. A. (Hrsg.), Modern methods for business research, Mahwah, S. 295-336.

CHMIELEWICZ, K. (1995): Forschungskonzeption der Wirtschaftswissenschaft, 2. Aufl., Stuttgart.

CHO, C./LECKENBY, J. D. (1999): Interactivity as a Measure of Advertising Effectiveness, http://www.jou.ufl.edu/faculty/ccho/3ACHO/99AAACHO.html.

CONRADY, R. (1990): Die Motivation zur Selbstdarstellung und ihre Relevanz für das Konsumentenverhalten, Frankfurt a.M.

CONZEN, P. (1990): E.H. Erikson und die Psychoanalyse, Heidelberg.

COUPER, M. P./TRAUGOTT, M. W./LAMIAS, M. J. (2001): Web survey design and administration, in: Public Opinion Quarterly, Jg. 65 S. 230-253.

DECKER, R./WAGNER, R. (2008): Fehlende Werte: Ursachen, Konsequenzen und Behandlung, in: HERRMANN, A./HOMBURG, C./KLARMANN, M. (Hrsg.), Handbuch Marktforschung: Methoden, Anwendungen, Praxisbeispiele, 3. Aufl., Wiesbaden, S. 53-79.

DEPPE, M./SCHWINDT, W./KUGEL, H./PLASSMANN, H./KENNING, P. (2005): Nonlinear Responses Within the Medial Prefrontal Cortex Reveal When Specific Implicit Information Influences Economic Decision Making, in: Journal of Neuroimaging, Jg. 15 (2), S. 171 – 182.

DEVELLIS, R. F. (2005): Scale development: theory and applications, 2. Aufl., Thousand Oaks, A.

DIAMANTOPOULOS, A./WINKLHOFER, H. M. (2001): Index Construction with Formative Indicators: An Alternative to Scale Development, in: Journal of Marketing Research, Jg. 38 (2), S. 269-277.

DIECKMANN, A. (2005): Empirische Sozialforschung: Grundlagen, Methoden, Anwendungen, 14. Aufl., Reinbek.

DIEHL, S. (2002): Erlebnisorientiertes Internetmarketing, Wiesbaden.

DILLMAN, D./SMYTH, J./CHRISTIAN, L. (2009): Internet, Mail and Mixed-Mode Surveys, 3. Aufl., Hoboken (N.J.).

DOWNES, E. J./MCMILLAN, S. J. (2000): Defining Interactivity: A Qualitative Identification of Key Dimensions, in: New Media & Society, Jg. 2 (2), S. 157-179.

DUDEN (2007): Reziprozität, in Duden – das große Fremdwörterbuch, 4. Aufl. S. 1182.

DUDZIK, T. (2006): Die Werbewirkung von Sportsponsoring, Wiesbaden.

EAST, R./HAMMOND, K./LOMAX, W. (2008): Measuring the impact of positive and negative word of mouth on brand purchase propability, in: International Journal of Research in Marketing, Jg. 25 S. 215-224.

EDWARDS, J./BAGOZZI, R. (2000): On the nature and direction of relationships between constructs and measures, in: Psychological Methods, Jg. 5 (2), S. 155-174.

EGGERT, A./FASSOT, G./HELM, S. (2005): Identifizierung und Quantifizierung mediierender und moderierender Effekte in komplexen Kausalstrukturen, in: BLIEMEL, F./EGGERT, A./FASSOT, G./HENSELER, J. (Hrsg.), Handbuch PLS-Pfadmodellierung: Methode, Anwendung, Praxisbeispiele, Stuttgart, S. 101-116.

EGGERT, A./FASSOT, G. (2003): Zur Verwendung formativer und reflektiver Indikatoren in Strukturgleichungsmodellen - Ergebnisse einer Metaanalyse und Anwendungsempfehlungen, Kaiserslautern.

EICKER, D. J. (2008): Brand Communities - Lösung für eine effektivere Markenkommunikation, Hamburg.

EISEND, M./KÜSTER-ROHDE, F. (2008): Soziale Netzwerke im Internet - Marketingkommunikation für morgen, in: Marketing Review St. Gallen, (5), S. 12-15.

EISEND, M. (2003): Glaubwürdigkeit in der Marketingkommunikation, Wiesbaden.

ELLIOT, R. (1997): Existential Consumption and Irrational Desire, in: European Journal of Marketing, Jg. 34 (4), S. 285-296.

ELLISON, N./STEINFELD, C./LAMPE, C. (2007): The benefits of Facebook "friends": Social capital and college students´ use of online social network sites, in: Journal of Computer Mediated Communication, Jg. 12 (4), S. Electronic Edition.

ESCH, F.-R. (2006): Wirkung interaktiver Markenauftritte im Internet: Theoretische Grundlagen und empirische Ergebnisse, in: Marketing ZFP, Jg. 28 (2), S. 99-115.

ESCH, F.-R./LANGNER, T./ULLRICH, S. (2009): Internetkommunikation, in: BRUHN, M./ESCH, F./LANGNER, T. (Hrsg.), Handbuch Kommunikation, Wiesbaden, S. 127-156.

ESCH, F.-R./ROTH, S./KISS, G./HARDIMAN, M./ULRICH, S. (2005): Markenkommunikation im Internet, in: ESCH, F. (Hrsg.), Moderne Markenführung - Grundlagen-Innovative Ansätze-Praktische Umsetzungen, Wiesbaden, S. 673-706.

FACEBOOKMARKETING (2012): Altersverteilung der Deutschen Facebook-Nutzer, http://allfacebook.de/zahlen_fakten/infografik-facebook-2012-nutzerzahlen-fakten.

FASSOT, G./EGGERT, A. (2005): Zur Verwendung formativer und reflektiver Indikatoren in Strukturgleichungsmodellen: Bestandsaufnahme und Anwendungsempfehlungen, in: BLIEMEL, F./EGGERT, A./FASSOT, G./HENSELER, J. (Hrsg.), Handbuch PLS-Pfadmodellierung: Methode, Anwendung, Praxisbeispiele, Stuttgart, S. 31-48.

FEDDERSEN, C. (2010): Repositionierung von Marken, ein agentenbasiertes Simulationsmodell zur Prognose der Wirkungen von Repositionierungsstrategien, Wiesbaden.

FIRSCHING, J. (2011): Dells „Social Media Listening Command Center", http://www.futurebiz.de/artikel/dells-social-media-listening-command-center/, (abgerufen am 7.09.2011).

FIRSCHING, J. (2012): Anzahl deutscher Unternehmen bei Facebook, http://www.futurebiz.de/artikel/studie-brand-engagement-wie-sprechen-nutzer-uber-marken-in-sozialen-netzwerken/bildschirmfoto-2012-02-10-um-11-33-43/ (abgerufen am 7.10.2012).

FISCHER, M./MEFFERT, H./PERRY, J. (2004): Markenpolitik: Ist sie für jedes Unternehmen gleichermaßen relevant? in: Die Betriebswirtschaft, (64), S. 333-356.

FISHBEIN, M./AJZEN, I. (1975): Belief, Attitude, Intention and Behavior: An Introduction to Theory and Research, Reading, Ma.

FISHBEIN, M./AJZEN, I. (1980): Predicting and understanding consumer behavior: Attitude-behavior correspondence, in: FISHBEIN, M./AJZEN, I. (Hrsg.), Understanding attitudes and predicting social behavior: Attitude-behavior correspondence, Englewood Cliffs, S. 148-172.

FORNELL, C./LARCKER, D. F. (1981): Evaluating structual equation models with unobservable variables and measurement error, in: Journal of Marketing, Jg. 18 (1), S. 39-50.

FOURNIER, S. (1998): Consumers and their brands: Developing relationship theory in consumer research, in: Journal of Consumer Research, Jg. 24 (4), S. 343-373.

FRANKE, N. (2000): Marketingwissenschaft: eine empirische Positionsbestimmung, in: BACKHAUS, K. (Hrsg.), Deutschsprachige Marketingforschung: Bestandsaufnahme und Perspektiven, Stuttgart, S. 409 – 444.

FREY, H./HAUßER, K. (1987): Entwicklungslinien sozialwissenschaftlicher Identitätsforschung, in: FREY, H./HAUßER, K. (Hrsg.), Identität: Entwicklung psychologischer und soziologischer Forschung, Stuttgart, S. 3-26.

FUCHS, A. (2011): Methodologische Aspekte linearer Strukturgleichungsmodelle - Ein Vergleich von kovarianz- und varianzbasierten Kausalanalyseverfahren, in: MEYER, M. (Hrsg.), Research Papers on Marketing Strategy Nr. 2, 2011.

GERPOTT, T. J. (2004): Interaktivität von Websites und Konsumentenverhalten im Internet - Stand der Forschung und Perspektiven, in: WIEDMANN, K. - P./BUXEL, H./FRENZEL, T./WALSH, G. (Hrsg.), Konsumentenverhalten im Internet - Konzepte- Erfahrungen- Methoden, Wiesbaden, S. 58-97.

GILMORE, G. W. (1919): Animism: or, thoughts currents of primitive people, Boston.

GÖTHLICH, S. E. (2009): Zum Umgang mit fehlenden Daten in großzahligen empirischen Erhebungen, in: ALBERS, S./KLAPPER, D./KONRADT, U./WALTER, A./WOLF, J. (Hrsg.), Methodik der empirischen Forschung, 3. Aufl., Wiesbaden, S. 119-135.

GÖTZ, O./LIEHER-GOBBERS, K. (2004): Analyse von Strukturgleichungsmodellen, in: Die Betriebswirtschaft, Jg. 64 (6), S. 714-738.

GÖTZE, W./DEUTSCHMANN, C./LINK, H. (2002): Statistik, München.

GOUTHIER, M. H. J. (2004): Customer Empowerment im Internet, in: WIEDMANN, K. - P./BUXEL, H./FRENZEL, T./WALSH, G. (Hrsg.), Konsumentenverhalten im Internet - Konzepte- Erfahrungen- Methoden, Wiesbaden, S. 227-253.

GREFEN, S./STRAUB, D. W./BOUDREAU, M. (2000): Structural Equation Modelling and Regression: Guidelines for Research Practice, in: Communications of Association for Information Systems, Jg. 4 S. 1-78.

GRETHER, M./MARKARIAN, R. (2008): Die Marke und das Internet, in: BAUER, H. H./HUBER, F./ALBRECHT, C. (Hrsg.), Erfolgsfaktoren der Markenführung: Know-How aus Forschung und Management, München, S. 285-298.

GRUNERT, K. G. (1990): Kognitive Strukturen in der Konsumforschung: Entwicklung und Erprobung eines Verfahrens zur offenen Erhebung assoziativer Netzwerke, Heidelberg.

GUTMAN, J. (1981): A Means-End Model for Faciliating Analyses of Product Markets Based on Consumer Judgement, in: MONROE, K. B. (Hrsg.), Advances in Consumer Research, 7. Aufl., Ann Arbor, S. 116-121.

HA, L./JAMES, E. L. (1998): Interactivity Reexamined: A Baseline Analysis of Early Business Web Sites, in: Journal of Broadcasting and Electronic Media, Jg. 42 (4), S. 457-474.

HAAS, S./TRUMP, T./GERHARDS, M./KLINGLER, W. (2007): web 2.0: Nutzung und Nutzertypen, in: Media Perspektiven, Jg. 45 (4), S. 158-161.

HADWICH, K. (2003): Beziehungsqualität im Relationship Marketing: Konzeption und empirische Analyse eines Wirkungsmodells, Wiesbaden.

HAECKEL, S. H. (1998): About the Nature and Future of Interactive Marketing, in: Journal of Interactive Marketing, Jg. 12 (1), S. 63-71.

HAIR, J./HULT, G. T. M/RINGLE, C. M./SARSTEDT, M. (2013): A Primer on Partial Least Squares Structural Equation Modeling (PLS-SEM), Los Angeles.

HAIR, J./BABIN, B. J./ANDERSON, R. E. (2010): Multivariate Data Analysis, 7. Aufl., Upper Saddle River, NJ.

HANNA, R./ROHM, A./CRITTENDEN, V. (2011): We´re all connected: The power of the social media ecosystem, in: Business horizons, (54), S. 265-273.

HARRISON-WALKER, L. J. (2001): The Measurement of Word-of-Mouth Communication an an Investigation of Service Quality and Customer Commitment as Potential Antecedents, in: Journal of Service Research, Jg. 4 (1), S. 60-75.

HARTLEB, V. (2009): Brand Community Management: Eine empirische Analyse am Beispiel der Automobilbranche, Wiesbaden.

HARTMANN, D. (2011): Live Communication und Social Media - die perfekte Symbiose, in: Marketing Review St. Gallen, (2), S. 34-39.

HASS, B./WALSH, G./KILIAN, T. (2008): Web 2.0: Neue Perspektiven für Marketing und Medien, Heidelberg.

HATTENDORF, K./SCHLECHTRIEM, M. (2007): Deutschland Online 4, Sonderauswertung Social Web, http://www.studie-deutschland-online.de/do4/DO4_Sonderauswertung_ Socail_Web_deutsch.pdf (aufgerufen am: 29.11.2011).

HEDEMANN, F. (2012): Facebook-Fans: Interagieren wirklich nur 1 Prozent mit Marken? http://t3n.de/news/facebook-fans-interagieren-363255/   (aufgerufen   am: 29.02.2012).

HEINEMANN, G. (2010): Der neue Online-Handel, 3., überarbeitete Aufl., Wiesbaden.

HENNING-THURAU, T./GWINNER, K. P./WALSH, G./GREMLER, D. D. (2004): Electronic Word-of-Mouth Via Consumer Opinion Platforms: What Motivates Consumers to Articulate Themselves on the Internet, in: Journal of Interactive Marketing, Jg. 18 (1), S. 38-52.

HENSELER, J./RINGLE, C. M/SINKOVICS, R. R. (2009), The Use of Partial Least Squares Path Modeling in International Marketing, in: Advances in International Marketing, (20), S. 277-319.

HENSELER, J. (2010), PLS-MGA: A Non-Parametric Approach to Partial Least Squares-based Multi-Group Analysis, in: Challenges at the Interface of Data Analysis, Computer Science, S. 495-501.

HENSELER, J. (2006), Das Wechselverhalten von Konsumenten im Strommarkt – eine empirische Untersuchung direkter und moderierender Effekte , Wiesbaden.

HERMES, V. (2011): Wer führt die Marke? in: Absatzwirtschaft - Sonderausgabe zum Marken-Award 2011, S. 34-40.

HERRMANN, A./HUBER, F./KRESSMANN, F. (2006): Varianz- und kovarianzbasierte Strukturgleichungsmodelle - Ein Leitfaden zu deren Spezifikation, Schätzung und Beurteilung, in: Zeitschrift für betriebswirtschaftliche Forschung, Jg. 58 (1), S. 34-66.

HETTLER, U. (2010): "Social Media" Marketing mit Blogs, Sozialen Netzwerken und weiteren Anwendungen des "Web 2.0", München.

HEYMANN-REDER, D. (2011): Social Media Marketing – Erfolgreiche Strategien für Sie und Ihr Unternehmen, München.

HIERONIMUS, F./BURMANN, C. (2005): Persönlichkeitsorientiertes Markenmanagement, in: MEFFERT, H./BURMANN, C./KOERS, M. (Hrsg.), Markenmanagement – Identitätsorientierte Markenführung und praktische Umsetzung, 2. Aufl., Wiesbaden, S. 365-385.

HIERONIMUS, F. (2003): Persönlichkeitsorientiertes Markenmanagement, Frankfurt a. M.

HOFFMANN, D. L./NOVAK, T. P. (1996): Marketing in Hypermedia Computer-mediated Environments: Conceptual Foundations, in: Journal of Marketing, Jg. 60 (3), S. 50-68.

HOMBURG, C./GIERING, A. (1996): Konzeptualisierung und Operationalisierung komplexer Konstrukte: Ein Leitfaden für die Marketingforschung, in: Marketing Zeitschrift für Forschung und Praxis, Jg. 18 S. 5-24.

HOMBURG, C./GIERING, A. (1998): Konzeptualisierung und Operationalisierung komplexer Konstrukte - Ein Leitfaden für die Marketingforschung, in: HILDEBRANDT, L./HOMBURG, C. (Hrsg.), Die Kausalanalyse – Ein Instrument der betriebswirtschaftlichen Forschung, Stuttgart, S. 111-146.

HOMBURG, C./KROHMER, H. (2006): Marketingmanagement: Strategie - Instrumente - Umsetzung - Unternehmensführung, 2. Aufl., Wiesbaden.

HOMBURG, C. (1995): Kundennähe von Industriegüterunternehmen, Wiesbaden.

HOMBURG, C./KLARMANN (2006): Die Kausalanalyse in der empirischen betriebswirtschaftlichen Forschung - Problemfelder und Anwendungsempfehlungen, in: Die Betriebswirtschaft, Jg. 66 (6), S. 727-748.

HOYER, W. D./MACINNIS, D. J. (2008): Consumer Behavior, Boston, Mass. (u.a.).

HUANG, J.; SU, S.; ZHOU, L.; LUI, X. (2012): Attitude Toward the Viral Ad: Expanding Traditional Advertising Models to Interactive Marketing, in: Journal of Interactive Marketing, in press, corrected proof (http://www.sciencedirect.com/science/article/pii/S1094996812000333, abgerufen: 19.10.2012).

HUBER, F./HEITMANN, M./HERRMANN, A. (2006): Ansätze zur Kausalmodellierung mit Interaktionseffekten, in: Die Betriebswirtschaft, Jg. 66 (6), S. 696-710.

HUBER, F./HERMANN, A./MEYER, A./VOGEL, J./VOLLHARDT, K. (2007): Kausalmodellierung mit Partial Least Squares - Eine anwendungsorientierte Einführung, Wiesbaden.

HULLAND, J. (1999): Use of Partial Least Squares (PLS) in Strategic Management Research: A Review of Four Recent Studies, in: Strategic Management Journal, Jg. 20 (2), S. 195-204.

HUNT, S. D. (1990): Truth in marketing theory and research, in: Journal of Marketing, Jg. 54 (3), S. 1-15.

HUTTER, T. (2012): Facebook: Der Unterschied zwischen EdgeRank und GraphRank, http://www.thomashutter.com/index.php/2012/01/facebook-der-unterschied-zwischen-edgerank-und-graphrank/ (aufgerufen am: 09.03.2012).

ILTGEN, A./KÜNZLER, S. (2008): Web 2.0 - schon mehr als ein Hype? in: BELZ, C./SCHÖGEL, M./ARNDT, O./WALTER, V. (Hrsg.), Interaktives Marketing - Neue Wege zum Dialog mit Kunden, S. 237-255.

JACOBS, M. (2009): Auswirkungen der "Web 2.0 Ära" auf die Markenkommunikation, in: BURMANN, C. (Hrsg.), LiM Arbeitspapiere Nr. 37 des Lehrstuhls für innovatives Markenmanagement (LiM), Universität Bremen, Bremen.

JÄCKEL, M. (1995): Interaktion. Soziologische Anmerkungen zu einem Begriff, in: Rundfunk und Fernsehen, Jg. 43 (4), S. 463-476.

JAHN, S. (2007): Strukturgleichungsmodellierung mit LISREL, AMOS und SmartPLS - Eine Einführung, Chemnitz.

JAMAL, A./GOODE, M.M.H. (2001): Consumers and Brands: A Study of the Impact of Self-Image Congruence on Brand Preference and Satisfaction; in: Marketing Intelligence and Planning, Vol. 19, S. 482 – 491.

JARVIS, C. B./MACKENZIE, S. B./PODSAKOFF, P. M. (2003): A Critical Review of Construkt Indicators and Measurement Model Misspecification in Marketing and Consumer Research, in: Journal of Consumer Research, (30), S. 199-218.

JENSEN, J. F. (1998): Interactivity: Tracing a New Concept in Media and Communication Studies, in: Nordicom Review, Jg. 19 (1), S. 185-204.

JOHAR, J.S./SIRGY, M.J. (1991): Value Expressive Versus Utilitarian Advertising Appeals: When and Why To Use Which Appeal; in: Journal of Advertising, Vol. 10, No. 3, S. 23 – 33.

JOST-BENZ, (2009): Identitätsbasierte Markenbewertung, Wiesbaden.

KAPFERER, J. (1992): Die Marke - Kapital des Unternehmens, Landsbach/ Lech.

KELLER, K. L. (1993): Conceptualizing, Measuring, and Managing Customer-Based Brand Equity, in: Journal of Marketing, Jg. 57 (January), S. 1-22.

KELLER, K. L. (2003a): Strategic brand management: building, measuring, and managing brand equity, 2. Aufl., Upper Saddle River, NJ.

KELLER, K. L. (2003b): Brand Synthesis: The Multidimensionality of Brand Knowledge, in: Journal of Consumer Research, Jg. 29 (4), S. 595-600.

KELLER, K. L. (2007): Unleashing the Power of Word of Mouth: Creating Brand Advocacy to Drive Growth, in: Journal of Advertising Research, Jg. 47 (4), S. 448-452.

KEPPER, C. (2008): Methoden der qualitativen Marktforschung, in: HERRMANN, A./HOMBURG, C./KLARMANN, M. (Hrsg.), Handbuch Marktforschung, 3. Aufl., Wiesbaden, S. 175-212.

KERN, E. (1990): Der Interaktionsansatz im Investitionsgütermarketing: eine konfirmatorische Analyse, Berlin.

KERNSTOCK, J. (2012): Behavioral Branding als Führungsansatz, in: TOMCZAK, T./ESCH, F./KERNSTOCK, J./HERRMANN, A. (Hrsg.), Behavioral Branding - Wie Mitarbeiterverhalten die Marke stärkt, 3. Aufl., Wiesbaden, S. 3-34.

KIELHOLZ, A. (2008): Online-Kommunikation. Die Psychologie der neuen Medien für die Berufspraxis, Heidelberg.

KILIAN, K. (2007): Multisensuales Markendesign als Basis ganzheitlicher Markenkommunikation, in: FLORACK, A./SCARABIS, M./PRIMOSCH, E. (Hrsg.), Psychologie der Markenführung, München, S. 232-356.

KILIAN, T./LANGNER, S. (2010): Online-Kommunikation, Wiesbaden.

KIM, A. J./KO, E. (2011): Do social media marketing activities anhance customer equity? An empirical study of luxury fashion brand, in: Journal of Business Research, Jg. 65 (10), S. 1480-1486.

KIM, J./SPIELMANN, N./MCMILLAN, S. J. (2012): Experience effects on interactivity: Functions, processes, and perceptions, in: Journal of Business Research, Jg. 65 (11), S. 1543 - 1550.

KIOUSIS, S. (2002): Interactivity: A concept explication, in: New Media & Society, (4), S. 355-383.

KICHGEORG, M. (2012): Gabler Wirtschaftslexikon - Der Begriff "Stimulus", http://wirtschaftslexikon.gabler.de/Definition/stimulus.html (aufgerufen am: 05.11.2012).

KLOTH, A. (2010): ROI im Social Media Marketing: Sind Interaktionen messbar? marketing-sind-interaktionen-messbar (aufgerufen am: 18.08.2011).

KOHLER, U./KREUTER, F. (2008): Datenanalyse mit Stata: Allgemeine Konzepte der Datenanalyse und ihre praktische Anwendung, 3. Aufl., München.

KOZINETS, R. V.; DE VALCK, K.; WOJNICKI, A. C.; WILNER, S. J. S. (2010): Network Narratives. Understanding Word-of-Mouth Marketing in Online-Communities, in: Journal of Marketing, Jg. 74 (2), S. 71 – 89.

KRAFFT, M./GÖTZ, O./LIEHER-GOBBERS, K. (2005): Die Validierung von Strukturgleichungsmodellen mit Hilfe des Partial-Least-Squares (PLS)-Ansatzes, in: BLIEMEL, F./EGGERT, A./FASSOT, G./HENSELER, J. (Hrsg.), Handbuch PLS-Pfadmodellierung: Methode, Anwendung, Praxisbeispiele, Stuttgart, S. 71-86.

KROEBER-RIEL, W. (1987): Informationsüberlastung durch Massenmedien und Werbung in Deutschland, in: Die Betriebswirtschaft, Jg. 47, S. 257.264.

KROEBER-RIEL, W./WEINBERG, P./GRÖPPEL-KLEIN, A. (2009): Konsumentenverhalten, 9.,überarb., aktualisierte und erg. Aufl., München.

KRÜGER, K.; REGIER, S. (2012): Marken in Social Networks: Eine empirische Untersuchung im Konsumgüterbereich, Köln.

KUß, A./EISEND, M. (2010): Marktforschung, 3., überarbeitete und erweiterte Aufl., Wiesbaden.

LANGER, T./FISCHER, A. (2008): Markenkommunikation 2.0 - Konsumenten formen Markenbotschaften, in: Marketing Review St. Gallen, (5), S. 16-20.

LEE, J./LEE, J./SHIN, H. (2011): The long tail or the short tail: The category-specific impact of eWOM on sales distribution, in: Decision Support Systems, (51), S. 466-479.

LEVY, S. J. (1959): Symbols for Sale, in: Jg. 37 (Juli-August), S. 117-124.

LIU, Y. S. (2002): What Is Interactivity and Is It Always Such a Good Thing? in: Journal of Advertising, Jg. 31 (4), S. 53-64.

LOHMÖLLER, J. (1989): Latent variable path modeling with partial least squares, Heidelberg.

LOTTER, W. (2005): Der rote Faden, in: Brandeins, (2), S. 48-57.

LUNT, P./LIVINGSTONE, S. (1992): Mass Consumption and Personal Identity: Everyday Economic Experience, Cambridge.

LUTZ, R. J. (1985): Affective and Cognitive Antecedents of Attitude Toward the Ad: A Conceptual Framework, in: ALWITT, L. F./MITCHELL, A. A. (Hrsg.), Psychological Processes and Advertising Effects: Theory, Research and Application, S. 45-63.

MACKENZIE, S. B./LUTZ, R. J./BELCH, G. E. (1986): The Role of Attention in Mediating the Effect of Advertising on Attribute Importance, in: Journal of Consumer Research, (13), S. 174-195.

MACKENZIE, S. B./LUTZ, R. J. (1989): An Empirical Examination of the Structural Antecedents of Attitude toward the Ad in an Advertising Pretesting Context, in: Journal of Marketing, J. 53 (2), S. 48-65.

MAEDING, S. (2009): Partial Least Squares (PLS) Analyse - Kausalmodellierung zur Wirkung von Anreizregulierungssystemen auf die Versorgungsqualität.

MALETZKE, G. (1998): Kommunikationswissenschaft im Überblick: Grundlagen, Probleme, Perspektiven, Opladen.

MALONEY, P. (2007): Absatzmittlergerichtetes, identitätsbasiertes Markenmanagement, Wiesbaden.

MANGOLD, W. (2009): Social Media: The new hybrid element of the promotion-mix, in: Business Horizons, (52), S. 357-365.

MARSDEN, P. (2006): Introduction and summary, in: KRIBY, J./ MARSDEN, P. (Hrsg.), Connected Marketing: the Viral, Buzz, and Word of Mouth Revolution, Oxford, S. xv-xxxv.

MASLOW, A. H. (1970): Motivation and Personality, 2. Aufl., New York.

MCENALLY, M./DE CHERNATONY, L. (1999): The evolving nature of branding: Consumer and managical considerations, in: Academy of Marketing Science Review, Jg. 3 (2), S. 1 – 26.

MCMILLAN, S. J./HWANG, J. (2002): Measures of Perceived Interactivity: An Exploration of the Role of Direction, User Control, and Time in Shaping Perceptions of Interactivity, in: Journal of Advertising, (3), S. 29-42.

MCMILLAN, S. J. (2006): Exploring Models of Interactivity from Multiple Research Traditions: Users, Documents, Systems, in: LIEVROUW, L. A./LIVNGSTONE, S. (Hrsg.), Handbook of New Media: Social Shaping and Social Consequences of ICTs, London, S. 205-229.

MEFFERT, H./BONGARTZ, M. (2002): Führung von Marken im Internet - ein modellbasierter empirischer Ansatz, in: MEFFERT, H./BACKHAUS, K./BECKER, J. (Hrsg.), Arbeitspapier Nr. 157 der Wissenschaftlichen Gesellschaft für Marketing und Unternehmensführung e.V., Münster.

MEFFERT, H./BURMANN, C./BECKER, C. (2010): Internationales Marketing-Management. Ein markenorientierter Ansatz, 4. Aufl., Stuttgart u.a.

MEFFERT, H./BURMANN, C./KIRCHGEORG, M. (2008): Marketing – Grundlagen Marktorientierter Unternehmensführung – Konzepte – Instrumente – Praxisbeispiele, 10. Aufl., Wiesbaden.

MEFFERT, H./BURMANN, C./KIRCHGEORG, M. (2012): Marketing, 11., überarb. und erw. Aufl., Wiesbaden.

MEFFERT, H./BURMANN, C. (1996): Identitätsorientierte Markenführung - Grundlagen für das Management von Markenportfolios, in: MEFFERT, H./WAGNER, H./BACKHAUS, K. (Hrsg.), Arbeitspapier Nr. 100, Marketing Centrum Münster, Westfälische Wilhelms-Universität Münster, Münster.

MEINERS, N. H./SCHWARTING, U./SEEBERGER, B. (2010): The Renaissance of Word-of-Mouth Marketing: A ´New´Standard in Twenty-First Century Marketing Management?! in: International Journal of Science and Applied Research, Jg. 3 (2), S. 79-97.

MERTON, R. K./MEJA, V./STEHR, N./BEISTER, H. (1995): Soziologische Theorie und soziale Struktur, Teilausg. Aufl., Berlin [u.a.].

MITCHELL, A. A. (1986): The Effects of Verbal and Visual Components of Advertisements on Brand Attitudes and Attitudes Toward the Advertisement, in: Journal of Consumer Research, (13), S. 12-24.

MÖLLER, S. (2004): Interaktion bei der Erstellung von Dienstleistungen, Wiesbaden.

MÜLLER, A. (2012): Symbole als Instrumente der Markenführung: Eine kommunikations- und wissenschaftliche Analyse unter besonderer Berücksichtigung von Stadtmarken, Wiesbaden.

MÜLLER, D. (2006): Moderatoren und Mediatoren in Regressionen, in: ALBERS, S./KLAPPER, D./KONRADT, U./WALTER, A./WOLF, J. (Hrsg.), Methodik der empirischen Forschung, Wiesbaden, S. 257-274.

MUNIZ, A. M./O´QUINN, T. C. (2010): Brand Community, in: Journal of Consumer Research, Jg. 27 (4), S. 412-432.

MUSSER, J./O´REILLY, T. (2006): Web 2.0 Principles and best practice, Sebastopol, California, USA.

NIELSEN COMPANY (2011): Vertrauen in Werbung: Bestnoten für persönliche Empfehlungen und Online-Bewertungen, http://nielsen.com/de/de/insights/presseseite/2012/vertrauen-in-werbung-bestnoten-fuer-persoenliche-empfehlung-und-online-bewertungen.html (abgerufen am 13.12. 2012).

NITSCHKE, A. (2006): Event-Markenfit und Kommunikationswirkung, Wiesbaden.

NITZL, C. (2010): Eine anwendungsorientierte Einführung in die Partial Least Square (PLS)-Methode, in: HANSMANN, K. W. (Hrsg.), Industrielles Management Arbeitspapier Nr. 21, Universität Hamburg, Hamburg.

NOELLE-NEUMANN, E./PETERSEN, T. (2000): Alle, nicht jeder, 3. Aufl., Berlin u.a.O.

NYILASY, J. C. (2006): Word of mouth: what we really know - and what we don´t, in: KIRBY, J./MARSDEN, P. (Hrsg.), Connected Marketing: Te Viral, Buzz and Word of Mouth Revolution, Oxford, Burlington, S. 161-184.

O.V. (2011): Warum Online Werbung bei Usern so unbeliebt ist, http://www.wuv.de/nachrichten/digital/warum_onlinewerbung_bei_usern_so_unbeliebt_ist (abgerufen am 16.06.2012).

OETTING, M. (2006): Wie Web 2.0 das Marketing revolutioniert, in: SCHWARZ, T./BRAUN, G. (Hrsg.), Leitfaden Integrierte Kommunikation, Waghäusel, S. 175-196.

OKLESHEN, C./GROSSBART, S. (1998): Usenet groups, virtual community and consumer behaviors, in: Advances in Consumer Research, (25), S. 276-282.

OVERHULSE-KING, J. (2010): Ignoring Social Media Growth Can Be Dangerous, in: National Underwriter, S. 41-42.

O´REILLY, T. (2005): What is Web 2.0? - Design Patterns and Business Models for the Next Generation of Software, www.oreilly.de/artikel/web20.html (aufgerufen am: 25.07.2011).

PAINE, K. D. (2011): Measuring the real ROI of social media, in: Communication World, Januar-Februar, S. 20-23.

PARK, C. W./YOUNG, S. M. (1986): Consumer Response to Television Commercials: The Impact of Involvement and Background Music on Brand Attitude Formation, in: Journal of Marketing Research, (23), S. 11-24.

PARK, C./LEE, T. M. (2007): Information direction, website reputation and eWOM effect: A moderating role of product type, in: Journal of Business Research, (62), S. 61-67.

PETT, M. A./LACKEY, N. R./SULLIVAN, J. J. (2003): Making sense of factor analysis, Thousand Oaks (u.a.).

PIEHLER, R. (2011): Interne Markenführung: Theoretisches Konzept und fallstudienbasierte Evidenz, Wiesbaden.

PLUMMER, J. T. (2000): How personality makes a difference, in: Journal of Advertising Research, (40), S. 79-83.

PÖTSCHKE, M. (2009): Potentiale von Online-Befragungen: Erfahrungen aus der Hochschulforschung, in: JAKOB, N./SCHOEN, H./ZERBACK, T. (Hrsg.), Sozialforschung im Internet, Wiesbaden, S. 75-89.

POPP, B. (2011): Markenerfolg durch Brand Communities, Wiesbaden.

POWELL, G./GROVES, S./DIMOS, J. (2011): ROI of social media, Singapore.

PROX, C. (2011): Markenführung 2020 - Wie neue Medien die Mechanismen der Markenführung ändern, in: transfer Werbeforschung & Praxis, (2), S. 24-30.

PUCHNER, G. (2011): Kundenbindung durch Relationship Marketing-Instrumente, Lohmar.

PÜRER, H./BILANDZIC, H. (2003): Publizistik- und Kommunikationswissenschaft, Konstanz.

PÜTZ, C. (2009): Wirkungen von electronic-Word-of-Mouth-Emfehlungen bei misstrauischen Rezipienten: eine empirische Untersuchung unter Betrachtung der Empfehlungskongruenz sowie Botschaftsargumentation, http://darwin.bth.rwth-aachen.de/opus3/volltexte/2009/2986/pdf/Puetz_Christoph.pdf (abgerufen am: 13.02.2012).

PUSCHER, F. (2012): Eingebunden im Netz der Social Marketer, in: Absatzwirtschaft Zeitschrift für Marketing, (3), S. 18-25.

PUZAKOVA, M./KWAK, H./ROCERETO, J.F. (2009): Pushing the Envelope of Brand and Personality: Antecedents and Moderators of Antropomorphized Brands; in: Advances in Consumer Research, Vol. 36, S. 413 – 420.

RAFAELI, S. (1988): Interactivity: From new media to communication, in: HAWKINS, R. P./WIEMAN, J. M./PINGREE, S. (Hrsg.), Advertising communication science: Merging mass and interpersonal processes, Newbury Park, S. 110-134.

REGIER, S. (2007): Markterfolg radikaler Innovationen, Wiesbaden.

REISER, H. (2006): Psychoanalytisch-systemische Pädagogik, Stuttgart.

RICHINS, M. (1994): Valuing things: The public and private meanings of possessions, in: Journal of Consumer Research, Jg. 21, S. 504 – 521.

RICHINS, M./ROOT-SCHAFFER, T. (1998): The role of involvement and opinion leadership in consumer word-of-mouth, in: Advances in Consumer Research, Jg. 15 (1), S. 32-36.

RIEMENSSCHNEIDER, M. (2006): Der Wert von Produktvielfalt: Wirkung großer Sortimente auf das Verhalten von Konsumenten, Wiesbaden.

RINGLE, C. M./SPREEN, F. (2007): Beurteilung der Ergebnisse von PLS-Pfadanalysen, in: WISU - Das Wirtschaftsstudium, Jg. 36 (2), S. 211-216.

RINGLE, C./BOYSEN, N./WENDE, S./WILL, A. (2006): Messung von Kausalmodellen mit dem Partial-Least-Squares-Verfahren, in: Wissenschaftliches Studium, Jg. 35 (2), S. 211-216.

RINGLE, C. (2004): Gütemaße für den Partial Least Squares-Ansatz zur Bestimmung von Kausalmodellen, in: HANSEMANN, K. W. (Hrsg.), Industrielles Management Arbeitspapier Nr 16, Universität Hamburg, Hamburg.

ROHRMANN, B. (1978): Empirische Studien zur Entwicklung von Antwortskalen für die sozial wissenschaftliche Forschung, in: Zeitschrift für Sozialpsychologie, (9), S. 222-245.

ROSENBERG, M. (1979): Conceiving the Self, New York.

ROSS, C./ORR, E. S./SISIC, M./ARSENEAULT, J. M./SIMMERING, M. G./ORR, R. R. (2009): Personality and motivations associated with Facebook use, in: Computers in Human Behavior, Jg. 25 (2), S. 578-586.

ROTH, P. L. (1994): Missing data: A conceptual review for applied psychologists, in: Personnel Psychology, (47), S. 537-560.

SALCHER, E. (1995): Psychologische Marktforschung, 2 Aufl., Berlin u.a.O.

SARSTEDT, M./HENSELER, J./RINGLE, C. M. (2011): Multigroup Analysis in Partial Least Squares (PLS) Path Modeling: Alternative Methods and Empirical Results, in: Advances in International Marketing, Jg. 22, S. 195-218.

SAUER, N. (2003): Consumer Sophistication, Wiesbaden.

SCHADE, M. (2012): Identitätsbasierte Markenführung professioneller Sportvereine: Eine empirische Untersuchung zur Ermittlung verhaltensrelevanter Markennutzen und der Relevanz der Markenpersönlichkeit, Wiesbaden.

SCHALLEHN, M. (2012): Marken-Authentizität: Konzeption, Einflussfaktoren und Wirkungspotential aus Sicht der identitätsbasierten Markenführung, Wiesbaden.

SCHANZ, G. (2004): Wissenschaftsprogramme der Betriebswirtschaftslehre, in: BEA, F./FRIEDL, B./SCHWEITZER, M. (Hrsg.), Allgemeine Betriebswirtschaftslehre, 9. Aufl. Aufl., S. 83-164.

SCHINDLER, M./LILLER, T. (2011): PR im Social Web, Bejing [u.a.].

SCHLEGL, S. (2010): Schätzung und Beurteilung von Strukturgleichungsmodellen mit dem PLS-Verfahren, in: transfer Werbeforschung & Praxis, (3), S. 64-65.

SCHLODERER, J./BALDERJAHN, I./PAULSSEN, M. (2006): Kausalität, Linearität, Reliabilität: Drei Dinge, die Sie nie über Strukturgleichungsmodelle wissen wollen, in: Die Betriebswirtschaft, Jg. 66 (6), S. 640-650.

Anhang   261

SCHLODERER, M./RINGLE, C./SARSTEDT, M. (2009): Einführung in varianzbasierte Strukturgleichungsmodellierung: Grundlagen, Modellevaluation und Interaktionseffekte am Beispiel von SmartPLS, in: MEYER, A./SCHWAIGER, M. (Hrsg.), Theorien und Methoden der Betriebswirtschaft, München, S. 583-611.

SCHMITT, B./MANGOLD, M. (2005): Customer Experience Management als zentrale Erfolgsgröße der Markenführung, in: ESCH, F. (Hrsg.), Moderne Markenführung: Grundlagen, Innovative Ansätze, Praktische Umsetzungen, 4. Aufl., Wiesbaden,.

SCHNELL, R./HILL, P. B./ESSER, E. (2008), Methoden der empirischen Sozialforschung, 7. Aufl., München.

SCHÖGEL, M./HERHAUSEN, D./WALTER, V. (2008): Interaktive Marketingkommunikation, in: BELZ, C./SCHÖGEL, M./ARNDT, O./WALTER, V. (Hrsg.), Interaktives Marketing - Neue Wege zum Dialog mit Kunden, Wiesbaden, S. 337-352.

SCHÖGEL, M./WALTER, V./ARNDT, O. (2008): Neue Medien im Customer Relationship Management, in: BELZ, C./SCHÖGEL, M./ARNDT, O./WALTER, V. (Hrsg.), Interaktives Marketing - Neue Wege zum Dialog mit Kunden, Wiesbaden, S. 237-458.

SCHONLAU, M./FRICKER, R. D./ELLIOTT, M. N. (2002): Conducting research surveys via e-mail and the web, Santa Monica, CA.

SHEPPARD, B. H./HARTWICK, J./WARSHAW, P. R. (1998): The theory of reasoned action: A meta-analysis of past research with recommendations for modifications and future research, in: Journal of Consumer Research, (15), S. 325-343.

SIRGY, M. J. (1986): Self-Congruity: Toward a Theory of Personality and Cybernetics, New York.

SIRGY, M. J. (1982): Self-Concept in Consumer Behavior: A critical Review, in: Journal of Consumer Research, (9), S. 287-300.

SOBEL, M. (1982): Asymptotic Confidence Intervals for Indirect Effects in Structural Equation Models, in: LEINHARDT, S. (Hrsg.), Sociological Methodology, San Francisco, S. 290-312.

STALZER, L. (2007): Handbuch der Marktforschung, 2. Aufl., Wien.

STANOEVSKA-SLABEVA, K. (2008): Die Potentiale des Web 2.0 für das Interaktive Marketing, in: BELZ, C./SCHÖGEL, M./ARNDT, O./WALTER, V. (Hrsg.), Interaktives Marketing - Neue Wege zum Dialog mit Kunden, Wiesbaden, S. 221-235.

STEFFENHAGEN, H. (1984): Ansätze der Werbewirkungsforschung, in: Marketing ZFP, Jg. 6 (2), S. 77-83.

STICHNOTH, F. (2008): Virtuelle Brand Communities zur Markenprofilierung - Der Einsatz virtueller Brand Communities zur Stärkung der Marke-Kunden-Beziehung, in: BURMANN, C. (Hrsg.), Arbeitspapier Nr. 35 des Lehrstuhls für innovatives Markenmanagement (LiM), Universität Bremen, Bremen.

STOLLE, W. (2013): Globale Markenführung: Eine konzeptionell-empirische Analyse von Automobil-Markenimages in Brasilien, China, Deutschland, Russland und den USA, Wiesbaden.

STOMER-GALLEY, J. (2000): You have full text access to this content On-line interaction and why candidates avoid it, in: Journal of Communication, Jg. 50 (4), S. 111-132.

SUDMAN, S./BLAIR, E. (1998): Marketing Research - A Problem Solving Approach, Boston u.a.O.

SUNDAR, S./KIM, J. (2005): Interactivity and persuasion: Influencing attitudes with information and involvement, in: Journal of Interactive Advertising, Jg. 5 (2), S. 6-29.

TANTAU, B. (2011): Deutsche Unternehmen immer aktiver auf Facebook, http://bjoerntantau.com/deutsche-unternehmen-immer-aktiver-auf-facebook-06062011.html (abgerufen am 08.02.2012).

TAY, V. (2010): How to make a Splash with less Cash: Blendtec and Moonfruit, http://www.business-opportunities.biz/2007/07/02/marketing-videos-became-a-hit-in-their-own-right/ (aufgerufen am: 05.10.2011).

THEOBALD, A. (2007): Zur Gestaltung von Online-Fragebögen, in: WELKER, M./WENZEL, O. (Hrsg.), Online-Forschung 2007, Köln, S. 103-118.

THIBAUT, J. W./KELLEY, H. H. (1986): The social psychology of groups, 2. Aufl., New Brunswick [u.a.].

TOMCZAK, T./SCHÖGEL, M./WENTZEL, D. (2006): Communities als Herausforderung für die Markenführung, in: WIRTZ, B./BURMANN, C. (Hrsg.), Ganzheitliches Direktmarketing, Wiesbaden, S. 523-546.

TOTZ, C. (2007): Internetbasierte Kundeninteraktion als Gegenstand der Markenführung, in: (Hrsg.), Marken im Internet: Herausforderungen und rechtliche Grenzen für das Marketing, München.

TRIANDIS, H. C. (1975): Einstellungen und Einstellungsänderungen, Weinheim.

TROMMSDORFF, V./TEICHERT, T. (2011): Konsumentenverhalten, 8., vollst. überarb. und erw. Aufl., Stuttgart.

TROMMSDORFF, V. (2009): Konsumentenverhalten, 7. vollst. überarb. und erw. Aufl., Stuttgart.

TROPP, J. (2011): Moderne Marketing-Kommunikation, Wiesbaden.

TURNER, J. C.; HOGG, M. A.; OAKES, P. J.; REICHER, S. D.; WETHERELL, M. S. (1987): Rediscovering the social group: A self-categorization theory, Oxford and New York.

TUTEN, T. L. (2008): Advertising 2.0, Westport, Conn. [u.a.].

VALTIN, A. (2005): Der Wert von Luxusmarken, Wiesbaden.

VERSHOFEN, W. (1940): Handbuch der Verbrauchsforschung, Berlin.

VERSHOFEN, W. (1959): Die Marktentnahme als Kernstück der Wirtschaftsforschung, Berlin, Köln.

VESTER, H. (2009): Kompendium der Soziologie I: Grundbegriffe, Wiesbaden.

VLASIC, G./KESIC, T. (2007): Analysis of Consumer´s Attitudes toward Interactivity and Relationship Personalization as COntemporary Developments in Interactive Marketing Communication, in: Journal of Marketing Communications, Jg. 13 (2), S. 109-129.

VOGEL, J./HUBER, F. (2007): Co-Branding, Lohmar [u.a.].

VON LOEWENFELD, F. (2006): Brand Communities: Erfolgsfaktoren und ökonomische Relevanz von Markengemeinschaften, Wiesbaden.

VON MATT, D. (2008): Markenkommunikation in der neuen Medienwelt, in: Marketing Review St. Gallen, (5), S. 6-10.

VOSS, K. E./SPANGENBERG, E. R./GROHMANN, B. (2003): Measuring the hedonic and utilitarian dimensions of consumer attitude, in: Journal of Marketing Research, Jg. 15 S. 310-320.

VRIENS, M./GRIGSBY, M. (2001): Building Profitable Online Customer-Brand Relationships, in: Marketing Management, Jg. 10 (4), S. 34-39.

WATTANASUWAN, K./ELLIOT, R. (1999): The Buddhist Self and Symbolic Consumption: The Consumption Experience of the Teenage Dhammakaya Buddhists in Thailand, in: Advances in Consumer Research, Jg. 26 S. 150-155.

WEIBER, R. M. D. (2010): Strukturgleichungsmodellierung – Eine anwendungsorientierte Einführung in die Kausalanalyse mit Hilfe von AMOS, SmartPLS und SPSS, Berlin.

WEINBERG, B. D./PEHLIVAN, E. (2011): Social spending: Managing the social media mix, in: Business Horizons, Jg. 54 (3), S. 275-282.

WEINBERG, T./HEYMANN-REDER, D./LANGE, C. (2010): Social Media Marketing - Strategien für Twitter, Facebook und Co, Beijing u.a.

WENSKE, V. (2008): Management und Wirkungen von Marke-Kunden-Beziehungen, eine Analyse unter besonderer Berücksichtigung des Beschwerdemanagements und der Markenkommunikation, Wiesbaden.

WIRTZ, B. W./VOGT, P. (2001): Kundenbeziehungsmanagement im Electronic Business, in: Jahrbuch der Absatz- und Verbrauchsforschung, Nürnberg, S. 116-135.

WIRTZ, M. (2004): Über das Problem fehlender Werte: Wie der Einfluss fehlender Informationen auf Analyseergebnisse entdeckt und reduziert werden kann, in: Die Rehabilitation, Jg. 34 (2), S. 109-115.

WOLD, H. (1982): Soft Modeling: The Basic Design and Some Extensions, in: JÖR-ESKOG, K. G./WOLD, H. (Hrsg.), Systems Under Indirect Observations (Part II) (Contributions to Economic Analysis), S. 1-54.

WOLD, H. (1985): Partial least squares, in: KOTZ, S./JOHNSON, N. L. (Hrsg.), Encyclopedia of statistical science, New York, S. 581-591.

WUNSCH-VINCENT, S./VICKERY, G. (2007): Participative Web and User-Created Content: Web 2.0, Wikis and Social Networking, in: (Hrsg.), OECD Directorate for Science, Technology and Industry, Paris.

WYSTERSKI, M. (2003): "Webgezapped", Marburg.

ZENTES, J./SCHRAMM-KLEIN, H. (2008): Multi-Channel-Retailing und Interaktives Marketing, in: BELZ, C./SCHÖGEL, M./ARNDT, O./WALTER, V. (Hrsg.), Interaktives Marketing - Neue Wege zum Dialog mit Kunden, Wiesbaden, S. 367-381.

ZEPLIN, S. (2006): Innengerichtetes identitätsbasiertes Markenmanagement, Wiesbaden.

ZHAO, L./LU, Y. (2012): Enhancing perceived interactivity through network externalities: An empirical study on micro-blogging service satisfaction and continuance intention, in: Decision Support Systems, (53), S. 825-834.

Druck: KN Digital Printforce GmbH · Schockenriedstraße 37 · 70565 Stuttgart